이름을 알면
꽃이 있는 생활이 더욱 즐겁다!

꽃과 잎, 열매에는 각각 고유의 이름이 있습니다.
꽃의 이름을 알고, 특징과 종류를 안다면 꽃과의 만남이
이전보다 훨씬 친근해지겠지요.

이 책에는 집을 꾸미거나 누군가에게 선물할 때 도움이 될 만한
꽃집의 꽃 327종류를 엄선해 실었습니다.
'이 꽃은 무슨 무슨 색이 있을까?'
'지금 제철인 꽃은 뭘까?'
'꽃말이 알고 싶어!'
목적에 따라 다양한 사용방법이 있습니다.
이 책을 통해 꽃과의 만남을 즐겨보세요.

꽃과의 만남은 일기일회(一期一會).
지금 이 순간밖에 만날 수 없는 자연의 선물입니다.
꽃은 언제나 우리를 살며시 감싸 안아 줍니다.
한 송이만으로도 분위기가 온화해지고 안정감이 생기지요.
때로는 마음을 치유해 주거나 위안이 되기도 합니다.

나에게, 가족에게, 소중한 사람에게
꽃이 있는 한 순간을 선물하면 어떨까요?
무덤덤한 일상에 활력을 불어넣어 기분이 좋아질 것입니다.
'어떤 꽃으로 꾸며볼까?'
'이 꽃을 한 다발 보내고 싶어!'
이 책은 꽃이 있는 생활에 분명 도움이 될 것입니다.

이 책의 구성

이 책은 절화와 절엽으로 꽃집에 나오는 재료들을 다섯 가지 주제로 소개하고 있습니다.

Part 1
연중 유통되는 꽃

Part 2
계절을 연출하는 꽃

Part 3
꽃
(향기가 특히 좋은 꽃, 드라이플라워에 알맞은 꽃, 기타)

Part 4
그린
(실버계, 허브, 덩굴류, 기타)

Part 5
열매류

* 화재(花材)에 관한 데이터는 모두 2020년 3월 현재 일본 기준입니다.
* 식물 크기는 품종 등에 따라 다르므로 적당한 기준으로 사용해 주세요.
* 식물에 따라 품종명을 표기했습니다. 단, 품종에 따라 유통되지 않을 가능성이 있는 것도 있습니다.

꽃·잎·열매의 색
꽃과 잎, 열매로 유통되는 색의 종류
빨강 ● 핑크 ● 오렌지 ● 노랑 ● 하양 ○ 자주 ● 파랑 ●
녹색 ● 갈색 ● 검정 ● 회색 ● 혼합색 ◎
*혼합색은 2가지 이상이 섞인 색을 말합니다(염색한 화재의 색은 포함하지 않습니다).
*잎의 색은 잎 표면의 색을 말합니다.

식물 데이터
그 식물이 본래 가지고 있는 정보
과, 속 식물학상의 분류
원산지 그 식물이 발견된 지역, 원예 품종의 경우는 부/모계 식물의 원산지를 표기했습니다.
향기 향기의 유무를 있음(○), 없음(―)으로 표기
개화기 일본 기준. 자연 상태에서 꽃이 피는 시기(절화의 경우 유통 시기와 개화기가 다른 경우가 대부분. 절화만 유통되는 것은 표기하지 않음)
영어명 영어권에서 부르는 이름
일반명 일반적으로 부르는 이름
꽃말 꽃의 모양과 색깔에서 연상되는 것과 역사적·종교적 유래 및 경위에 기초한 꽃말. 나라와 문화에 따라 다른 경우도 있습니다.

절화·절엽·열매 데이터
식물이 화재로 유통되거나 식물을 관상할 때 알아두면 좋은 정보
유통 시기 일본 꽃시장 기준. 해당 꽃과 식물이 절화(가지째 꺾은 꽃)와 절엽(잘라낸 식물의 잎)으로 유통되어 꽃집에서 판매되는 시기. 기후와 지역에 따라 차이가 있으며 국내산인지 수입산인지, 주산지 및 유통 시기의 최성수기(제철)를 표시했습니다.
꽃 크기 일반적인 꽃의 크기. 꽃의 지름, 꽃이삭의 길이, 작은 꽃들의 집합 등 취급할 때 기준이 되는 크기를 표시했습니다.
잎 크기 한 장 단위로 유통되는 넓적한 잎은 대중소로 크기 표시. 30cm 이상은 대, 5~30cm는 중, 5cm 이하는 소.
열매 크기 열매 하나의 크기를 대중소로 표시했습니다. 3cm 이상은 대, 1.5~3cm는 중, 1.5cm 이하는 소.
유통 길이 시장에 유통될 때의 일반적인 작물의 키.
관상 기간 구입한 화재를 즐길 수 있는 기간. 기후에 따라 차이가 있습니다.
물올림 재료가 물 흡수를 잘하는지 상태를 3단계로 표시합니다.
◎ 아주 좋음, ○ 좋음, △ 약간 떨어짐
드라이 드라이플라워에 알맞은지 아닌지를 ○ X로 표시했습니다. 걸어놓기만 해도 간단히 드라이플라워가 되는 것은 ○, 꽃과 잎, 열매가 떨어지기 쉬워 관상 가치가 낮은 것은 X로 표시했습니다.

이름
소개하는 식물이 일반적으로 유통될 때의 이름. 정식 이름과 다른 경우도 있습니다. 별명이 있는 것은 이름 아래쪽에 병기했습니다.

꽃 사진
재료의 형상이 잘 나타나 있는 정면 사진. 클로즈업과 옆면, 뒷면의 사진을 게재한 경우도 있습니다. 메인 사진과는 형태가 다른 품종을 소개한 것도 있습니다.

기본 장미

장미

꽃색

클로즈업   뒷면

가장 다양한 품종이 경쟁하는 꽃의 여왕

아름다움, 향기, 약효까지 모든 것을 가진 꽃이 장미입니다. 여러 가지 색에 모양도 향기도 다양합니다. 한 줄기에서 한 송이 꽃이 피는 스탠더드형(기본형)과 작은 꽃송이 여러 개가 피는 스프레이형이 있습니다.

1,000가지 이상 유통되는 장미의 품종 개량이 시작된 것은 19세기 초반입니다. 나폴레옹의 황후 조세핀이 말메종성 정원에 세계 각지의 장미를 모아 인공교배를 성공시켰습니다.

1867년에는 사계절 피는 큰 꽃송이 장미가 탄생했고, 일본에서는 1910년대에 절화 장미 재배가 시작되었습니다. 그 후 꽃잎 끝이 뾰족한 검변고심형 품종이 주류를 이루다가 2,000년경 가드닝 붐의 영향으로 컵형, 로제트형의 인기가 치솟았습니다. 이를 계기로 국내* 생산자들이 본격적으로 육종을 시작해 섬세한 장미, 개성 있는 장미 등 여러 종이 탄생했습니다. 꽃집에 가면 봄에는 발랄하게, 가을에는 세련되게 계절을 수놓는 다양한 장미를 볼 수 있습니다.

*국내 : 이 책에서는 일본을 가리킴

과 장미과
속 장미속
원산지 북반구의 온대지방
향기 ○

꽃말 사랑, 정열, 열렬한 사랑
영어명 Rose
개화기 5~11월

＊절화 데이터
유통 시기 : 연중
▷국내(일본)에서 생산되는 장미는 전체의 80% 정도. 20%는 콜롬비아, 에콰도르, 케냐 등에서 수입합니다.
❋ 꽃 크기 5~15cm(일륜형), 2~5cm(스프레이형)
❋ 유통 길이 30~100cm
❋ 관상 기간 7일 전후   물올림 ○   드라이 ○

▼ 꽃꽂이를 하기 전에
가시를 제거하고 잎을 정리한 후 줄기를 자릅니다. 꽃병에 물을 넉넉하게 채웁니다.
＊생기가 없을 때
열탕처리합니다. 꽃과 잎을 신문지로 감싼 후 줄기의 단면을 뜨거운 물(60~80℃)에 5~10초 정도 담갔다가 건져 물에 넣습니다. 줄기를 자른 다음 장식합니다.

▼ 어드바이스
품종의 특징을 살리려면 일륜꽃이나 일종꽃이로 합니다. 초화나 꽃나무 등 곁들이는 화재를 잘 고르면 응용할 수 있는 범위가 넓어집니다. 좋아하는 향기나 관상 기간이 긴 것으로 선택해 꽃다발이나 선물로 해도 좋을 ᅵ다. 최근에는 꽃잎이 잘 떨어지지 않는 품종이 많아졌습니다.

꽃꽂이를 하기 전에
구입 후 꽃꽂이를 하기 전의 준비 작업과 물올림 항목입니다. 기본적으로 식물을 물에 담그기 전에 줄기를 자릅니다. 생기가 없어진 경우의 대처법을 정리했으며 자세한 방법은 칼럼의 물올림＊1(p183), 물올림＊2(p243)를 참고하세요.

어드바이스
작품(어레인지, arrange)을 디자인하는 데 도움이 되는 포인트를 제시. 배치 방법과 배합하는 재료의 선택법 등을 정리했습니다.

Contents

Part 1   연중 유통되는 꽃 · 10

Part 2   계절을 연출하는 꽃 · 50

Part 3   꽃 · 96

Part 4   그린 · 184

Part 5   열매류 · 224

이 책의 구성 · 6
이 책에 나오는 꽃의 출하·유통 캘린더 · 244
화재명(꽃·그린·열매) 찾아보기 · 250

Basic Knowledge

❶ 화재(花材)의 종류 · 49
❷ 꽃, 자세히 들여다보기 · 95
❸ 물올림 * 1 · 183
❹ 물올림 * 2 · 243

| Part 1 |

연중 유통되는 꽃

계절에 관계없이 비교적 구하기 쉬운 기본적인 꽃들.
어떤 꽃이라도 자리를 환하게 만드는 존재감이 있습니다.
취향을 잘 알 수 없는 분에게 선물하기에도 좋지요.
종류가 다양해 고르는 즐거움까지 안겨줍니다.

All Seasons Flower

기본 장미

장미

꽃색

클로즈업!

뒷면

가장 다양한 품종이 경쟁하는 꽃의 여왕

아름다움, 향기, 약효까지 모든 것을 가진 꽃이 장미입니다. 여러 가지 색에 모양도 향기도 다양합니다. 한 줄기에서 한 송이 꽃이 피는 스탠더드형(기본형)과 작은 꽃송이 여러 개가 피는 스프레이형이 있습니다.

1,000가지 이상 유통되는 장미의 품종 개량이 시작된 것은 19세기 초반입니다. 나폴레옹의 황후 조세핀이 말메종성 정원에 세계 각지의 장미를 모아 인공교배를 성공시켰습니다.

1867년에는 사계절 피는 큰 꽃송이 장미가 탄생했고, 일본에서는 1910년대에 절화용 장미 재배가 시작되었습니다. 그 후 꽃잎 끝이 뾰족한 검변고심형 품종이 주류를 이루다가 2,000년경 가드닝 붐의 영향으로 컵형, 로제트형의 인기가 치솟았습니다. 이를 계기로 *국내 생산자들이 본격적으로 육종을 시작해 섬세한 장미, 개성 있는 장미 등 여러 종이 탄생했습니다. 꽃집에 가면 봄에는 발랄하게, 가을에는 세련되게 계절을 수놓는 다양한 장미를 볼 수 있습니다.

*국내 : 이 책에서는 일본을 가리킴

과 장미과
속 장미속
원산지 북반구의 온대지방
향기 ○
개화기 5~11월
영어명 Rose
유통명 장미
꽃말 사랑·정열·열렬한 사랑

✳ 절화 데이터

유통 시기 : 연중
▷국내(일본)에서 생산되는 장미는 전체의 80% 정도. 20%는 콜롬비아, 에콰도르, 케냐 등에서 수입합니다.

✳ 꽃 크기 5~15cm(일륜형), 2~5cm(스프레이형)
✳ 유통 길이 30~100cm
✳ 관상 기간 7일 전후   ● 물올림 ○   ✳ 드라이 ○

▼ 꽃꽂이를 하기 전에

가시를 제거하고 잎을 정리한 후 줄기를 자릅니다. 꽃병에 물을 넉넉하게 채웁니다.

*생기가 없을 때
열탕처리합니다. 꽃과 잎을 신문지로 감싼 후 줄기의 단면을 뜨거운 물(60~80℃)에 5~10초 정도 담갔다가 건져 물에 넣습니다. 줄기를 자른 다음 장식합니다.

▼ 어드바이스

품종의 특징을 살리려면 일륜꽃이나 일종꽃으로 합니다. 조화나 꽃나무 등 곁들이는 화재를 잘 고르면 응용할 수 있는 범위가 넓어집니다. 좋아하는 향기나 관상 기간이 긴 것으로 선택해 꽃다발이나 선물로 해도 좋습니다. 최근에는 꽃잎이 잘 떨어지지 않는 품종이 많아졌습니다.

절화로 유통되는 주요 형태

러블리 걸

고심형
꽃잎이 말려 중심부가 높아진 고상한 화형입니다. 펼쳐진 꽃잎 끝이 뾰족한 타입을 특히 '검변고심형'이라고 합니다. 이전에는 이 화형이 절화의 주류를 이루었습니다.

펠리체토와

컵형
꽃잎이 컵 모양으로 되어 있습니다. 중심까지 잘 피는 열린컵형, 바깥쪽이 컵형으로 중심이 작고 정연하게 달린 얕은컵형이 있습니다.

바닐라 카탈리나

로제트형
크고 작은 꽃잎들이 복잡하게 겹쳐 피는 인기 있는 화형입니다. 중심의 꽃잎이 깔끔하게 넷으로 나누어진 타입을 '쿼터 로제트형'이라고 합니다.

그린아이스

폼폰형
작은 꽃잎들이 밀집해 구형, 반구형으로 핍니다. 가든용의 소륜 장미에서 보이는 소박하고 귀여운 화형입니다. 절화로는 많지 않습니다.

안즈

작약형
꽃잎은 말리지 않고 형태와 크기가 불규칙해 부드럽게 핍니다. 화려해서 작약형으로 불립니다. 둥그스름한 모양이 매력적이 화형입니다

변형형
일반적인 화형과는 확연히 다른 타입을 변형형이라고 합니다. 중심부의 꽃술이 분명하게 보이는 모양 등 독특한 것들이 있습니다.

화이트라록

꽃의 신선도와 봉오리

꽃잎의 탄력과 주름을 확인할 것
꽃을 피우기 어려운 품종은 개화가 진행되어도 개화 초기로 보이는 경우가 있습니다. 꽃잎 뒤쪽과 꽃받침이 말라 있거나 주름이 져 있으면 신선도가 떨어진다는 증거입니다.

검은 점, 주름으로 오그라든 것은 건강하지 못한 잎
꽃은 아름답지만 잎에 검은 점과 주름 등이 보이는 경우가 있습니다. 구입할 때는 잎의 상태도 확인해야 합니다. 잎이 건강하면 꽃도 건강합니다.

꽃이 피는 봉오리와 피지 않는 봉오리
녹색 꽃받침으로 둘러싸인 딱딱한 봉오리는 피지 않습니다. 일반적으로 꽃잎 색이 보이기 시작한 봉오리는 피지만, 완전히 피지 않는 경우도 있습니다.

Memo
가운데의 잘린 줄기는 생산 단계의 처리

가운데의 잘린 줄기에 달려 있던 것은 첫 번째 꽃입니다. 이 꽃이 피면 영양을 빼앗겨 주변 봉오리가 자라기 어려워지므로 생산 단계에서 떼어낸 것입니다. 작품으로 쓰기 전에 갈색으로 변한 줄기는 제거합니다.

장미 기본

페어 비앙카	아바란체+	스프레이 위트	가브리엘
그린필드	에크렐	마리 로랑상	카탈리나
라록	줄리아	사라	라샹스
망고리버	샤인온	칼비딤+	마루고

기본 다알리아

다알리아

꽃색
—
●
●
●
●
○
●
◎

클로즈업!

과 국화과
속 다알리아속
원산지 멕시코·과테말라
향기 —

개화기 5~11월
영어명 Dahlia
일반명 다알리아·달리아
꽃말 화려함·우아함

보기 드문 거대륜에 다루기 편한 신품종 등장

투명감과 화려함을 겸비한 다알리아는 1800년대 후반에 네델란드에서 전해졌습니다. 이전까지는 정원의 꽃이었지만 1999년 검붉은 대륜, 흑접의 극적인 등장으로 절화로서의 인기가 급상승했습니다. 이를 계기로 꽃 크기가 약 30cm에 이르는 거대륜과 왼쪽 사진처럼 둥글고 귀여운 타입, 매끄럽고 아름다운 홍백 혼합색 등 다양한 품종이 탄생해 주목을 받고 있습니다. 요즘은 작품 구성의 메인으로 빼놓을 수 없는 꽃이 되었습니다.

다알리아는 해마다 매끈하고 선명한 데코러티브형을 비롯해 다양한 품종이 등장합니다. 선명한 색, 혼합색과 함께 중간색, 꽃잎 앞쪽은 연하고 뒤쪽은 진한 것 등 다채롭습니다. 최근에는 비교적 오래가는 볼형이 많아졌습니다. 다루기 편하고 오래가는 품종의 육종이 착실히 진행되고 있습니다.

유통 시기는 연중으로 여름에서 가을까지는 노지에서 재배한 다알리아가, 늦가을에서 봄까지는 시설 재배로 색과 모양이 좋은 다알리아가 출하됩니다.

✽ 절화 데이터
유통 시기 · 연중
▷산지는 전국에 산재해 있습니다. 나가노현, 후쿠시마현은 연중 유통. 아키타현에서는 오리지널 브랜드를 육성하고 있습니다. 제철은 9~10월.

✽ 꽃 크기 3~30cm   ✽ 유통 길이 40~80cm
✽ 관상 기간 5~10일   ♦ 물올림 ○   ✽ 드라이 ✕

▼ 꽃꽂이를 하기 전에
잎을 제거하고 줄기를 자릅니다. 줄기는 속이 비어 있으므로 주의해서 다룹니다.

✽ 생기가 없을 때
열탕처리합니다. 꽃과 잎을 신문지로 감싼 후 줄기의 단면을 뜨거운 물에 10초 정도 담갔다가 건져 물에 넣습니다. 줄기를 자른 다음 장식합니다.

▼ 어드바이스
둥글게 정리된 화형은 꽃송이의 각도를 달리하고 높낮이에 차이를 주면 더욱 생동감 있게 장식할 수 있습니다. 각도를 줌으로써 꽃잎이 그려내는 모양이 달라 보입니다. 또한 줄기를 길게 사용해 빛에 비치는 꽃잎의 아름다움을 즐겨도 좋을 것입니다.

다알리아 기본

절화로 유통되는 주요 형태

앤티크로만

포멀 데코러티브형
가장 다알리아다운 스탠더드형 꽃송이. 폭이 넓은 혀 모양의 꽃잎이 몇 겹으로 단정하게 겹쳐져 화려합니다. 품종도 많이 있습니다.

말콤화이트

인포멀 데코러티브형
폭이 넓은 혀 모양의 꽃잎은 단정하게 배열되지는 않고 약간 뒤틀려 끝부분이 바깥쪽으로 젖혀지듯이 핍니다. 물결치는 모양 등 표정이 풍부합니다.

오즈의 마법사

볼형
꽃잎 끝부분이 안쪽으로 말리면서 전체가 둥근 공 모양이 됩니다. 꽃 크기는 5cm 이상이며 5cm 이하는 폼폰형으로 구별합니다.

카네리안

세미캑터스형
꽃잎 끝부분이 좁고 바깥쪽으로 젖혀져 있는 것이 특징. 단 안쪽 꽃잎의 끝부분은 폭이 넓습니다. 섬세한 움직임도 즐길 수 있습니다.

이레네

수련형
둥근 형태를 띠는 꽃잎이 펼쳐져 피는 모습이 아름답고 신비롭습니다. 활짝 핀 수련을 연상시켜서 붙은 이름입니다.

꽃의 신선도 알아보기

바깥쪽 꽃잎은 다치기 쉽습니다

봉오리 상태로는 유통되지 않으므로 신선도는 꽃잎으로 확인해야 합니다. 꽃잎의 바깥쪽부터 상하기 때문에 상처가 있으면 오래가지 못할 수 있습니다.

꽃받침이 거뭇해진 것은 피합니다

꽃잎 뒤쪽 꽃받침의 색을 확인합니다. 꽃잎을 젖혀 봐서 꽃받침이 거무스름하면 오래된 것입니다. 잎의 색깔도 함께 확인합니다.

오래 유지하는 방법

건조해지지 않게 꽃을 물에 담가둡니다
건조한 환경에 약하므로 꽃을 물올림한 후 잠시 담가두면 오래 감상할 수 있습니다. 꽃잎이 많고 섬세하므로 조심스럽게 다루어야 합니다.

꽃잎 뒤쪽에 수분을 공급합니다

꽃잎이 마르기 쉽고 뒤집히기도 쉬운 것이 다알리아의 특징입니다. 다알리아 전용 선도 유지제를 꽃잎 뒤쪽에 뿌리면 관상 기간이 확연히 늘어납니다.

상처 난 꽃잎은 가위로 잘라냅니다
상해서 변색이 된 꽃잎은 뽑이지 말고 가위로 꽃받침 쪽 끝부분을 잘라냅니다. 꽃잎이 많아서 한동안 더 관상할 수 있습니다.

기본 다알리아

기본에서 인기 품종까지

아톰 흑접 바람기 열구

글렌프레스 메달리스트 아라비안나이트 미드나잇 퀸

녹턴 라벤더 스카이 레베카린 연금어

블루 피치 나마하게오브 애프리코트 로자 밸리 포큐파인

| 기본 | 국화 |

국화

클로즈업!

뒷면

별명 멈(mum)

과 국화과
속 국화속
원산지 중국
향기 ○

꽃색

개화기 9~11월
영어명 Florist's daisy
일반명 국화
꽃말 고귀·고결·사려 깊음

호화로운 꽃에서 귀여운 꽃으로 이미지 전환

일본 내에서 생산량이 가장 많은 꽃이 국화입니다. 과거 귀족들에게 사랑받아 불로장생과 번영을 기원하는 연중행사에 쓰여 왔습니다.

일륜 국화로 활약하는 것에는 꽃잎이 말린 화려한 대륜, 둥글고 귀여운 화형, 부드러운 중간색, 이국적인 혼합색 등이 있습니다. 19세기 후반 유럽에서 인기를 얻었던 일본 국화를 기초로 네덜란드의 원예회사가 만들어낸 품종들입니다. 일본의 국화가 시간이 지나 역수입되어, 국화의 이미지를 바꾸려 하고 있습니다.

다알리아로 오해할 만한 대륜 품종이 다수 출하되어 국화는 이제 눈을 뗄 수 없는 인상적인 꽃이 되었습니다. 노랑, 하양, 붉은 자주 등 색으로 불린 국화. 인기 품종의 등장은 국화를 품종명으로 선택하는 꽃으로 끌어올리려고 합니다. 물론 꽃이 진화해도 오랜 관상 기간은 변하지 않습니다.

✻ 절화 데이터

유통 시기 : 연중
▷호화로운 대륜의 생산지가 증가하고 있습니다. 말레이시아산, 콜롬비아산이 추가되어 연중 안정적으로 유통됩니다. 제철은 3월, 7~12월.

✲ 꽃 크기 4~20cm(일륜형), 2~5cm(스프레이형, 소륜)
✲ 유통 길이 60~90cm
✲ 관상 기간 14일 이상   💧 물올림 ○   ✲ 드라이 ✕

▼ 꽃꽂이를 하기 전에

잎을 정리하고 줄기를 손으로 꺾습니다. 흡수성이 있는 스펀지(플로랄폼, 오아시스)에 꽂는 경우에는 가위나 커터로 잘라도 됩니다.

✻ 생기가 없을 때
줄기를 자르고 깊은 물에 넣습니다.

▼ 어드바이스

줄기가 굵고 거친 느낌이 있어 주변 화재들로 줄기를 감추듯 꾸미는 것이 포인트. 위를 향하는 꽃은 각도를 달리해 꽂으면 표정이 생겨납니다. 생명력이 매우 좋아 곁들이는 재료와 화기를 바꿔가며 오랫동안 감상할 수 있습니다.

국화 기본

절화로 유통되는 주요 형태

세이아메리

홑꽃형
꽃잎이 중심부(화심) 주위를 둥글게 둘러쌉니다. 소박한 형태지만 스프레이형에서는 활기찬 느낌도 즐길 수 있습니다. 잘라서 나누어 사용하면 볼륨감도 커집니다.

마블

데코러티브형
꽃잎이 입체적으로 겹쳐지는 형태로 겹꽃형이라고도 합니다. 화려한 존재감이 매력. 이 종류 중에는 꽃잎 끝이 뒤틀려 정열적인 느낌을 주는 품종도 있습니다.

페리

폼폰형
꽃잎이 촘촘히 밀집해 반구형 또는 구형을 이룹니다. 일륜형과 스프레이형이 있으며 국화 중에서도 특히 관상 기간이 긴 품종입니다.

바르다잘

스파이더형
대롱 모양의 꽃잎이 특징. 꽃잎은 좁지만 탄력이 있어 일어나는 것처럼 펼쳐집니다. 섬세하고 가뿐한 모습을 살리고 싶은 타입. 국화다운 개성이 있습니다.

스푼형
꽃잎이 대롱 모양으로 특히 끝부분이 둥글어 스푼과 닮았습니다. 풍차형이라고도 하며 단색 외에 컬러풀한 혼합색도 있습니다.

더블린

꽃의 신선도와 봉오리

상처는 꽃의 뒤쪽부터

국화는 꽃이 서서히 피기 때문에 처음에 핀 바깥쪽(뒤쪽)부터 상태가 나빠집니다. 색이 바랬거나 시든 꽃은 피하고 뒤쪽까지 깨끗한 꽃을 선택합니다.

잎에 탄력이 있는지 확인합니다

신선도는 잎으로 알아볼 수 있습니다. 잎이 힘없이 처진 것은 신선도가 떨어진다는 표시입니다. 건강한 꽃은 잎이 탱탱해 힘이 있고 옆으로 뻗어 있습니다.

꽃이 피는 봉오리와 피지 않는 봉오리
스프레이형 국화에서 꽃이 피는 봉오리는 크게 부풀어 꽃잎 색이 보이는 것(왼쪽)이고, 녹색이면서 작은 것은 꽃을 피우지 못합니다(오른쪽).

오래 유지하는 방법

생기가 없는 잎은 물을 뿌려 싱싱하게

꽂는 도중에 잎이 처지기 시작하면 잎 뒷면에 물을 충분히 뿌려줍니다. 이때 꽃에 물이 닿으면 상할 수 있으니 주의하세요.

금속 화기는 안에 별도의 화기를

국화는 금속을 싫어해 양철통 등에 넣으면 줄기가 검어지고 괴사상태가 됩니다. 금속 화기는 안쪽에 별도의 화기를 넣어 사용합니다.

21

기본 국화

기본에서 인기 품종까지

세이마레타	레드토네이도	비타초코	블랙나이트
피아니시모	빕프	비치프로마주	에포크
레옹	쿠세니아	세이오페라	에토르스코
아룐카	세이스피스	세이피크시스	사일렌트

기본 | 리시안셔스

리시안셔스

클로즈업!

봉오리

꽃잎이 겹쳐지는 겹꽃형의 다채로움

가는 줄기에 주름 있는 꽃이 가득 핍니다. 리시안셔스는 아메리카 대륙이 원산지인 용담과 식물입니다. 봉오리가 터키 사람들이 머리에 감는 터번과 닮았다는 등 이름의 유래에 여러 가지 설이 있지만 터키나 도라지와는 관계가 없습니다.

일본에서는 개인 생산자의 육종을 시작으로 본격적인 품종 개량이 이루어져 1980년대에는 다수의 우수 품종이 탄생했습니다. 그 결과 리시안셔스의 절화는 국화, 장미, 카네이션, 백합 등의 뒤를 잇는 생산량을 보이게 되었습니다. 네덜란드와 미국도 일본 품종을 활발히 재배하고 있습니다.

원종은 보라색 홑꽃으로 원예 품종은 핑크색과 흰색을 중심으로 녹색과 갈색, 살구색 등 다양한 색이 있습니다. 꽃잎의 주름과 프린지는 점점 더 화려해지는 한편, 한 줄기에 피는 송이의 수를 줄여 한 줄기를 볼륨업시킨 타입도 나오고 있습니다. 보기에는 양감이 풍부해도 얇고 튼튼한 꽃잎은 무척 경쾌합니다. 관상 기간이 길고 사용이 편리합니다.

꽃색

별명 꽃도라지

과 용담과
속 꽃도라지속
원산지 북아메리카·멕시코
향기 —

개화기 6~8월
영어명 Prairie gentian
일반명 리시안셔스·터키도라지·유스토마
꽃말 즐거운 대화·희망

※ 절화 데이터

유통 시기 : 연중
▷국내 각지에서 유통됩니다. 12~3월에는 대만산이 주류이며 국외에서도 일본 품종이 생산되고 있습니다.

※ 꽃 크기 3~10cm   ※ 유통 길이 40~90cm
※ 관상 기간 7~14일   ♠ 물올림 ○   ※ 드라이 ✕

▼ 꽃꽂이를 하기 전에
줄기를 자릅니다. 꽃받침에 둘러싸인 작은 봉오리는 피지 않으므로 디자인에 사용하지 않을 때는 제거합니다.
※ 생기가 없을 때
줄기를 자릅니다.

▼ 어드바이스
여름에도 오랫동안 유지되는 꽃입니다. 흰색과 초록색 품종은 화기에 살짝 꽂아 청량감을 즐깁니다. 스프레이형이므로 나누어 사용하면 꽃다발이나 작품에 볼륨감을 줄 수 있습니다. 꽃 색깔에 관계없이 녹색 봉오리는 작품의 악센트가 됩니다.

리시안셔스 기본

절화로 유통되는 주요 형태

블루피즈

홑꽃형
청초한 느낌의 꽃. 세련된 모습이 매력입니다. 줄기가 가늘고 부드러우며 섬세합니다. 작품에 동적인 느낌을 줄 때나 경쾌함을 표현하고 싶을 때 효과적입니다.

먼로

프릴형
꽃잎 가장자리가 크게 물결치는 모양입니다. 겹꽃형 중에서도 특히 볼륨감이 있습니다. 고상하고 우아한 분위기를 연출해 결혼식 등에서도 호평을 받고 있습니다.

베핀라벤더

프린지형
꽃잎 끝부분이 작은 톱니 모양으로 되어 있습니다. 톱니 모양은 품종에 따라 다르지만 세련된 인상을 줍니다. 홑꽃형도 화려합니다.

빅코로사레트

장미형
꽃잎을 여유있게 감으면서 피는 모습은 컵형 장미를 방불케 합니다. 중륜, 소륜이 많으며 드러내지는 않으나 고상한 분위기를 연출합니다.

꽃의 신선도와 봉오리

바깥쪽 꽃잎을 확인할 것

신선도가 떨어지면 바깥쪽 꽃잎의 가장자리가 쪼그라듭니다. 정면에서는 알아보기 힘드니 꽃의 뒷면을 확인하는 게 좋습니다. 상처가 있는 꽃은 피하도록 합니다.

꽃이 피는 봉오리와 피지 않는 봉오리

봉오리는 희미하게 색이 올라오며 부풀게 되면 꽃이 핍니다. 아주 작고 옅은 녹색의 굳게 닫힌 봉오리는 피지 않습니다. 피지 않아도 악센트가 됩니다.

탄력이 없고 말려 있는 잎은
수분이 확실히 공급되고 있으면 잎도 생생해 보입니다(왼쪽). 둥글게 말리거나 탄력이 없는 잎은 신선도가 떨어져 있다는 신호(오른쪽). 잎이 싱싱한 것으로 고릅니다.

Memo

작업 내용이 다른 두 가지 유형 신선도는 같음

전에는 봉오리를 배치하는 것이 대부분이었습니다(오른쪽). 품종 개량이 이루어져 대륜이 인기를 얻으면서 재배 중 봉오리를 따서 3륜 정도를 거대화시킨 것도(왼쪽) 나오고 있습니다. 이 타입도 관상 기간이 길어 오래 감상할 수 있습니다.

기본 리시안셔스

기본에서 인기 품종까지

보야지블루 · 줄리아스라일락 · 클레어블루 · 레이나블루 프레시

NF라벤더 · 뉴리네이션블루 프레시 · 엘리오라벤더 · 핑크피즈

레이나화이트 · 셀레브리치화이트 · 세실그린 · 앰버더블모히토

NF망고 · 본보야지 스위트핑크 · NF카시스 · 앰버더블마론

수국 | 기본

수국

클로즈업!

계절 따라 느끼는 색의 변화

장마철 하늘 아래 아름답게 피어난 수국. 파란 색과 핑크색 꽃이 청량감을 전해줍니다. 꽃잎으로 보이는 것은 장식화로 불리는 꽃받침이며 중심에 있는 작은 것이 꽃입니다. 이 장식화가 공처럼 둥글게 피는 타입이 절화로 유통됩니다.

원예 품종의 기원은 유럽으로 전해진 일본의 자생종입니다. 청초하게 피는 백당수국이 품종 개량되어 핑크색 계열의 공 모양으로 피는 서양수국이 탄생하면서 수국의 색채가 다양해졌습니다. 일본에 청색 계열 수국이 많은 것은 토양이 약산성이기 때문입니다. 수국은 알칼리성 토양에서는 붉은색 계열이 됩니다.

정원에서 꺾은 듯한 가지의 모습과 신선함을 맛보려면 초여름에 나오는 아름다운 푸른색 국내산을 추천합니다. 그 뒤를 이어 흰색과 핑크색의 아나벨, 꽃송이가 원추형인 떡갈잎수국이 등장합니다. 색이 아름다운 수입품에는 중간색이나 시크한 색감의 추색수국도 유통되며 꽃집에는 일년 내내 나와 계절에 따라 품종도 색도 다른 꽃을 만날 수 있습니다.

과 범의귀과
속 수국속
원산지 동아시아·남북 아메리카

꽃색 ●○●●●●◎
향기 —

개화기 5~7월
영어명 Hydrangea
일반명 수국
꽃말 인내심, 강한 사랑

▼ 꽃꽂이를 하기 전에
잎을 정리하고 가지를 사선으로 자릅니다. 가지 안의 솜털을 세거하거나 단면을 두드립니다.
*생기가 없을 때
가지를 자르고 바깥쪽 껍질을 벗겨낸 다음 깊은 물에 담가둡니다.

▼ 어드바이스
여러 송이를 배치할 때는 높낮이에 차이를 두어 꽃을 위아래로 두면 몽실몽실한 꽃의 입체감을 표현할 수 있습니다. 너무 큰 경우에는 꽃을 정리합니다. 서로 겹치는 꽃은 고정하는 데 도움이 됩니다.

* 절화 데이터
유통 시기 : 연중(수국, 추색수국), 5~11월(아나벨)
▷국내산은 4~12월. 네덜란드, 콜롬비아, 뉴질랜드에서 안정적으로 수입됩니다.
❋ 꽃의 집합 5~30cm ❋ 유통 길이 20~120cm
❋ 관상 기간 5~14일 이상 💧 물올림 △ ❋ 드라이 ○

기본 수국

절화로 유통되는 주요 형태

서양수국
공 모양으로 핍니다. 파랑, 보라, 분홍, 흰색, 그린 등 색깔이 풍부합니다. 한 송이 그대로 꽂아도 그림이 되고, 나누어 사용할 수도 있습니다. 유통되는 대부분이 이 타입입니다.

추색수국
최근 몇 년간 인기가 높은 앤티크 컬러의 꽃. 색이 섞인 모습은 다양합니다. 국내산과 수입산 모두 유통됩니다. 작품에 분위기를 살리고 싶을 때 편리합니다.

백당수국
일본이 원산인 수국. 수술과 암술이 있는 작은 양성화 주위를 장식화가 꾸며 줍니다. 액자처럼 장식화로 둘러싸여 있어 액자수국이라고도 불립니다.

겹꽃형
절화로 유통되는 양은 아직 적지만 화분으로는 자주 보입니다. 꽃잎이 겹치는 모습이 입체감이 있어 넉넉한 분위기를 맛볼 수 있습니다.

꽃의 신선도 알아보기

꽃받침이 수분을 머금고 있는지 확인
언뜻 보면 아름답지만 일부 꽃받침이 시들어 버린 경우가 있습니다. 이것은 물이 부족하다는 신호이므로 분무기로 물을 뿌리거나 시든 부분을 제거합니다.

잎의 상태를 봅니다
장식한 잎이 처진다면 물이 말라가고 있다는 증거입니다. 이럴 때는 잎을 제거하고 가지를 잘라 물에 담그는 등 다시 한 번 물올림을 해줍니다.

오래 유지하는 방법

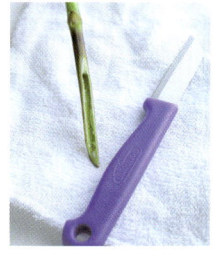

가지 끝을 사선으로 깎기
꽃꽂이를 하기 전에 왼쪽 사진과 같이 가지 끝을 잘라 가지 안에 있는 솜처럼 하얀 것을 말끔히 긁어냅니다. 이렇게 해주면 물올림이 좋아집니다.

부화(Floating flower)로도 즐기기
꽃 전체가 생기를 잃으면 부화로 만들어보면 어떨까요? 꽃잎이 물을 직접 흡수해 오래 두고 감상하고 싶을 때 효과적입니다. 귀여운 인테리어 소품으로 활용해 보세요.

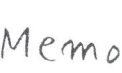

Memo
꽃을 말리면 보다 오래 즐길 수 있습니다

시들기 시작한 꽃은 습기가 적은 장소에서 그대로 말리는 것도 방법입니다. 적당히 색이 바랜 꽃을 드라이플라워로 새롭게 장식할 수 있는 것도 수국이라서 가능한 일입니다.

기본 카네이션

카네이션

꽃색
○○○○○○○○◎

클로즈업!

뒷면

다채로운 색상과 긴 수명으로 매우 편리하게 이용할 수 있는 꽃

카네이션은 어버이날의 대명사입니다. 이 꽃을 선물하는 기념일은 1914년 미국에서 생겨났는데 어떤 여성이 돌아가신 어머니를 그리워하며 기일에 이 꽃을 바친 일이 계기가 되었다고 합니다.

재배의 역사는 오래되어 고대 그리스·로마 시대로 거슬러 올라가는데 화관 등에 이용되었습니다. 일본에서는 1800년대 말 도쿄의 작은 온실에서 시작되었다고 전해집니다.

1995년 유전자 변형 기술로 파랑 색소를 가진 품종이 탄생합니다. 이 파랑 카네이션은 일본의 기술력을 세계에 알린 획기적인 뉴스가 되었습니다.

절화로는 최근 콜롬비아산의 고품질 수입품이 많아졌지만 국내 생산량은 이전과 변함없이 국화, 장미에 이어 3위를 기록하고 있습니다. 계절에 관계없이 입수 가능하며 다채롭고 선명한 색상에 수명 또한 깁니다. 이와 같이 사용이 편리한 점이 사랑받고 있는 이유입니다. 작은 꽃송이 타입의 품종이 늘어나고 있는데, 귀엽고 사랑스러운 초화들과 잘 어울립니다.

과 석죽과
속 패랭이꽃속
원산지 남유럽·서아시아
향기 ○ (일부)
개화기 4~6월
영어명 Carnation
일반명 카네이션
꽃말 당신을 열렬히 사랑합니다. 순수한 사랑

✽ 절화 데이터
유통 시기 : 연중
▷ 국내산은 연중 유통. 콜롬비아산, 중국산 등 수입품이 전체의 약 60%. 어머니날 전이 유통 피크입니다.
✽ 꽃 크기 2.5~9cm   ✽ 유통 길이 40~80cm
✽ 관상 기간 여름에는 7일 전후, 겨울에는 14일 이상
💧 물올림 ○   ✽ 드라이 ✗

▼ 꽃꽂이를 하기 전에
잎을 정리하고 줄기를 자릅니다.
✽ 생기가 없을 때
열탕처리합니다. 꽃과 잎을 신문지로 감싼 후 줄기의 단면을 뜨거운 물에 5초 정도 담갔다가 건져 물에 넣습니다. 줄기를 자른 다음 장식합니다.

▼ 어드바이스
형태가 쭈글쭈글 확실하지 않아서 메인으로 사용하는 경우 개성적인 꽃과 연출하는 것은 피하는 게 좋습니다. 줄기 마디가 부러지기 쉬우니 취급에 주의할 것. 꽃병에 꽂을 때는 물의 양을 적게 합니다.

카네이션 기본

절화로 유통되는 주요 형태

비치맘보

검변형(뾰족꽃잎형)
꽃잎이 큰 톱니 모양이며 프릴이 풍성합니다. 예전부터 이 꽃을 나타낸 그림이나 무늬에 반드시 그려지는 장식적이고 특징적인 타입입니다.

부토마요

환변형(둥근꽃잎형)
꽃잎 가장자리에 톱니 모양이 없거나 적은 타입입니다. 프릴이 풍성해 검변형보다 부드럽고 안정감 있는 인상을 줍니다.

스타 스노티시노

별형
뾰족뾰족한 꽃잎이 가늘어져 꽃잎 형태가 칼처럼 뾰족해진 특이한 모양. 극뾰족꽃잎형으로 불리기도 합니다. 개성 있는 형태로 양념 역할을 합니다.

소네트메라

홑꽃형
홑꽃형과 반겹꽃형으로 패랭이꽃과 구별하기 어려운 타입입니다. 청초한 소륜은 배합이 용이해 내추럴한 작품과 꽃다발에 이용하기도 합니다.

꽃의 신선도와 봉오리

꽃받침 색으로 좋고 나쁨을 확인
카네이션의 경우, 처음 봐야 할 것이 꽃받침. 색이 좋지 않고 윤기가 없는 경우는 확실히 신선도가 떨어진 것입니다. 화려한 색깔만으로 꽃을 판단할 수는 없습니다.

마디가 부러지지 않았는지 확인

줄기의 마디는 세포끼리 갈라지기 쉽고 부러지기 쉬우므로 손질할 때 주의해서 다룹니다. 일반적으로 저온에서 부러지기 쉽습니다.

꽃이 피는 봉오리와 피지 않는 봉오리
봉오리가 많은 스프레이형을 사면 이득을 볼 것 같지만 실제로 피는 것은 끝부분이 물들어 있는 왼쪽 봉오리입니다. 피지 않는 오른쪽과 같은 녹색 봉오리는 제거합니다.

Memo

물 없이도 빛 시간은 버티는 내구성
카네이션은 수분 유지력이 좋은 꽃입니다. 물을 주지 않고 장식해도 행사 중에 시들 염려는 없습니다.

품종에 따라 향기가 있기도 합니다
전체 품종의 약 반 정도는 향기가 있는 것으로 알려져 있습니다. 그러나 꺾은 후 3일 정도면 사라지므로 절화에 향기가 있다면 신선하다는 증거입니다.

기본 카네이션

기본에서 인기 품종까지

돈페드로 · 노비오버건디 · 문더스트 프린세스블루 · 유카리스크로

새틀라이트 · 스타프루 티티시노 · 파리다 · 팝뮤직

시플레 · 주피터 · 파리스 · 소네트하티

제필 · 프래드민트 · 에르메스 · 에르메스오렌지

거베라 기본

뒷면　클로즈업!

꽃색

거베라

과 국화과
속 거베라속
원산지 남아프리카
향기 —
개화기 3~5월 · 9~11월
영어명 Gerbera
일반명 거베라
꽃말 신비 · 희망 · 넘치는 빛

해마다 다채로워지는 색채와 화형

꽃잎이 활짝 열린, 질리지 않는 귀여움과 컬러풀한 색채로 행사 때 선물하는 꽃. 입학과 송별의 꽃으로 빠지지 않습니다.

이 꽃의 역사는 19세기 말, 남아프리카에서 야생종이 발견되면서 시작되었습니다. 영국과 프랑스에서 개량이 이루어져 20세기 초 일본으로 건너왔습니다. 현재 재배하는 것은 거의 모두 국외 품종입니다.

품종의 교체가 매우 빠른 것이 이 꽃의 특징입니다. 일반적으로 거베라 모종은 심은 후 2~4년이면 생산력이 떨어져 모종을 새 품종으로 바꿔 심습니다.

현재 거베라는 오른쪽 사진과 같은 더블형이 주류입니다. 특징적인 형태가 인기이며 거미형, 웨이브형, 폼폰형, 꽃잎 앞뒤 색이 다른 형 등 해마다 다채로워지고 있습니다.

최근 주목받는 거베라는 봉오리 상태로 유통되는 품종입니다. 피어나면서 표정이 변하는 획기적인 품종입니다.

▼ 꽃꽂이를 하기 전에
줄기를 자릅니다.
*생기가 없을 때
열탕처리합니다. 꽃과 잎을 신문지로 감싼 후 줄기의 단면을 뜨거운 물에 5~10초 정도 담갔다가 건져 물에 넣습니다. 줄기를 자른 다음 장식합니다.

▼ 어드바이스
밝고 시선을 끄는 색채는 작품과 꽃다발을 인상적으로 만들어 줍니다. 여러 색을 혼합한 거베라만의 꽃다발도 추천할 만합니다. 물에 담긴 줄기는 상하기 쉬우므로 특히 여름에는 물갈이와 줄기 정리를 성실히 해야 합니다. 물의 양은 적은 듯한 정도가 좋습니다.

✳ 절화 데이터
유통 시기 : 연중
▷산지는 일조량이 많은 온난한 시역에 흩어져 있고, 국내산만 유통됩니다. 제철은 4~5월.
✿ 꽃 크기 9cm 이하(소), 9~15cm(중/대)
✿ 유통 길이 40~60cm　✿ 관상 기간 5~10일
💧 물올림 ○　✳ 드라이 ✕

기본 거베라

절화로 유통되는 주요 형태

필라티스

홑꽃형
거베라의 원종에 가장 가까운 정통 타입. 화심(꽃 중심부)이 검은색과 옅은색 두 종류입니다. 꽃잎 색깔이 같아도 화심의 색에 따라 인상이 크게 달라집니다.

프레디

겹꽃형
화심을 제외하고 꽃잎으로 촘촘히 덮여 있는 것, 화심이 보이지 않고 전체가 꽃잎으로 덮여 있는 것 등 겹꽃형이라 해도 표정이 다양합니다.

아르돈조

스파이더형
바늘처럼 좁은 꽃잎이 무수히 붙어 있어 불꽃놀이를 방불케 합니다. 꽃잎이 뒤집히지 않는 것도 특징. 끝부분이 뾰족해 경쾌한 분위기를 자아냅니다.

파스타오란다

웨이브형
꽃잎이 넘실넘실 물결치는 독특한 형태입니다. 꽃만을 강조한 작품에서도 드라마틱한 약동감이 넘칩니다.
대륜이 대부분입니다.

포코로코

변형형
볼형, 화심이 비대해진 것 등 한 번 봐서는 거베라라고 판단하기 어려운 개성파 그룹입니다. 줄기도 다루는 방법도 일반적인 거베라와 같습니다. 물의 양은 조금 적게 해주는 게 좋습니다.

뮤르케이크

봉오리
빨리 수확해도 잘 피는 품종을 골라 '봉오리 거베라'라는 이름으로 유통되고 있습니다. 관상 기간이 매우 길고 시시각각의 변화를 즐길 수 있는 것이 매력입니다.

꽃의 신선도 알아보기

꽃잎에 탄력이 없는 것은 피하도록 합니다

신선한 꽃은 꽃잎이 탄력 있고 수평으로 피어납니다. 꽃잎이 뒤집혀 있거나 떨어지는 꽃은 상해 가고 있다는 표시입니다.

꽃가루는 시간이 흘렀다는 증거

개량이 되어 꽃가루(화분)가 없는 것도 있지만, 거베라는 오래되면 꽃가루가 날립니다.
꽃을 고를 때는 꽃잎 외에 화심의 상태도 잘 살펴봅니다.

오래 유지하는 방법

줄기는 수평으로 자른다

보통 줄기는 사선으로 잘라야 흡수 면이 넓어져 물올림이 좋지만 거베라는 해당되지 않습니다. 안쪽이 스펀지 상태여서 줄기가 상하기 쉬우므로 수평으로 자릅니다.

색이 변한 줄기는 대담하게 잘라내기

며칠 동안 물에 잠긴 줄기는 갈색으로 변합니다. 이는 줄기의 세포가 괴사한 상태입니다. 생기 있게 물을 올리려면 녹색 지점까지 과감하게 잘라냅니다.

꽃송이만 작은 그릇에 장식하기

갈색으로 변한 줄기를 계속 자르다 보면 점점 짧아집니다.
마지막 단계에는 귀여운 꽃송이만 작은 화기에 옮겨 담아 감상해 봅시다.

기본 백합

백합

클로즈업!

봉오리

꽃색

과	백합과
속	백합속
원산지	북반구의 온대지방
향기	○

개화기	5~8월
영어명	Lily
일반명	백합
꽃말	위엄·순결·무구

진한 향기로 사랑받는 꽃

향기도 좋을 뿐 아니라 고상하고 늠름하게 피어 오래도록 관상할 수 있는 꽃. 작품이나 축하의 꽃으로도 빠질 수 없는 것이 백합입니다.

원종은 세계에 약 100종이 있는데 그중 특히 아름답다고 평가받는 15종이 일본의 산과 들에 피는 자생종입니다. 원종인 산나리와 댓잎나리가 절화를 포함 사랑받아 온 것이 이 꽃의 큰 특징입니다. 다양한 원예 품종을 입수할 수 있으며, 그 개량에 공헌한 것이 일본의 백합입니다. 일본에서 유럽으로 건너간 후 자포니즘 붐을 타고 큰 인기를 누렸습니다.

일본은 산나리와 나팔나리의 구근으로 외화를 벌었던 시대도 있었습니다. 19세기 후반부터는 육종이 시작되어 다종다양한 원예 품종이 탄생합니다. 대표적인 것 중 하나가 오리엔탈 하이브리드(왼쪽). 산나리 등의 혈통을 이은 대륜입니다. 특히 인기 높은 카사블랑카는 1980년대 후반에서 1990년대 초반 일본에 백합 붐을 일으켰으며 현재 가장 널리 알려져 있습니다.

✽ 절화 데이터

유통 시기 : 연중
▷대부분이 국내산으로 사이타마, 고치, 니기티현을 비롯한 전국 각지에서 유통됩니다. 제철은 5~7월.

✽ 꽃 크기 3~25cm   ✽ 유통 길이 40~120cm
✽ 관상 기간 7~14일   ▲ 물올림 ○   ✽ 드라이 ✕

▼ 꽃꽂이를 하기 전에

꽃이 펼쳐지기 시작하면 꽃잎을 지저분하게 만드는 꽃가루는 재빨리 제거합니다. 잎을 정리하고 줄기를 자릅니다.

✽ 생기가 없을 때
줄기를 자릅니다.

▼ 어드바이스

한 송이만 슬쩍 꽂아도 그림이 되는 것이 바로 백합. 꽃과 꽃 사이에 작은 꽃들을 풍성하게 배치하면 더욱 근사합니다. 제철 화재, 큰 가지와의 조합도 매우 좋습니다. 인기가 많은 겹꽃형은 작은 것으로 고르면 다른 꽃과 조화시키기 쉽습니다.

백합 기본

절화로 유통되는 주요 형태

마르코폴로

오리엔탈 하이브리드 (OH)
강한 향기가 매력적인 대륜으로 꽃잎에 반점이 있는 것도 있습니다. 유통량이 가장 많은 계통으로 카사블랑카와 시베리아 등이 포함됩니다.

발베르데

OT 하이브리드
2000년대 초, 오리엔탈계에 중국 백합을 교배시켜 탄생했습니다. 깨끗한 노랑과 오렌지계의 대륜이 여기에 속합니다.

콜레오네

LA 하이브리드
꽃이 위를 향해 피고 선명한 색이 특징이며 색상도 풍부합니다. 튼튼하고 생장이 빠르며 품종도 증가해 온 계통입니다. 반면, 향기는 거의 없습니다.

신미백화

롱기프로렘 하이브리드 (LA)
나팔나리끼리 교배한 품종입니다. 꽃송이가 길고 슬림하며 끝부분만 벌어지는 고상한 모습에 웨딩부케 등으로 선호하는 품종입니다.

꽃의 신선도와 봉오리

꽃잎의 끝부분에 주름이 있는지 확인합니다

기본적으로 오래가지만 시간이 지나면 꽃잎 끝부분에 주름이 생깁니다. 탄력과 적당한 두께감이 없다면 꽃이 핀 지 오래된 것입니다.

꽃이 피는 봉오리와 피지 않는 봉오리
봉오리가 잘 벌어지는 꽃이지만 굳게 닫힌 옅은 녹색 봉오리는 피지 않습니다. 불필요한 봉오리를 제거하면 영양공급이 효과적입니다.

오래 유지하는 방법

꽃을 피우기 위한 노력이 필요합니다
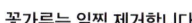
가운데의 봉오리는 작고 피지 않는 경우가 많으므로 잘라냅니다. 이렇게 하면 다른 꽃이 피기 쉬워지고 색도 예쁜 꽃이 피어납니다.

꽃가루는 일찍 제거합니다

꽃집에서는 꽃이 핀 백합의 꽃가루가 제거되어 있습니다. 집에서 봉오리가 피기 시작하면 꽃가루가 딱딱할 때 손으로 집어냅니다. 그러면 꽃잎도 지저분해지지 않습니다.

꽃잎이나 옷에 꽃가루가 묻었을 때

접착 테이프로 가볍게 두드리듯이 제거합니다. 문지르면 오히려 꽃가루가 퍼지므로 주의합니다.

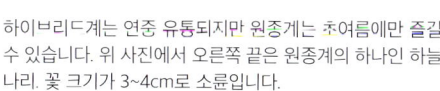

여름이 다가오면 다채로운 품종들이 등장

하이브리드계는 연중 유통되지만 원종계는 초여름에만 즐길 수 있습니다. 위 사진에서 오른쪽 끝은 원종계의 하나인 하늘나리. 꽃 크기가 3~4cm로 소륜입니다.
왼쪽 끝은 꽃 크기가 약 20cm인 콘카도르로 하이브리드계. 백합은 색도 크기도 풍부합니다.

37

기본에서 인기 품종까지

 몬태뉴(LA)

다린다(OH)

 사만다(OH)

스위트슈가(LA)

 소르본느(OH)

 컴패니언(OH)

 소녀나리(원종)

 립글로스(OH)

비라블랑카(OH)

 마이웨딩(OH)

 아누스카(OH)

 그린릴리알프

 엘디포(LA)

 체자레(LA)

 몬테고베이(OT)

 하늘나리(원종)

칼라 기본

칼라

꽃색

안쪽 막대 모양이 꽃이고, 꽃잎으로 보이는 것은 꽃받침입니다.

클로즈업!

단순한 화형은 어른의 취향

종이를 한 장 말아놓은 것 같은 단순한 꽃입니다. 꽃잎으로 보이는 부분은 불염포라 불리는 꽃받침으로 실제 꽃은 중심에 있는 막대 모양 부분입니다. 이 독특한 형태와 줄기 라인을 살린 디자인은 감각적이고 세련돼 결혼식 등에서 굳건한 인기를 차지하고 있습니다.

이름은 아름다움을 뜻하는 그리스어 카로스에서, 또는 가톨릭 수녀복의 칼라에서 유래했다는 이야기가 있습니다. 습지성은 늦은 가을~초여름에 유통되는 대륜으로 흰색, 핑크색, 녹색 3종입니다. 건지성은 연중 유통되며 꽃 색깔이 다양합니다. 주목받는 것은 작은 종류로 사용하기 쉬운 캡틴 시리즈이며 보라색 비올레타(오른쪽) 외에 핑크색, 오렌지색, 노란색 등이 있습니다.

다른 타입

골드크라운

삿포로

과	천남성과
속	잔테데스키아 속
원산지	남아프리카
향기	○(흰색 · 습지성)
개화기	6~7월
영어명	Calla · Calla lily
일반명	칼라 · 카라
꽃말	처녀의 정숙함

▼ 꽃꽂이를 하기 전에
꽃가루가 나오기 전의 신선한 것으로 골라 줄기를 자릅니다.
*생기가 없을 때
줄기를 자릅니다.

▼ 어드바이스
일종꽃이, 또는 그린과 함께 스타일리시하게 꾸밉니다. 줄기가 휘기 쉬운 건지성은 자유롭게 줄기를 구부리거나 둥글게 할 수 있습니다. 건조한 환경에 약한 습지성은 건조해지면 분무기로 물을 뿌립니다. 양쪽 모두 여름에는 물을 잘 갈아주는 것이 좋습니다.

*절화 데이터
유통 시기 : 연중
▷국내산은 습지성이 11~5월, 건지성은 거의 연중 유통됩니다. 건지성은 뉴질랜드, 아프리카, 중앙~남아메리카에서도 수입됩니다.
❋ 꽃 크기 5~15cm　❋ 유통 길이 30~120cm
❋ 관상 기간 7일 전후　💧 물올림 ○　❋ 드라이 ×

난초

기본 난초

여기서는 이 책에서 소개하는 난초를 정리했습니다.

고상한 품격과 멋이 있는 난초(난)는 종자식물의 10퍼센트를 차지한다고 합니다. 종류가 많은 만큼 강렬한 개성을 지닌 다양한 속으로 나누어집니다.

카틀레야 > p42

프릴이 있는 꽃잎, 선명한 색채, 풍부한 향기를 가진 우아한 난. 행사용 대륜을 중심으로 작품용 소륜도 호평을 받고 있습니다.

파멜라헤더린톤

대륜은 꽃송이 수로 가격이 정해집니다

카틀레야 대륜은 한 송이마다 가격이 매겨지는 특별한 타입입니다. 따라서 한 줄기라도 꽃송이의 개수에 따라 가격이 다릅니다.

호접란 > p43

날개를 펼친 나비와 닮은 모습에서 이름이 붙여졌습니다. 고급스러운 선물의 대표격으로, 자그마하며 컬러풀한 타입에도 주목할 필요가 있습니다.

꽃잎이 섬세합니다

꽃잎을 면이나 얇은 종이로 감싸 유통할 정도로 무척 섬세한 꽃입니다. 카틀레야와 마찬가지로 유통 시 조심스럽게 취급합니다.

심비디움 > p44

원래 희미한 색채가 특징이지만 깨끗한 흰색과 핑크색 품종도 늘어났습니다. 일본란과 교배한 차분한 색상의 꽃들도 인기입니다.

꽃잎 다루기에 주의합니다

꽃이 겹쳐져 있어서 주위의 화재에 닿기 쉬운 편입니다. 꽃잎이 떨어지기 쉬우니 다른 것에 걸리지 않도록 주의합니다.

반다 > p45

독특한 모양으로 이국적인 분위기가 가득한 큰 난. 진한 청보라색을 비롯해 최근 절화로 유통되는 색채들이 늘고 있습니다.

추위에 약하므로 따뜻한 장소에 둡니다

겨울에는 따뜻한 실내에 둡니다. 수분이 부족해 생기가 없으면 35℃ 이하의 미지근한 물에 한동안 담그는 열탕처리가 효과적입니다.

모카라 > p46

열대를 연상시키는 선명하고 풍부한 색을 자랑합니다. 합리적인 가격으로 손쉽게 사용할 수 있는 점도 장점입니다. 꽃이 많이 달리며 조연으로도 유용합니다.

싱거골드

건조해지면 물에 담급니다

여름에는 에어컨의 영향으로 건조해지기 쉽습니다. 꽃이 건조해져 탄력이 없어진 경우에는 한동안 물에 담가둡니다. 거꾸로 담가도 괜찮습니다.

덴파레 > p47

유통량이 가장 많은 난입니다. 가격도 적당하고 가정용과 결혼식 등에 널리 쓰이고 있습니다. 수입은 주로 태국산이며 국내산은 오키나와에서 재배합니다.

라비아

꽃이 모두 핀 것을 사는 게 좋습니다

봉오리가 피어나기 위해서는 에너지가 필요합니다. 봉오리가 많은 것보다 골고루 잘 피어난 것을 구입하면 볼륨감이 오래 유지됩니다.

온시디움 > p136

낭창낭창한 줄기에 작은 꽃이 경쾌하게 피어난 우아한 느낌의 난. 향기가 좋은 품종도 있습니다. 수입은 대만산이 많습니다.

건조한 환경에 약하므로 수분을 보충합니다

꽃이 작고 꽃잎이 얇아서 에어컨에 특히 주의해야 합니다. 꽃이 마르기 쉬우므로 분무기 등으로 하루 한 번 수분을 보충해 주면 좋습니다.

파피오페딜럼 > p163

애교있는 표정, 도트와 스트라이프 무늬 등 난 중에서도 유달리 개성적입니다. 주로 한 줄기에 한 송이 꽃이 피는 타입이 유통됩니다.

큰 잎을 조심스럽게 다룹니다

튼튼하고 오래가지만 잎이 특별히 큰 경우에는 떨어지기 쉬우므로 주의합니다. 한 송이씩 피는 난이어서 꽃잎이 떨어지면 못 쓰게 됩니다.

아란세라 > p48

꽃잎은 좁아도 잘 붙어 있습니다. 쭉 뻗은 줄기에 많은 꽃잎이 달려 볼륨감이 있고 매우 화려합니다.

아란다 > p48

두 종류 난의 교배로 탄생했습니다. 반다에게는 보라색과 존재감 있는 크기를, 아라크니스에게는 긴 수명을 물려받았습니다.

차크완블루

꽃의 신선도와 봉오리

꽃잎의 탄력과 윤기를 확인

꽃은 아래에서 위로 피어 올라갑니다. 꽃이 많이 피어 있어도 아래쪽 꽃에 탄력과 윤기가 없는 경우에는 신선도가 좋다고 할 수 없습니다.

추위는 꽃잎이 상하므로 금물

수입산은 유통될 때 화물칸에서 얼어버리는 경우가 있습니다. 특히 저온일 때는 꽃잎에 상처가 없는 것으로 골라야 합니다.

꽃이 피는 봉오리와 피지 않는 봉오리

줄기 끝에 봉오리가 달리는 덴파레와 모카라. 벌어지기 시작한 봉오리는 꽃이 피지만 줄기 끝에 붙은 단단한 봉오리는 피지 않습니다.

오래 유지하는 방법

수분 유지의 장점을 살린 작품

수분 유지를 잘하므로 몇 시간 정도 진행되는 파티라면 수분 보충 없이 장식할 수 있습니다. 한 송이씩 테이블에 놓아두어도 화려한 분위기를 연출합니다.

픽(pick)을 활용해 한 송이씩 장식

겹쳐서 피는 꽃이므로 한 송이만을 다룰 때 편리한 것이 픽입니다. 잘라서 나온 꽃의 줄기를 물이 담긴 픽에 꽂아 사용합니다.

기본 카틀레야

카틀레야

꽃색
○
○
○
○
○
◎

우아한 꽃과 향기가 매력

우아하고 기품 넘치는 매력으로 존재감을 자랑합니다. 커다란 꽃잎에 프릴이 있으며 향기도 빼어나 '양란의 여왕'으로 불립니다. 원종은 30종 정도로, 근연종과의 교배종을 포함해 카틀레야라고 부르며 다종다양한 품종이 나와 있습니다.

열대아메리카 원산의 이 꽃이 영국에 소개된 것은 19세기 전반. 채취한 식물을 포장할 목적의 완충재로 쓰여 우연히 바다를 건넜다고 합니다. 지금은 호접란과 함께 고급스러운 꽃으로 자리잡았습니다. 절화가 꽃집에 진열되는 일은 적고 거의 대부분 주문이 이루어집니다. 짧은 길이에 꽃이 2~4송이씩 달리며 대륜에서 소륜까지 꽃의 크기는 다양합니다.

흰색 꽃 소륜 타이니키스.
꽃잎이 좁고 표정이 섬세합니다.

과 난초과
속 카틀레야 속
원산지 열대아메리카
향기 ○
개화기 3~4월
영어명 Cattleya
일반명 카틀레야
꽃말 우아한 부인·성숙한 매력

클로즈업!

다른 타입

소륜 품종

미스틱 레이디

✽ 절화 데이터
유통 시기 : 연중
▷국내에서 온실 재배한 것이 안정적으로 유통됩니다. 유통이 많은 시기는 겨울부터 봄입니다.

✽ 꽃 크기 7~15cm   ✽ 유통 길이 10~50cm
✽ 관상 기간 5~14일   ♠ 물올림 ○   ✽ 드라이 ✕

▼ 꽃꽂이를 하기 전에
줄기를 자릅니다.
✽생기가 없을 때
줄기를 자릅니다. 또는 줄기를 짧게 자르고 꽃을 물에 띄웁니다.

▼ 어드바이스
대륜의 화려함을 강조하려면 심플하게 장식합니다. 소륜을 한 송이 더하면 그것만으로도 업그레이드가 됩니다. 길이가 짧으므로 큰 작품에는 픽에 꽂아서 사용합니다. 대륜은 꽃이 무겁고 꽃잎이 섬세하므로 주의해서 다룹니다.

호접란 기본

꽃색

클로즈업!

별명 팔레노프시스

과 난초과
속 호접란속(팔레노프시스속)
원산지 동남아시아·남아시아
향기 —

개화기 4~6월
영어명 Moth orchid
일반명 호접란
꽃말 화려함·당신을 사랑합니다

미니호접란은 색이 풍부합니다.

다른 타입

소륜 품종

대륜부터 소륜까지 폭 넓은 수요

인생의 중요한 순간을 장식해 온 고급 꽃. 난 중에서도 특히 선물 수요가 많은 꽃입니다. 둥근 꽃잎이 펼쳐진 모습이 나비처럼 보여서 호접란입니다. 학명인 팔레노프시스는 나방을 닮았다는 의미지만 우아하고 아름다우며 기품이 넘칩니다.

현재의 품종은 100년 가까운 개량의 역사를 지녔습니다. 그중에서도 절화, 분화(화분에 심겨진 식물) 모두 흰색 대륜은 빼놓을 수 없는 존재가 되었습니다.

일상적인 용도로는 가볍게 사용할 수 있는 미니호접란이 인기를 얻고 있습니다. 자그마한 꽃은 대륜에 비해 가격도 적당합니다. 오렌지색, 라임색, 팥죽색, 혼합색 등 대륜에는 없는 색도 눈에 뜨입니다.

▼ 꽃꽂이를 하기 전에
면이나 얇은 종이로 감싸 유통될 정도로 꽃잎이 섬세해 조심스럽게 다루어야 합니다. 줄기를 자릅니다.
＊생기가 없을 때
줄기를 자릅니다. 또는 35℃ 이하의 미지근한 물에 전체를 30분~1시간 정도 담가 둡니다.

▼ 어드바이스
자연스럽게 완성하려면 꽃이 적은 것으로 고릅니다. 미니호접란은 주역으로도, 조역으로도 화려함을 연출합니다. 대륜은 화분에 심긴 스타일이 익숙하지만 작품을 할 때는 그에 얽매이지 않는 디자인을 합시다!

＊ 절화 데이터
유통 시기 : 연중
▷국내산의 유통이 줄어드는 여름에 대만산, 베트남산이 유통됩니다. 미니호접란의 유통이 늘고 있습니다.

❋ 꽃 크기 3~10cm   ❋ 유통 길이 20~80cm
❋ 관상 기간 10~14일   💧 물올림 ○   ❋ 드라이 ✕

기본 심비디움

심비디움

꽃색

클로즈업!

뒷면

음영이 있는 중간색에서 맑은 색, 짙은 색까지

본래 미얀마나 태국 등에 자생하는 난입니다. 유럽에서 개량되어 양감이 있는 꽃이 화려하게 이어지는 지금의 모습이 되었습니다. 밀랍 가공을 한 듯한 질감과 미묘한 음영이 있는 색채가 특징으로 최근에는 파스텔 핑크와 화이트 등 밝은 색조가 늘고 있습니다.

꽃잎이 튼튼해 관상 기간이 길고, 물을 담은 유리 용기에 꽃을 잠기게 해서 수중화로 장식하기도 합니다. 응용 범위가 넓다는 것도 이 난의 장점입니다.

최근 '테이블 심비'로 불리는, 짧은 길이와 작은 꽃송이 품종이 주목받고 있습니다. 일본과 중국 자생의 동양란 계통을 섞어 개량해 대부분 갈색 등 차분한 다색(茶色)이 많습니다. 가볍게 사용할 수 있습니다.

과 난초과
속 심비디움속
원산지 아시아·오스트레일리아 등
향기 ○

개화기 11~3월
영어명 Cymbidium
일반명 심비디움
꽃말 꾸밈없는 마음·성실한 애정

다른 타입
색에 음영이 있는 품종

파스텔컬러의 바닐라아이스. 유통이 많이 되는 맑은 색 타입입니다.

✱ 절화 데이터
유통 시기 : 연중
▷국내산은 가을에서 초여름까지 유통되는데 3월과 연말이 절정. 뉴질랜드산이 5~11월에 유통됩니다.
✻ 꽃 크기 3~8cm   ✻ 유통 길이 30~100cm
✻ 관상 기간 14일 이상   ♦ 물올림 ◎   ✻ 드라이 ✕

▼ 꽃꽂이를 하기 전에
꽃이 핀 상태로 유통되므로 꽃잎에 상처가 없는 것으로 고릅니다. 줄기를 자릅니다.
✱ 생기가 없을 때
줄기를 자릅니다. 또는 35℃ 이하의 미지근한 물에 30분~1시간 정도 담가둡니다.

▼ 어드바이스
화려하게 피는 타입은 선물로 좋습니다. 맑은 색깔은 산뜻한 선물로, 갈색이나 미묘한 음영이 있는 중간색은 어른에게 하는 꽃 선물로 알맞습니다. 작은 꽃송이는 한 송이 더하는 것만으로도 작은 작품이나 미니꽃다발이 한층 멋스러워집니다.

반다 기본

반다

꽃색

클로즈업! / 뒷면

꽃잎 전체에 있는 독특한 반점은 이 꽃만의 특징

이국적인 그물코 무늬와 짙은 색깔

커다란 꽃이 겹쳐져 이국적이면서 박력이 넘칩니다. 꽃은 크고 편평하게 피어 독특한 그물코 무늬를 드러냅니다. '반다'는 고대 인도의 산스크리트어로 '달라붙다'라는 뜻의 반타카에서 유래했는데 나무에 붙어 자라는 것과 연관된 듯합니다.

반다의 색은 난 중에서도 가장 쿨한 청색으로 이야기되어 왔습니다. 그런데 최근 대만, 태국산에서 새로운 색이 출하되어 색채가 풍부해졌습니다. 선명한 핑크, 달콤한 핑크, 음영 있는 혼합색, 세련된 갈색, 팥죽색에서 흰색까지 다른 난을 압도하는 색채의 조합입니다.

작품용으로 꽃만 유통되기도 하고 큰 뿌리와 잎이 있는 종류도 유통됩니다.

다른 타입

썩삼란 스폿

과 난초과
속 반다속
원산지 열대아시아·오스트레일리아
향기 —
개화기 6~7월
영어명 Vanda
일반명 반다
꽃말 우아함·품격 있는 아름다움

▼ 꽃꽂이를 하기 전에
줄기를 자릅니다. 겨울에는 물이 마르는 일이 있으니 따뜻한 실내에 장식합니다.
※ 생기가 없을 때
줄기를 자릅니다. 또는 35℃ 이하의 미지근한 물에 30분~1시간 정도 담가둡니다.

▼ 어드바이스
남국풍의 그린과 잘 어울립니다. 개성파끼리 디자인해 보세요.
두툼하고 진한 색의 반다를 밝은 그린의 불두화 등과 함께 조합해도 근사합니다. 뿌리가 있는 것은 그대로 실내에 장식해 꽃부터 뿌리까지 감상할 수 있습니다. 개화가 끝난 꽃부터 제거합니다.

✽ 절화 데이터
유통 시기 : 연중
▷대부분이 태국산과 대민산. 일부 온실 재배한 국내산이 여름에 유통됩니다.
✽ 꽃 크기 5~10cm ✽ 유통 길이 10~50cm
✽ 관상 기간 14일 전후 💧물올림 ◎ ✽ 드라이 ✕

기본 모카라

모카라

꽃색
●
●
●
●
●
◎

클로즈업!

사용이 쉬워 사랑받는 꽃

경쾌한 색채 라인에는 핑크, 노랑, 오렌지, 반점 무늬 등이 있습니다. 열대를 연상시키는 풍부한 색채입니다. 난초과의 반다속 외에 두 종류의 난을 교배해 품종 개량이 되었습니다.

둥글고 두께감 있는 꽃잎이 커다랗게 피는데, 대부분 반다를 작고 좁게 개량한 것 같은 모양입니다. 꽃은 모여서 풍성하게 핍니다. 가격이 합리적이어서 사용하기 쉬운 난으로 사랑받고 있습니다. 한 송이만으로도 볼륨이 충분해 주연으로도 조연으로도 사용할 수 있습니다.

관상 기간이 매우 길어 더운 계절에 요긴하게 쓰는 꽃이기도 합니다. 추위와 건조한 환경에는 약하므로 겨울에는 장식하는 장소에 주의해야 합니다. 따뜻한 실내에 장식하는 것이 좋습니다.

작은 꽃을 풍성히 피운 칼립소(오른쪽)와 싱어골드

다른 타입
블루보이
골드너겟

과	난초과
속	모카라 속
원산지	열대아시아·오스트레일리아
향기	○(허브)
개화기	7~11월
영어명	Mokara
일반명	모카라
꽃말	우아한 아름다움·기품

✽ 절화 데이터
유통 시기 : 연중
▷태국과 말레이시아 수입산이 유통되고 있습니다. 제철은 7~8월.

✽ 꽃 크기 2~3cm　　✽ 유통 길이 30~60cm
✽ 관상 기간 14일 이상　▲ 물올림 ○　✽ 드라이 ✕

▼ 꽃꽂이를 하기 전에
색이 선명한 것이 신선합니다. 봉오리와 꽃잎이 꺾이지 않았는지 잘 살펴보고 구입합니다. 줄기를 자릅니다.

✽생기가 없을 때
줄기를 자릅니다. 또는 35℃ 이하의 미지근한 물에 전체를 30분~1시간 정도 담가 둡니다.

▼ 어드바이스
꽃잎이 둥글어 장미, 다알리아 등 둥근 꽃과 잘 어울립니다. 노란색이나 오렌지색 모카라에 해바라기를 곁들인 여름 작품도 좋습니다. 오렌지색과 핑크색의 선명한 모카라를 배합하면 남국풍으로 딱 어울립니다.

덴파레 기본

덴파레

꽃색
●●●○●●●◎

덴파레는 가는 줄기와 꽃의 균형이 잘 잡혀 있습니다.
소니아(오른쪽)와 안나

클로즈업!

다른 타입

주엘 피치

퓨어 화이트

과 난초과
속 덴파레속
원산지 오스트레일리아·열대아시아
향기 —

개화기 6~9월
영어명 Dendrobium phalaenopsis type
일반명 덴파레
꽃말 잘 어울림·유능·유혹에 지지 않음

가장 친숙하고 인기 많은 난

가는 줄기에 경쾌하게 피며 격식을 갖춘 것 같은 느낌이 듭니다.

적당한 가격으로 간편한 작품부터 여러 행사에까지 폭넓게 이용되며 튼튼하고 관상 기간이 길어 요리의 장식용으로도 이용되고 있습니다. 꽃의 색은 붉은 자주색 등 진한 것부터 다른 꽃들과 조화가 잘되는 핑크색, 흰색, 녹색 등 엷은 색깔이 풍부합니다. 연중 유통되지만 열대성 식물이어서 추위에는 약합니다.

덴파레는 덴트로비움속 중에서 호접란과 닮은 팔레놉시스종을 중심으로 개량된 원예종입니다.

덴트로비움 팔레놉시스계를 줄여서 덴파레라고 하는데 이 둘을 교배한 것은 아닙니다.

▼ 꽃꽂이를 하기 전에
봉오리가 피어나는 데 에너지가 필요하므로 꽃이 다 핀 것으로 고르면 오래갑니다. 줄기를 자릅니다.
*생기가 없을 때
줄기를 자릅니다. 또는 35℃ 이하의 미지근한 물에 전체를 30분~1시간 정도 담가 둡니다.

▼ 어드바이스
길이가 긴 타입은 꽃의 무게 때문에 줄기가 처지므로 줄기 길이에 맞춘 디자인을 생각해야 합니다. 웨딩부케라면 유연한 줄기의 특징을 살린 캐스케이드(폭포형) 부케로 해도 멋스럽습니다. 관상 기간이 길어 여름 작품이나 선물용 꽃다발로 적당합니다.

*절화 데이터
유통 시기 : 연중
▷품질 좋은 오키나와산이 연중 유통됩니다.
❋ 꽃 크기 3~5cm   ❋ 유통 길이 30~60cm
❋ 관상 기간 14일 이상   ♠ 물올림 ○   ❋ 드라이 ✕

기본 아란세라 / 아란다

아란세라

꽃색

| 과 난초과
| 속 아란세라속
| 원산지 동남아시아
| 향기 —

클로즈업!

날씬한 긴 줄기가 특징인 디자인으로

아라크니스와 레난세라라는 난의 교배종입니다. 꽃잎이 좁아 경쾌하고 작아 보입니다. 밀랍을 입힌 듯한 두께감 있는 질감의 꽃은 안정적이며 오래갑니다.

춤추는 듯한 꽃들이 줄기에 다닥다닥 붙어 있습니다. 길이가 긴 것을 고르면 화려함을 연출할 수 있습니다.

| 개화기 7~11월
| 영어명 Aranthera
| 일반명 아란세라
| 꽃말 열망

＊ 절화 데이터
유통 시기 : 연중
▷태국산, 말레이시아산이 연중 유통되며 제철은 7~8월.
❊ 꽃 크기 3~5cm   ❊ 유통 길이 30~80cm
❊ 관상 기간 14일 이상   💧 물올림 ○   ❊ 드라이 ✕

▼ 꽃꽂이를 하기 전에
줄기를 자릅니다.
＊생기가 없을 때
추위로 시들시들할 때는 약 35℃의 미지근한 물에 담가 열탕처리합니다.

▼ 어드바이스
짧게 자르지 말고 긴 줄기를 디자인에 응용합니다. 줄기가 그려내는 완만한 곡선을 살립니다. 추위에 약하므로 8℃ 이상에서 관리합니다.

아란다

꽃색

| 과 난초과
| 속 아란다속
| 원산지 말레이시아
| 향기 —

클로즈업!   봉오리

반다에게 물려받은 윤기 나는 보라색

반다에 아라크니스를 교배한 원예 품종. 1930년대 말레이시아에서 개량된 비교적 새로운 난입니다. 반다로부터는 윤기 있는 보라 계열의 색과 존재감 있는 크기를, 아라크니스로부터는 긴 관상 기간을 물려받아 좀 더 절화로 사용하기 쉬운 난이 되었습니다.

| 개화기 7~11월
| 영어명 Aranda
| 일반명 아란다
| 꽃말 획득·우아한 아름다움

＊ 절화 데이터
유통 시기 : 연중
▷태국산, 말레이시아산이 연중 안정적으로 공급됩니다.
❊ 꽃 크기 3~5cm   ❊ 유통 길이 30~80cm
❊ 관상 기간 14일 이상   💧 물올림 ○   ❊ 드라이 ✕

▼ 꽃꽂이를 하기 전에
줄기를 자릅니다.
＊생기가 없을 때
추위로 시들시들할 때는 약 35℃의 미지근한 물에 담가 열탕처리합니다.

▼ 어드바이스
작은 꽃들이 많이 밀집된 것이 아니라서 서브 화재로 다양하게 쓸 수 있습니다. 한 송이 꽂으면 열대풍이 됩니다. 추위에 약하므로 8℃ 이상에서 관리합니다.

Basic Knowledge — 1

화재(花材)의 종류

꽃꽂이 작품에 빠질 수 없는 화재의 종류와 특징을 알아봅시다. 선택에 도움이 될 것입니다.

그린
작품에서 잎을 활용하는 식물을 말합니다. 가지에서 갈라져 나온 것과 한 장으로 된 것, 둥근 형태, 길쭉한 형태 등 모양도 다양합니다.
- **실버리프** 흰색이 섞인 녹색 잎. 잔털로 덮인 것이 많고 가루를 뿌린 듯한 질감을 가진 잎도 있습니다. 부드러운 느낌이 있습니다.
- **컬러리프** 와인색, 갈색 등의 잎. 열대 원산이 많고 다이내믹한 구조도 특징입니다.
- **무늬** 잎에 흰색, 노란색, 녹색 등 얼룩무늬나 섬유질이 있는 것을 말합니다.

가지
수목의 가지 부분을 자른 것. 크게 나누면 매화 등과 같이 꽃을 즐기는 것과 잎이나 열매를 관상하는 것의 세 종류. 산과 들, 고유의 정취, 계절감을 나타낼 때 효과적입니다.

덩굴
덩굴성 식물 전반. 줄기가 유연해서 아래로 늘어지거나 옆으로 뻗어가거나 다른 것에 감기면서 자랍니다. 그린 외에 꽃도 있습니다.

드라이
식물을 말린 것. 꽃, 그린, 열매, 덩굴, 가지, 슬라이스한 과일 등 종류는 다양합니다. 화재의 경우 특히 드라이플라워라고 합니다.

꽃
꽃이 핀 상태의 화재의 총칭. 계절마다 다양한 종류의 꽃들이 출하·유통됩니다. 그 꽃이 가진 줄기의 라인과 잎의 모습도 꽃과 함께 즐겨보세요.
- **구근화** 구근(알뿌리)에서 피는 꽃의 총칭. 양분을 풍부하게 비축한 구근을 양식으로 자랍니다. 최근에는 알뿌리가 달린 절화가 인기를 모으고 있습니다.
- **화목** 꽃이 피는 수목 중에서 특히 아름다운 꽃이 피는 나무. 절화에서는 계절감이 가장 잘 느껴지는 화재로 애용되고 있습니다.

열매
씨앗과 과일 등 열매를 맺은 상태로 유통되는 화재. 나무열매 외에 초의 열매도 있어 익기 전(녹색)과 빨강, 노랑으로 익은 후에는 표정이 달라집니다.
- **덩굴에 맺는 열매** 위를 향해 열리는 열매만 있는 것이 아닙니다. 덩굴에 붙어 늘어지는 종류도 있습니다.

화재(꽃꽂이 작품 재료)
식물 소재의 총칭. 상태에 따라 생화, 드라이플라워, 프리저브드, 아티피셜의 4가지로 나뉩니다. 각각은 또 꽃, 그린, 열매로 분류됩니다. 식물 이외의 소재는 자재라고 합니다.

생화
절화, 분화를 포함한 자연의(살아 있는 상태의) 꽃 전반을 말합니다. 아티피셜이나 드라이플라워 등 가공을 한 꽃에 견주어 '프레시 플라워'라고도 합니다.

프리저브드
생화를 가공해서 장기간 보존하려고 만든 화재. 식물의 수분을 제거하고 특수한 용액을 주입하여 생화에 가까운 부드러운 질감을 유지합니다. 꽃은 물론 그린과 열매도 가능합니다. 색소로 착색하기 때문에 자연계 식물에는 없는 다채로운 색도 선보입니다.

아티피셜
조화를 말합니다. 꽃, 잎, 열매까지 다양한 종류가 있습니다. 실제 꽃을 모방한 것 이외에 독자적인 색과 질감을 가진 꽃, 과일 등도 있습니다.

Part 2

계절을 연출하는 꽃

자연의 신비를 느낄 수 있는 봄·여름·가을·겨울.
각각의 계절을 대표하는 꽃을 모았습니다.
절화에서는 자연의 주기보다 한 발 앞서 계절이 돌아옵니다.
여러 행사와 선물에 꼭 활용해 보세요.

Seasonal Flower

계절 봄

튤립

꽃색
- 🔴
- 🌸
- 🟠
- 🟡
- ⚪
- 🟣
- 🟢
- 🟤
- ⚫
- ◎

클로즈업!

개화

투자 대상이 되기도 했던 귀여운 알뿌리꽃

윤기 나는 색깔과 사랑스러운 모습이 매력적인 튤립은 봄 구근화의 대표입니다. 원산지인 중앙아시아에서부터 지중해 연안 지역에는 약 150종이 자생합니다. 터키 왕조에서 사랑받고 16세기에 이미 품종이 약 1,000가지나 되었다는 기록이 있습니다.

1560년경 유럽에 전해지자 순식간에 인기를 끌어 네덜란드를 중심으로 육종 및 재배가 활발히 이루어졌습니다. 구근값이 올라가 투기의 대상이 되면서 1630년대 중반에는 한 뿌리의 가격이 호화로운 집 한 채 값이 될 정도로 폭등했고, 그 후 폭락했습니다. 이것이 소위 말하는 튤립광 시대입니다.

현재 왕립 네덜란드 구근 · 식물도매협회가 파악하고 있는 품종은 약 5,600가지. 홑꽃형, 겹꽃형, 프린지 등 다양한데 시기에 따라 유통되는 절화의 화형과 색깔 등이 다릅니다.

튤립은 절화 상태에서도 생장합니다. 줄기가 자라나서 디자인이 변하기 쉬운 꽃이었는데, 최근 약물 처리로 줄기의 성장이 억제되어 디자인하기가 매우 쉬워졌습니다.

- 과 백합과
- 속 튤립속
- 원산지 중앙아시아 · 북아프리카
- 향기 ○(일부)
- 개화기 3~4월
- 영어명 Tulip
- 일반명 튤립
- 꽃말 사랑 · 고백 · 짝사랑 · 박애

✽ 절화 데이터

유통 시기 : 11~4월
▷구근의 대부분은 네덜란드산으로 도야마현에서는 오리지널 품종을 육성하고 있습니다.

✽ 꽃 크기 3~8cm
✽ 유통 길이 20~50cm
✽ 관상 기간 5~7일　💧물올림 ○　✽ 드라이 ✕

▼ 꽃꽂이를 하기 전에

잎을 정리하고 줄기를 자릅니다. 이때 뿌리 쪽에 가까운 흰 부분은 영양을 비축해 둔 곳이므로 남겨둡니다.

✽ 생기가 없을 때
줄기를 자른 다음 깊은 물에 담급니다.

▼ 어드바이스

다채로운 색채를 마음껏 활용하고 싶을 때는 같은 화형을 고르면 정리가 쉬워집니다. 따뜻한 방, 햇볕이 잘 드는 창가는 꽃이 빨리 피므로 오래 두고 보고 싶다면 온도 변화가 작은 현관 등이 좋습니다. 구근이 있는 튤립은 오래갑니다.

봄 계절

절화로 유통되는 주요 형태

핑크 다이아몬드

홑꽃형
전통적이며 소박한 이 형태는 오히려 감소하고 있습니다. 꽃잎은 6장으로 보이지만 바깥쪽 3장은 꽃받침이 변화된 것이며 안쪽 3장이 꽃잎입니다.

화이트 리버스타

크라운형
꽃의 아래쪽이 풍성하고 끝은 뾰족한 형태입니다. 이를 왕관 같다고 하여 이 이름이 붙여졌습니다. 단순하면서도 독특한 형태가 눈길을 끕니다.

케이프랜드 기프트

겹꽃형
홑꽃형의 돌연변이로 생겨났습니다. 꽃잎이 겹치는 것은 품종에 따라 다른데, 홑꽃형보다 몇 장 많은 정도에서 자잘한 꽃잎이 수십 장 겹쳐진 것까지 있습니다.

폴리크로머

원종계
원종과 원종에 가까운 품종을 말합니다. 홑꽃형의 작은 꽃은 별 모양으로 핍니다. 길이가 짧고 구근이 있는 것을 구하면 사용하기 쉬울 것입니다.

발레리나

백합형
이름 그대로 꽃잎 끝이 뾰족한 백합 모양입니다. 예전에는 이 형태가 주류를 이루었습니다. 원산지인 터키에서는 건물 벽화에 자주 보이는 디자인입니다.

오래 유지하는 방법

잎은 깨끗하게 제거
잎을 제거할 때는 엄지손가락 안쪽 면을 이용해 잎의 아래쪽을 떼어냅니다. 잎을 잡아당기는 것은 좋지 않습니다. 줄기가 다치지 않도록 주의합니다.

엑조틱 선

프린지형
꽃잎 끝이 미세한 톱니 모양입니다. 톱니의 깊이는 품종에 따라 다릅니다. 홑꽃형과 겹꽃형이 있는데 해마다 겹꽃형이 늘고 있습니다.

미스테리어스 패럿

패럿형
꽃잎이 패거나 말려 있습니다. 생김새가 앵무새 날개 같아서 이 이름으로 불립니다. 잘 피면 역동적인 움직임을 즐길 수 있습니다.

Memo

구근 붙은 것의 인기가 급상승 중

구근이 붙은 꽃의 유통이 늘고 있습니다. 일반적인 절화보다 오래가는 것이 매력입니다. 니이가타현 산지에서는 이들 품종을 모래땅에서 재배하고 있습니다. 모래는 잘 달라붙지 않아 꽃과 구근에 상처를 내지 않고 출하할 수 있다고 합니다.

계절 봄

기본에서 인기 품종까지

레드드레스	오렌지주스	브라운슈가	핑크비전
하우스텐보스	캔디타임	프레시포인트	하루(봄)
차밍뷰티	리무진	옐로크라운	핑크매직
네그리타 패럿	카팅카	해피제너레이션	그린스피릿

계절 봄

라넌큘러스

뒷면 　 클로즈업!

꽃색

봄의 공기를 머금고 핀 섬세한 꽃잎

이른 봄 인기 절화의 선두가 된 라넌큘러스. 둥근 봉오리가 벌어지기 시작하면서 얇은 종이 같은 꽃잎이 탐스럽게 피어납니다. 이 꽃의 기원이 된 것은 유럽 동남부에서부터 서아시아에 걸쳐 자생하는 원종, 라넌큘러스 아시아틱스종입니다. 꽃잎이 다섯 장이었던 원종이 네덜란드와 아메리카에서 개량되어 꽃잎이 겹치는 겹꽃형, 만겹꽃형이 탄생했습니다.

일본에는 1800년대 후반에 전해졌으며 2003년경 일본에서 육종한 고품질 품종이 절화로 유통되면서 인기를 얻었습니다.

라넌큘러스는 육종도 생산도 거의 대부분 일본 내에서 이루어집니다. 색이 선명한 대륜 타입을 비롯해 암술이 큰 꽃으로 혼합색이며 꽃잎이 오므라드는 개성파, 나풀거리는 꽃잎이 빛나는 반겹꽃형 등이 인기입니다. 해마다 꽃의 색과 모양이 다채롭게 변화한 많은 품종이 나오고 있습니다. 저마다 세계적으로 높은 평가를 받고 네덜란드와 중국을 비롯해 세계 각지에 전해져 사랑받고 있습니다.

과 미나리아재비과
속 미나리아재비속
원산지 동유럽·남유럽·서아시아
향기 ○(일부)

개화기 3~4월
영어명 Persian buttercup
일반명 라넌큘러스
꽃말 밝은 매력·명성

▼ 꽃꽂이를 하기 전에

물을 잘 빨아들이는 것으로 골라 잎을 제거하고 줄기를 수평으로 자릅니다.

＊생기가 없을 때

꽃과 잎을 신문지로 감싼 후 줄기의 단면을 뜨거운 물에 5초 정도 담갔다가 건져 물에 넣습니다. 줄기를 자른 다음 장식합니다.

▼ 어드바이스

만개하면 커지는 꽃입니다. 오래 감상할 수 있으니 피기 시작할 때와 만개했을 때 곁들이는 꽃을 바꿔봅니다. 형태가 다른 작은 꽃, 이삭 등과 배합하면 둥근 화형이 돋보입니다. 반겹꽃형은 줄기를 길게 해서 경쾌한 꽃잎을 감상해 보는 것도 좋습니다.

＊절화 데이터

유통 시기 : 10~6월

▷제철인 2월은 품질과 수명 모두 가장 좋은 상품이 유통됩니다. 대륜계 품종이 수출되어 국외에서도 인기를 얻고 있습니다.

❋ 꽃 크기 5~20cm   ❋ 유통 길이 30~60cm
❋ 관상 기간 7~14일   💧물올림 ○   ❋ 드라이 ✗

절화로 유통되는 주요 형태

겹꽃형

콧탄

겹꽃형은 이 꽃의 주류. 얇은 꽃잎이 몇 겹이고 겹쳐 벌어지면서 꽃송이가 커집니다. 꽃잎이 매우 많은 겹꽃형을 만겹꽃형이라고도 합니다.

락스 시리즈

엘리스

홑꽃형과 반겹꽃형이 스프레이형으로 출하됩니다. 가볍게 벌어지는 꽃잎에 광택이 있어 빛을 받으면 반짝입니다. 일본에서 육종되었습니다.

폼폰 시리즈

메를린

작은 꽃잎이 모인 폼폰형 대륜. 주름이 가득한 꽃은 피어나면서 커집니다. 줄기가 굵고 수명도 깁니다. 이탈리아에서 탄생한 시리즈입니다.

모로코 시리즈

세티

꽃 중심의 암술이 눈에 띄는 타입. 꽃잎은 작고 주름이 있거나 무늬가 있거나 이름처럼 이국적인 분위기를 풍깁니다.

변형형
갸로스

일반적인 겹꽃형과는 확연히 다른 타입을 변형형이라고 부릅니다. 사진처럼 꽃 색깔이 녹색이며 꽃잎이 좁고 뾰족한 독특한 종류입니다.

꽃의 신선도와 봉오리

라넌큘러스를 구입할 때는
꽃송이가 약간 벌어진 것을 추천합니다. 봉오리를 피우기 위해 많은 에너지가 필요하기 때문에 꽃이 필 때 줄기가 약해지는 경우도 있습니다.

꽃이 피는 봉오리와 피지 않는 봉오리
다른 꽃과 마찬가지로 색이 변해 부풀어 오른 봉오리는 곧 개화합니다. 작고 단단한 봉오리는 피기 어려우니 장식하기 전에 정리합니다.

오래 유지하는 방법

수분이 부족하지 않게 해줍니다

꽃의 상태는 줄기를 만져보면서 확인합니다. 줄기가 꺾일 것 같고 부드럽다면 수분이 부족하다는 증거이므로 줄기를 잘라 정리하고 물을 갈아줍니다.

Memo
매끌매끌한 줄기는 잎 사이에 끼우기

라넌큘러스의 줄기는 매끄럽습니다. 반들반들해서 생각한 위치에 꽂기 어려우므로 잎이 있는 초화나 그린과 함께 배치합니다. 곁들이는 화재를 먼저 꽂고 잎으로 꽃을 고정시키면 라넌큘러스가 고정됩니다.

기본에서 인기 품종까지

| 샤를로트로즈 | 샤를로트오렌지 | 티바 | 샤를로트 |

폼폰마르바 / 세론 / 폼폰이글루 / 폼폰루나

지론도 / 사티로스 / 카라 / 루루도

훼란 / 사반 / 이리스 / 슈퍼화이트(가칭)

봄 계절

계절 봄

스위트피

꽃색 ———

클로즈업! 뒷면

초여름이 제철인 여러해살이 스위트피와 염색한 오렌지렌지(오른쪽)

다른 타입

퍼스트레이디

뚜아에모아

시키부

과 콩과
속 연리초속
원산지 이탈리아 시칠리아섬
향기 ○
개화기 4~6월, 6월(여러해살이)
영어명 Sweet pea
일반명 스위트피
꽃말 출발·섬세한 기쁨·추억

달콤한 향기와 봄을 전하는 주름진 꽃잎

하늘하늘 나비 같은 느낌의 경쾌한 꽃. 투명감 있는 색깔에 달콤한 향기가 특징이며 봄의 새 출발을 축복하는 꽃다발에 자주 쓰입니다.

원산지인 이탈리아의 시칠리아섬에서 발견된 것은 17세기 중반이며 18세기 후반부터 영국 등에서 품종 개량이 진행되었습니다.

빛과 온기가 필요한 꽃이어서 산지는 태평양 연안에 산재되어 있습니다. 알록달록한 꽃들 중 색을 물들인 것은 노란색과 오렌지색 계열입니다. 최근에는 녹색과 초콜릿색 염색도 선을 보였습니다.

✽ 절화 데이터

유통 시기 : 11~4월, 연중(여러해살이)
▷미야기현은 스위트피 생산량 세계 1위를 자랑합니다. 1, 2월을 중심으로 중국, 유럽, 아메리카에 수출하여 호평을 받고 있습니다.

✽ 꽃 크기 약 5cm, 약 3cm(여러해살이)
✽ 유통 길이 20~50cm, 약 70cm(여러해살이)
✽ 관상 기간 5~7일   물올림 ◎   ✽ 드라이 ✕

▼ 꽃꽂이를 하기 전에

봉오리 간격이 빽빽한 것이 신선하니 구입할 때 잘 살펴봅니다.
꽃꽂이를 할 때는 줄기를 잘라냅니다. 봉오리를 피우기 위해서는 빛이 필요하고 선도 유지제가 효과적입니다.

✽ 생기가 없을 때
줄기를 뜨거운 물에 담가 열탕처리합니다.

▼ 어드바이스

얇고 섬세한 꽃잎에 어울리는 화재 선택이 중요합니다. 튤립이나 히아신스 등 두툼하지만 싱싱한 구근화와 잘 어울립니다. 끝부분에 고개를 떨군 봉오리가 나오면 작품에 생동감이 더해집니다. 꽃이 세로로 피므로 맨 아래 꽃이 상하지 않도록 주의합니다.

봄 계절

아네모네

짙은 빛깔의 꽃과 큰 꽃술로 존재감 과시

여느 봄꽃과 달리 짙은 컬러가 인상적입니다. 흑자주색의 큰 꽃술은 꽃잎으로 보이는 꽃받침과의 대비가 아름답고 임팩트가 있습니다. 파슬리를 닮은 잎도 독특합니다. 꽃받침은 빛과 온도에 민감하게 반응해 열고 닫기를 거듭하며 꽃은 방향을 바꿉니다. 이른 봄 따뜻한 바람이 불면 꽃이 피는데, 이름이 그리스어의 바람(anemos)에서 유래되었습니다. 아네모네속에는 이 밖에도 일본에서 자생하는 일륜초와 추명국이 있습니다.

현재 가장 많이 유통되는 품종은 반겹꽃형으로 꽃 크기가 10cm 정도 되는 대륜 모나리자입니다. 중심부가 검고 잎이 흰색 품종인 마리안느판다도 인기입니다. 구입할 때는 꽃잎이 비치는 느낌이 없는 것으로 선택하세요.

꽃색

뒷면 / 클로즈업!

다른 타입

마리안느판다

모나크

새빨간 품종

과 미나리아재비과
속 바람꽃속
원산지 지중해 연안
향기 —

개화기 2~5월
영어명 Anemone · Windflower
일반명 아네모네
꽃말 당신을 믿고 기다릴게요 · 기대

봄꽃 중에서도 윤기 있는 색깔과 커다란 꽃술이 특징입니다.

▼ 꽃꽂이를 하기 전에

꽃이 피기 시작한 것으로 골라 줄기를 자릅니다.

＊생기가 없을 때
열탕처리합니다. 꽃과 잎을 신문지로 감싼 후 줄기의 단면을 뜨거운 물에 10초 정도 담갔다가 건져 물에 넣습니다. 줄기를 자른 다음 장식합니다.

▼ 어드바이스

꽃이 피지 않으면 방의 온도를 높이거나 빛을 쪼입니다. 단, 너무 따뜻하면 곧바로 활짝 피어 버리므로 주의합니다. 꽃술이 검은 대륜은 인상적이어서 주인공으로 좋습니다. 꽃술이 녹색인 청초한 흰색 품종은 결혼식에 알맞습니다.
꽃꽂이는 얕은 물에 합니다.

＊ 절화 데이터

유통 시기 : 10~4월
▷국내산. 내한성이 있어 비교적 추운 지역에서도 시설 재배로 겨울에 재배됩니다. 제철은 2~3월.

❋ 꽃 크기 5~10cm　❋ 유통 길이 15~50cm
❋ 관상 기간 가을 : 4~5일, 겨울~봄 : 7~10일
💧 물올림 ◎　❋ 드라이 ✕

59

| 계절 | 봄 |

프리지어

꽃색
🔴
🌸
🟡
⚪
🟣
◎

우아한 모습에 달콤한 향기

가늘고 유연한 줄기에 꽃들이 맺힌 우아한 모습의 꽃. 달콤한 과일 향이 나며 봄 행사에 자주 쓰입니다. 품종에 따라 향기에 강약이 있지만 보통 노란색과 흰색이 향기가 진합니다. 남아프리카에서 원종이 발견되어 19세기 이후에 영국, 네덜란드를 중심으로 품종 개량이 이루어졌습니다.

꽃의 크기는 다양하며 겹꽃형도 있습니다. 최근 이시가와현이 오리지널 품종을 육성, 에어리 플로라라는 브랜드명으로 10가지 색이 유통되었습니다. 일본에서는 가늘고 긴 잎이 붙은 채 유통되지만 국외에서는 꽃만으로 유통되는 것이 일반적입니다.

클로즈업!

다른 타입
아누크
오렌지나더블

이시가와현의 에어리 플로라. 꽃은 크고 향기가 좋은 품종입니다.

- 과 붓꽃과
- 속 프리지어속
- 원산지 남아프리카
- 향기 ○
- 개화기 3~5월
- 영어명 Freesia · Common freesia
- 일반명 프리지어
- 꽃말 천진난만·친애

✳ 절화 데이터

유통 시기 : 연중
▷신년용 화재로, 연말에 유통량이 많고 2~3월에 절정을 이룹니다.

✳ 꽃 크기 3~4cm   ✳ 유통 길이 30~70cm
✳ 관상 기간 5~7일   💧 물올림 ◎   ✳ 드라이 ✕

▼ 꽃꽂이를 하기 전에

잎을 정리하고 줄기를 자릅니다. 줄기의 미끈거리는 유액을 깨끗이 씻어냅니다.
✳ 생기가 없을 때
줄기를 자릅니다.

▼ 어드바이스

열린 꽃잎과 작은 봉오리의 콤비가 작품에 경쾌한 표정을 만들어 줍니다. 꽃이 겹치는 독특한 화형을 잘 살리려면 가느다란 줄기를 보이게 배치하는 게 좋습니다.

봄 계절

복사꽃

꽃색 ●○

봉오리

활발히 유통되는 것은 히나마쯔리 당일인 3월 3일까지입니다.

히나마쯔리*를 축하하는 귀여운 핑크

연녹색의 새싹과 함께 부드럽게 부풀어 피어오르는 핑크빛 작은 꽃.

3월 3일 히나마쯔리에는 유채와 튤립 등 봄 향기 가득한 꽃들과 함께 장식합니다. 이 시기 유통되는 복사꽃은 꽃을 감상하는 꽃복숭아입니다. 난방으로 가지의 개화 조절을 함으로써 빨리 피게 하고 있습니다. 중국에서는 예로부터 이 꽃에 불로장생과 나쁜 기운을 물리치는 신성한 힘이 있다고 여겨 왔습니다. 또 복사꽃은 여성의 상징이기도 해 히나마쯔리의 꽃이 되었습니다. 일본에서는 20세기에 품종 개량이 진행되어 홑꽃형, 겹꽃형, 국화형, 혼합색 등의 품종이 탄생했습니다. 절화는 홑꽃형과 겹꽃형이 유통되며 작고 동그란 꽃봉오리는 따뜻한 장소에서 선도 유지제를 이용하면 피어납니다.

* 히나마쯔리 : 여자 어린이의 성장을 축하하는 일본의 전통 축제

과 장미과
속 벚나무속
원산지 중국
향기 —
개화기 3~4월
영어명 Peach
일반명 복사꽃·복숭아꽃
꽃말 고운 마음씨·매력 있음

▼ 꽃꽂이를 하기 전에
봉오리가 부푼 것으로 골라 가지를 자른 다음 단면에 칼집을 냅니다. 가느다란 가지는 사선으로 자릅니다. 선도 유지제가 효과적입니다.

* 생기가 없을 때
가지를 자르고 칼집을 냅니다.

▼ 어드바이스
봄 분위기를 내기 위해 봄 화재를 곁들입니다. 긴 가지를 살려서 유채와 튤립을 짧게 잘라 팬지 등의 초화와 함께 봄빛 가득하게 장식합니다. 건조한 환경에 약하므로 때때로 전체에 분무기로 수분을 공급합니다.

✻ 절화 데이터
유통 시기 : 1~3월
▷ 촉성 재배한 국내산이 유통됩니다. 주로 히나마쯔리용으로 출하됩니다. 제철은 2~3월.

✻ 꽃 크기 약 2cm   ✻ 유통 길이 50~150cm
✻ 관상 기간 7일 전후
💧 물올림 ○   ✻ 드라이 ✕

계절 봄

유채

꽃색 —

클로즈업! / 봉오리

밝고 온화한 이른 봄의 색조

이른 봄 유채밭에 활짝 핀 노란 꽃은 봄을 알려주는 반가운 꽃입니다.

유채꽃은 소송채, 순무, 겨자 등 노란 꽃의 총칭으로, 절화에서는 배추의 개량 품종을 가리킵니다. 줄기는 굵고, 주름 지고 풍성한 잎은 밝은 황록색이며, 선명한 노란색 작은 꽃들이 차례로 피어 봄 기운을 전해줍니다. 12월부터 유통되기 시작해 복사꽃과 함께 히나마쯔리를 축하하는 꽃입니다. 빛을 향해 뻗어가므로 장소 선정을 고려해야 하며 절화와 같은 종류가 봄채소로도 유통됩니다.

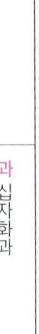

과 십자화과
속 배추속
원산지 유럽·동아시아
향기 —
개화기 2~4월
영어명 Canola flower
일반명 유채·평지
꽃말 활발함·풍요·재산

봄을 알려주는 노란 꽃. 바깥에서 안쪽으로 봉오리가 연달아 피어납니다.

❋ 절화 데이터

유통 시기 : 12~3월
▷ 국내의 비교적 따뜻한 지역에서 재배되고 있습니다. 제철은 2~3월.

❋ 꽃의 집합 약 8cm ❋ 유통 길이 40~70cm
❋ 관상 기간 4~5일 💧 물올림 ○ ❋ 드라이 ✕

▼ 꽃꽂이를 하기 전에

봉오리가 많은 깃으로 고릅니다. 잎을 정리하고 줄기를 잘라냅니다.

❋ 생기가 없을 때

열탕처리합니다. 꽃과 잎을 신문지로 감싼 후 줄기의 단면을 뜨거운 물에 10초 정도 담갔다가 건져 물에 넣습니다. 줄기를 자른 다음 장식합니다.

▼ 어드바이스

줄기를 길게 사용해 꽃과 잎의 선명한 색상 대비를 살립니다. 줄기가 굵으니 무거운 이미지를 주지 않도록 주의합니다. 반면, 길이를 짧게 해 꽃을 모아도 귀엽습니다. 따뜻해지면 줄기가 상하기 쉬우므로 부지런히 물을 갈아주어야 합니다.

양귀비

봄 계절

꽃색
● 주황
● 분홍
● 오렌지
● 노랑
○ 흰색
● 파랑

피기 시작하면 순식간에 만개해 꽃턱잎을 아래로 떨어뜨립니다.

옆면 　 뒷면 　 봉오리

다른 타입

꽃양귀비(빨강)

꽃양귀비(노랑)

꽃양귀비(핑크)

과 : 양귀비과
속 : 양귀비속
원산지 : 유럽·서아시아
향기 : —

개화기 : 3~5월
영어명 : Poppy · Iceland poppy
일반명 : 양귀비
꽃말 : 위안·인내·배려

갑자기 피어 드라마틱하게 변화하는 꽃

고개 숙인 둥근 봉오리는 꽃턱잎이 갈라지면서 순식간에 꽃잎이 벌어집니다. 보기 쉽지 않은 드라마틱한 개화 장면을 보여주는 꽃입니다.

꽃잎은 얇은 크레이프지처럼 섬세하며 중심의 노란색 꽃술이 두드러집니다. 겨울에서 봄에 걸쳐 유통되는 것이 꽃양귀비(오른쪽)이며 그 밖에 여러해살이 양귀비(Oriental poppy), 개양귀비(Shirley poppy)가 있습니다. 히말라야 푸른양귀비라고 불리는 메코놉시스도 소량 유통됩니다.

꽃의 수명이 짧아 봉오리를 잘 골라 구입하는 것이 좋습니다. 단, 봉오리로는 꽃의 색을 알 수 없어 필 때까지 기다려야 합니다. 직당한 기격으로 구할 수 있는 것도 이 꽃의 매력 중 하나입니다.

▼ 꽃꽂이를 하기 전에

줄기를 자릅니다. 줄기 속의 도관이 막히기 쉬우므로 얕은 물에 장식합니다.

＊생기가 없을 때
열탕처리합니다. 꽃과 잎을 신문지로 감싼 후 줄기의 단면을 뜨거운 물에 5초 정도 담갔다가 건져 물에 넣습니다. 줄기를 자른 다음 장식합니다.

▼ 어드바이스

가느다란 줄기가 보이도록 공간에 꽃을 띄우듯 장식하면 작품에 경쾌함을 연출할 수 있습니다. 색깔을 섞은 묶음이 유통되므로 다발째 사용해 일종꽂이로 해도 좋습니다. 실내 온도가 높으면 빨리 피어 버리므로 꽃을 두는 장소에 주의해야 합니다.

＊절화 데이터

유통 시기 : 11~7월
▷꽃양귀비는 주로 겨울과 봄에 걸쳐 국내산이 유통됩니다. 제철은 2~3월.

❋ 꽃 크기 5~7cm　❋ 유통 길이 20~50cm
❋ 관상 기간 3~5일
💧 물올림 ○　❋ 드라이 ✕

계절 봄

미모사

꽃색 ●

클로즈업!

리스와 꽃다발로 인기인 밝은 노란색

유럽의 봄을 상징하는 꽃나무이며 프랑스 각지에서 축제가 열리고 이탈리아에서는 3월 8일 국제 여성의 날에 남성이 여성에게 이 꽃을 선사하는 풍습이 있습니다. 방울 같은 둥글고 작은 노란색 꽃은 작품을 화려하게 해주고, 리스나 스웨그(꽃다발) 등 그대로 드라이플라워로 만들 수 있어 해마다 인기가 상승하고 있습니다. 미모사라 불리는 것에는, 가장 쉽게 볼 수 있는 은엽 아카시아 외에 유럽에서 주류인 후사 아카시아(프랑스 미모사), 마메바 아카시아, 야나기바 아카시아 등이 있습니다. 국내에서 육종한 원예 품종도 유통되기 시작했지만 몇 년간 유통량이 급증해 이탈리아산을 수입하고 있습니다. 봉오리는 피기 어려우니 꽃이 잘 핀 것으로 고릅니다.

다른 타입

마메바 아카시아

은엽 아카시아

후사 아카시아

봉오리는 피기 어려우므로 잘 핀 것으로 구입합니다.

- 과 콩과
- 속 아카시아속
- 원산지 오스트레일리아
- 향기 ○

- 개화기 2~4월
- 영어명 Mimosa, Silver wattle
- 일반명 미모사・은엽 아카시아
- 꽃말 풍부한 감수성・느끼기 쉬운 마음

✽ 절화 데이터

유통 시기 : 11~3월

▷ 국내산과 이탈리아산이 수입 유통됩니다. 제철은 1~3월이며 가장 많이 유통되는 품종은 은엽 아카시아입니다.

✽ 꽃 크기 약 0.5cm ✽ 유통 길이 30~120cm
✽ 관상 기간 5일 전후 💧 물올림 △ ✽ 드라이 ○

▼ 꽃꽂이를 하기 전에

꽃이 잘 핀 것으로 고릅니다. 가지가 가늘면 사선으로 자르고, 굵으면 단면에 십자로 칼집을 내 깊은 물에 담급니다.

✽ 생기가 없을 때
가지를 자르고 단면을 두드린 다음 깊은 물에 담급니다.

▼ 어드바이스

잎을 정리하면 꽃이 돋보입니다. 선명한 아름다운 노란색과 반대색인 청자색 계열의 꽃을 더하면 대비 효과가 있어 강렬한 인상을 줍니다. 피기 시작한 꽃을 잘 피우기 위해서는 전용 선도 유지제가 효과적입니다.

봄 계절

팬지 · 비올라

꽃색

봉오리　뒷면

소박한 표정의 비올라　프릴 꽃잎 팬지

다른 타입

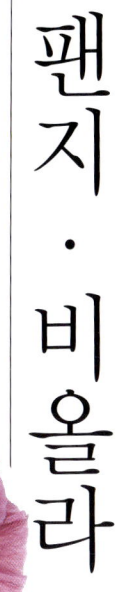

카르멘(노랑)

카르멘(혼합색)

카르멘(혼합색)

과	제비꽃과
속	제비꽃속
원산지	유럽·서아시아
향기	○(일부)

개화기	10~5월
영어명	Pansy · Viola
일반명	팬지·삼색제비꽃·미니팬지
꽃말	순수한 사랑·사색

줄기가 긴 절화용과 풍성한 프릴 꽃잎

　꽃다발과 작품에 봄을 불러들이는 팬지는 친숙한 표정부터 프릴 가득한 호화로운 꽃까지 색깔이 다채롭습니다. 꽃의 표정이 깊은 생각에 잠긴 사람을 연상시켜 이름도 프랑스어 생각(pensée)에서 유래되었습니다. 셰익스피어의 〈한여름밤의 꿈〉에서는 사랑의 미약으로 등장합니다. 정원용도 인기가 높아 해마다 새로운 색과 형태의 원예 품종이 탄생합니다. 일반적으로 대륜을 팬지, 소륜을 비올라로 부르지만 복잡하게 교배된 원예 품종의 등장으로 구별이 어려워졌습니다. 보통 15cm 정도로 자라는 품종이 절화용으로 키워져 유통됩니다. 그중에는 꽃과 봉오리, 잎이 달려 길이가 30cm쯤 되는 것도 있습니다.

▼ **꽃꽂이를 하기 전에**

줄기를 자릅니다. 줄기는 속이 비어 있어 꺾이기 쉬우니 주의하세요.

＊**생기가 없을 때**

열탕처리합니다. 꽃과 잎을 신문지로 감싼 후 줄기의 단면을 뜨거운 물에 5초 정도 담갔다가 건져 물에 넣습니다. 줄기를 자른 다음 장식합니다.

▼ **어드바이스**

보라색과 노란색 등의 혼합색 품종을 서브 화재로 선택하면 작품 전체 색을 다채롭게 하면서 깊이감 있는 효과를 낼 수 있습니다. 프릴이 있는 대륜은 존재감이 있어서 미니 작품이나 꽃다발의 주역으로 쓰면 귀여운 작품이 될 것입니다.

＊**절화 데이터**

유통 시기 : 12~3월

▷길이가 긴 타입이 유통되는 것은 12월부터입니다. 주로 혼합 품종으로 유통되며 제철은 2~3월.

✽ 꽃 크기 3~5cm　　✽ 유통 길이 20~30cm
✽ 관상 기간 5일 전후
💧 물올림 ○　　✽ 드라이 ✕

계절 봄

벚꽃

꽃색 —

봉오리

봄을 기다리는 시기에 나오는 게이오 사쿠라

다른 타입

히간 사쿠라

슈젠지 사쿠라

야에 사쿠라

과 장미과
속 벚나무목
원산지 일본
향기 —
개화기 2~4월
영어명 Japanese cherry
일반명 벚꽃
꽃말 정신의 아름다움·절세미인

한발 빠른 꽃놀이 풍경 연출

벚꽃은 일본의 봄을 상징하는 화목으로 15종의 야생종 외에 세계적으로 300품종 이상 있다고 합니다. 오래된 시가집 〈만엽집(万葉集)〉과 수필집 〈마쿠라노소시(枕草子)〉 등에 실려 꽃놀이의 상징이 되었습니다.

절화는 연말에서 4월까지 유통되며 계절에 앞서 다양한 품종이 이어달리기를 하듯 봄을 배달합니다. 먼저 눈에 띄는 것은 빨리 피는 게이오 사쿠라와 히간 사쿠라이며 사쿠라에 앞서 요시노라는 이름으로 소메이 요시노로 이어지고 마지막으로 진분홍 야에 사쿠라가 유통됩니다. 홑꽃형이라도 의외로 꽃이 오래가고 봉오리까지 모두 핍니다. 추운 시기에 장식하면 더 오래 즐길 수 있을 것입니다.

* **절화 데이터**

유통 시기 : 12~4월
▷ 연말부터 아마가타현을 중심으로 촉성 재배산이 유통되고, 2월경부터는 사이타마현산 등이 유통됩니다. 제철은 2~3월.

✽ 꽃 크기 1~2cm   ✽ 유통 길이 60~250cm
✽ 관상 기간 5~7일   💧 물올림 ○   ✽ 드라이 ✕

▼ **꽃꽂이를 하기 전에**

반 정도 핀 것으로 골라 굵은 가지를 자른 다음 단면에 칼집을 냅니다. 가느다란 가지는 사선으로 자릅니다. 선도 유지제가 효과적입니다.

* **생기가 없을 때**

가지를 잘라 칼집을 냅니다.

▼ **어드바이스**

어떤 식으로 꽃아도 봄 기운을 전하는 벚꽃. 많은 화재들과 조화롭게 어우러집니다. 거무스레한 목질을 숨기면 더 맑은 파스텔컬러를 볼 수 있습니다. 옅은 색의 홑꽃형, 짙은 색의 겹꽃형을 배합한 그러데이션 작품도 멋집니다.

봄 계절

은방울꽃

꽃색 — ●○

향기를 뿌리는 작고 하얀 방울

산뜻한 향기를 풍기는 여러해살이풀. 작은 방울 모양 꽃과 진녹색의 커다란 잎이 청초한 분위기를 자아냅니다. 사랑스러운 이 꽃을 조금 곁들이는 것만으로도 부케나 작품에 특별한 느낌을 더하고 방향은 향수의 원료가 되기도 합니다.

일반적으로 절화와 화분용으로 유통되는 것은 독일 방울꽃의 개량 품종입니다. 홋카이도 등에서 자생하는, 꽃이 작고 향기가 약한 일본 야생종과는 다릅니다. 유통되는 은방울꽃은 모두 국내산이라 한시적이지만 뿌리째 유통되는 것도 있습니다. 프랑스에서는 행운을 가져다준다는 은방울꽃을 5월 1일에 감사와 사랑의 마음을 담아 소중한 사람에게 선물하는 풍습이 있습니다. 이 날은 거리에 은방울꽃을 파는 노점들이 늘어선다고 합니다.

옆면

과 백합과
속 은방울꽃속
원산지 유럽·동아시아·북아시아
향기 ○

개화기 4~6월
영어명 Lily of the valley
일반명 은방울꽃
꽃말 행복의 방문·순결

자세히 들여다보면 보이는 꽃술이 인상적이며 사랑스럽습니다.

▼ 꽃꽂이를 하기 전에
구입할 때는 잎의 색깔이 짙은 것으로 고릅니다. 전체에 독 성분이 있는데, 특히 뿌리에 많으므로 뿌리가 있는 작품에는 일상 식기를 사용하지 않도록 합니다. 줄기를 자릅니다.

∗ 생기가 없을 때
줄기를 자릅니다.

▼ 어드바이스
작은 꽃이므로 선물할 때는 이 꽃만을 모아 미니 부케로 만들어도 좋습니다. 세련되고 특별한 느낌을 줍니다. 작은 하얀 꽃과 녹색 잎이 인상적인 화재입니다. 다른 꽃과 어우를 때도 흰색과 초록의 산뜻함을 살려 표현할 것을 추천합니다.

∗ 절화 데이터
유통 시기 : 12~6월
▷국내산만 유통되며 12~3월까지는 촉성 재배산입니다. 제철은 4월.

✼ 꽃 크기 약 1cm   ✼ 유통 길이 10~30cm
✼ 관상 기간 3~5일
💧 물올림 ◎   ✼ 드라이 ✕

67

계절 봄

꽃창포

꽃색 ○ ◎

뒷면 / 봉오리

품격 있는 큰 꽃잎

6월 장마철이 되면 일본 각지에서 창포원이 개원하고 창포축제가 열립니다. 대륜은 큰 꽃잎을 펼쳐 핀 품격 있는 자태를 뽐냅니다. 원예 식물 중 하나로 수 세기 전 세 계통(에도계, 이세계, 히도계)의 품종이 탄생했습니다. 현재는 교배가 진행되어 계통 구별이 어려울 정도로 다양해졌습니다.

원종은 습지에 자생하는 붉은 자색의 노하나 창포로 원예 품종이 꽃창포이고, 단오절 창포탕에 사용되는 창포는 고구마과로 다른 품종입니다.

절화는 주로 5월 단오 시기가 절정이고 매우 민감해 꽃잎이 아주 조금 보이는 상태로 유통됩니다.

별명 창포
과 붓꽃과
속 붓꽃속
원산지 일본
향기 —
개화기 6~7월
영어명 Japanese iris · Sword leaved iris
일반명 꽃창포 · 아이리스
꽃말 기쁜 소식

독특한 모습의 보라와 노란 빛깔이 화합을 연출합니다.

※ **절화 데이터**
유통 시기 : 4~7월
▷5월 단오용으로 유통되는 것이 메인이며 아이치현, 구마모토현, 시즈오카현, 이바라키현 등에서 생산됩니다.
❋ 꽃 크기 6~12cm   ❋ 유통 길이 60~100cm
❋ 관상 기간 5~10일   ▲ 물올림 ○   ❋ 드라이 ✕

▼ **꽃꽂이를 하기 전에**
에어컨 등의 바람이 닿으면 꽃이 피지 않을 수 있으니 주의해야 합니다. 줄기를 자릅니다.

＊**생기가 없을 때**
줄기를 자릅니다.

▼ **어드바이스**
하나의 꽃턱잎 안에 봉오리가 2개 있어 첫 번째 꽃이 진 후 정리하면 다음 꽃이 피기가 쉬워집니다. 꽃잎이 처지는 큰 꽃이므로 길이를 살려 공간에 장식합니다. 심플하게 몇 송이만 꽂을 때는 꽃끼리 부딪히지 않도록 조심합니다.

봄 계절

라일락

클로즈업! / 봉오리

꽃색
○
○
●

국내산은 잎이 붙은 채 유통됩니다. 위는 겹꽃형

봄부터 초여름을 장식하는 향기로운 화목

향기가 좋은 보라색과 흰색의 작은 꽃이 무리지어 봉긋하게 핍니다. 다른 꽃에 곁들이는 조연으로도, 한 다발 모으면 화려한 주역이 되기도 하는 사용하기 쉬운 화목입니다.

별명은 프랑스어로 '리라'이며 유럽에서 전해졌습니다. 홋카이도 삿포로에서는 시의 나무로 제정되어 해마다 봄에 라일락 축제가 열립니다.

수백 종의 품종이 있는데 피코티형, 겹꽃형도 있습니다. 4~5월에 출하되는 국내산은 은방울꽃을 닮은 향기가 매력이며 같은 시기에 일본 원산의 작은 타입도 출하됩니다. 잎을 제거하고 꽃만 있는 것은 네덜란드산으로, 향기는 약하지만 언제든 구입이 가능합니다. 보통 꽃잎이 4개지만 5개인 것도 있어 이를 '럭키 라일락'이라고 하는데 연애 성공의 부적이 되기도 합니다.

다른 타입

겹꽃형 품종

별명 리라
과 물푸레나무과
속 수수꽃다리속
원산지 남유럽·일본
향기 ○
개화기 4~5월
영어명 Lilac · Common lilac
일반명 라일락 · 수수꽃다리
꽃말 첫사랑의 감격 · 청춘의 기쁨

▼ 꽃꽂이를 하기 전에
잎을 정리한 후 가지를 자릅니다. 단면에 칼집을 내고 깊은 물에 넣습니다. 전용 선도유지제가 효과적입니다.

*생기가 없을 때
위의 방법으로 한 번 더 물올림을 합니다. 가지를 짧게 자릅니다.

▼ 어드바이스
꽃이 핀 가지는 축 처지기 쉬우므로 주위의 꽃으로 지지하듯이 꽃과 꽃 사이에 넣어 가지는 보이지 않게 하고 꽃송이만 배치하면 멋집니다. 작은 꽃이 다닥다닥 붙어 있어 꽃다발이나 작품에 곁들이면 한층 더 화려해집니다.

✽ 절화 데이터
유통 시기 : 연중
▷ 국내산은 4~5월 기간 한정이며 제철은 5월입니다. 네덜란드 수입산이 연중 유통됩니다.

✽ 꽃 크기 0.5~1cm ✽ 유통 길이 40~120cm
✽ 관상 기간 5~7일
💧 물올림 △ ✽ 드라이 ✕

69

계절 여름

작약

꽃색
- 🟠
- 🌸
- 🟡
- ⚪
- ◎

클로즈업!

압도적인 존재감과 아름다움

단아한 대륜은 미인의 대명사. 섬세한 꽃잎이 겹쳐서 살포시 피는 우아한 모습이 예로부터 친숙한 꽃입니다. 작약(芍藥)이라는 이름처럼 소염, 진통, 항균 등에 작용해 약초로도 재배하며 중국에서 전해졌지만 아름다움으로 인해 관상용이 되었습니다.

17~19세기에 100종이 넘는 품종이 탄생했고 현재의 구마모토현에 해당하는 히고번에서는 '히고 작약'이라 불리는 많은 품종이 육성됩니다.

18세기에 중국의 작약이 네덜란드와 프랑스에 전해져 유럽에서도 품종 개량이 왕성하게 이루어졌습니다. 이렇게 지구의 동쪽과 서쪽에서 탄생한 원예 품종은 각각 일본 작약, 서양 작약으로 불립니다. 전자는 큼직하고 심플하며, 후자는 빛깔이 풍부하고 주로 겹꽃입니다. 지금은 양자 간 교배 품종이 많이 나오고, 목단과의 교배로 노란색과 새로운 색 품종도 등장하고 있습니다. 작은 꽃봉오리에서 아름다운 대륜으로 피어나는 모습은 실로 극적이며 계절이 돌아올 때마다 만남을 기대하는 꽃입니다.

별명 피오니
향기 ○
원산지 시베리아·한국·중국, 북부·몽골
속 작약속
과 작약과
개화기 5~6월
영어명 Chinese peony
일반명 작약·함박꽃
꽃말 수줍음·겸손

✻ 절화 데이터

유통 시기 : 3~7월, 11~12월

▷ 국내산은 4월부터 순서대로 산지가 북상, 절정기인 5월엔 나가노현산과 니이가타현산이고 수입은 뉴질랜드 등에서 합니다.

✻ 꽃 크기 10~15cm　✻ 유통 길이 40~80cm
✻ 관상 기간 5~7일　💧 물올림 ○　✻ 드라이 ○

▼ 꽃꽂이를 하기 전에

잎을 정리하고 봉오리 표면의 유액을 잘 씻어낸 후 줄기를 자릅니다.

✻ 생기가 없을 때

줄기를 자릅니다. 단면을 불로 태운 다음 깊은 물에 담가둡니다.

▼ 어드바이스

꽃이 더욱 아름답게 보이는 방향을 잘 판단해서 작품을 만듭니다. 봉오리는 피어나면 부피가 크게 변하므로 꽃송이의 간격을 충분히 확보합니다. 길이가 긴 가지, 잎 등과 함께 가볍게 꽂아도 분위기가 멋집니다. 건조한 환경에 약하니 건조지면 분무기로 물을 뿌려줍니다.

절화로 유통되는 주요 형태

코랄킹

홑꽃형
꽃잎 수가 적어 봉오리 상태에서 만개하기까지 시간이 짧은 것이 이 화형의 특징입니다. 수술이 눈에 띄며 굵고 솟아오른 타입은 킨시베형이라고도 합니다.

유니버스타

겹꽃형
중심의 수술이 모두 꽃잎화해서 큰 꽃잎이 된 것을 겹꽃형이라고 합니다. 서양 작약에 많은 화형입니다. 볼륨이 있고 오래갑니다.

사라베르날

장미형
대륜 장미처럼 가지가 휠 정도로 꽃이 핍니다. 모든 꽃잎이 중심에서부터 일정하게 떨어져 꽃이 진 후에는 섬세한 화심을 볼 수 있습니다.

후지

노인형
바깥쪽 꽃잎은 크고 중심에 작은 꽃잎이 모인 타입. 안쪽 꽃잎은 수술이 꽃잎화한 것으로 겹꽃형처럼 크지 않은 것을 말합니다.

기본에서 인기 품종까지

레드참

유우바에

아메리카

고도의 빛

코랄참

나카노 1호

산레이카

루스벨트

마키시마

오리엔탈골드

Memo
봉오리를 아름답게 피우는 비결

작약의 봉오리에는 유액성 물질이 있습니다. 꽃잎이 벌어져 있지 않은 봉오리는 꽃기 전에 유액성 물질을 물로 잘 씻어내면 꽃잎이 벌어지는 속도가 촉진될 것입니다. 피기 시작한 꽃은 씻지 마세요.

여름 계절

계절 여름

해바라기

뒷면

꽃색

과 국화과
속 해바라기속
원산지 북아메리카
향기 —

개화기 7~9월
영어명 Sunflower
일반명 해바라기
꽃말 동경·숭배

아버지날의 꽃이 된 비타민 컬러의 건강한 꽃

　소박하고 건강한 꽃. 원산지인 북아메리카에서는 기원전부터 이 꽃의 씨앗을 먹어 왔습니다. 16세기 스페인에 전해져 품종 개량이 시작되고 17세기에는 러시아에 전해졌습니다. 일본에는 중국을 거쳐 전해졌습니다.

　비타민 컬러인 꽃 색과 경쾌한 화형으로 아버지날을 장식하는 꽃이 되었습니다. 홑꽃형, 겹꽃형이 있으며 오렌지색과 노란색을 중심으로 세련된 붉은색과 혼합색도 있습니다. 최근에는 다른 꽃과 맞추기 좋게 화심의 색이 연한 흰색 품종도 나왔습니다. 보통 옆을 보는 꽃이 위를 향해 피거나 꽃잎을 상하게 하는 꽃가루가 나오지 않는 품종 등 작품에 쓰기 쉬운 타입으로 개량, 진화되고 있습니다.

　세계에서 인정을 받는 대표적인 일본 해바라기 선리치 시리즈와 빈센트 시리즈는 국외에서도 왕성하게 생산되고 있습니다. 인기 품종은 재배 기간이 짧고 개화까지 빠른 타입으로 개량이 진행되고 있습니다.

✽ 절화 데이터

유통 시기 : 연중
▷국내산이 연중 유통됩니다. 초여름부터 가을까지 유통량이 많고 특히 6월 아버지날 수요가 늘고 있습니다.

✽ 꽃 크기 5~30cm　　✽ 유통 길이 50~150cm
✽ 관상 기간 14일 전후　💧 물올림 ○　✽ 드라이 ✕

▼ 꽃꽂이를 하기 전에

잎을 제거하고 줄기를 자릅니다. 특히 여름에 줄기가 잘 상하므로 얕은 물에 꽂습니다.
✽생기가 없을 때
열탕처리합니다. 꽃과 잎을 신문지로 감싼 후 줄기의 단면을 뜨거운 물에 10초 정도 담갔다가 건져 물에 넣습니다. 줄기를 자른 다음 장식합니다.

▼ 어드바이스

한여름까지는 노란색과 오렌지색으로 건강한 여름, 상쾌한 여름을 연출합니다. 무더위가 지나면 세련된 빨강과 갈색 계열을 골라 가을을 먼저 표현해 봅니다. 여름철에 비교적 잘 버티는 꽃이지만 줄기가 상하기 쉽기 때문에 얕은 물에 꽂고 물 갈아주기를 부지런히 해야 합니다.

절화로 유통되는 주요 형태

빈센트포메로

홑꽃형
크고 인상적인 화심 주위를 꽃들이 빙 둘러싼 산뜻한 화형입니다. 꽃잎이 뒤집혀지지 않고 예쁘게 정돈된 화형이 인기입니다.

겹꽃형
화심이 보이지 않고 중심부까지 작은 꽃잎이 빽빽하게 박혀 있는 타입입니다. 해바라기 작품을 품격 있게 완성하고 싶을 때 이 타입이 효과적입니다.

도호쿠야에

오래 유지하는 방법

물 갈아주기와 줄기 자르기는 부지런히

해바라기는 꽃송이 아래 줄기가 갑자기 부러지는 경우가 있습니다. 물을 갈아줄 때 꽃송이 아래 줄기를 만져봐서 부드러우면 짧게 잘라 다시 꽂아줍니다.

기본에서 인기 품종까지

빈센트네이블   빈센트탄제린

마야더블   파나슈

선리치오렌지   선리치프레시레몬

스타버스트레몬오라   선리치라이치

화이트나이트   프라도레드

| 계절 | 여름 |

치자나무

꽃색 ○

별명 가데니아

과 꼭두서니과
속 치자나무속
원산지 일본·중국·대만
향기 ○
개화기 6~7월
영어명 Gardenia · Cape jasmine
일반명 치자나무·꽃치자
꽃말 나는 너무 행복합니다

봉오리

실크 질감과 진하고 달콤한 향기

장마철에 촉촉이 피어나는 하얀 화목. 서향, 금계와 함께 3대 향목으로 불리며 재스민과 닮은 진하고 달콤한 향기를 풍깁니다.

딱딱한 열매는 한방약의 원료와 식품 등의 염료로도 쓰입니다. 꽃은 홑꽃과 겹꽃이 있고 절화로 유통되는 것은 대부분 실크 같은 꽃잎이 겹쳐진 겹꽃형입니다. 꽃잎은 퇴색하기 쉬워 점점 노란색을 띠어가며 관상기간은 2~4일입니다. 푸른 잎은 윤기가 있고 오래가기 때문에 꽃이 진 후 그린으로 사용할 수 있습니다.

유통량은 그다지 많지 않지만 쓸 수 있는 기간이 한정된 귀중한 화재로 선호됩니다.

홑꽃형은 흰 꽃잎이 편평하게 열립니다.

❋ 절화 데이터

유통 시기 : 5~7월
▷ 선양 국내산으로 메인은 이토오시마산이며, 최근 혼슈산도 약간 출하되고 있습니다. 제철은 5~6월.

❋ 꽃 크기 약 5cm ❋ 유통 길이 15~60cm
❋ 관상 기간 2~4일 💧 물올림 △ ❋ 드라이 ✕

▼ 꽃꽂이를 하기 전에

봉오리가 있는 것으로 골라 가지를 자르고 단면에 칼집을 낸 후 깊은 물에 넣습니다.

❋ 생기가 없을 때
열탕처리합니다. 꽃과 잎을 신문지로 감싼 후 줄기의 단면을 뜨거운 물에 5초 정도 담갔다가 건져 물에 넣습니다. 가지를 자른 다음 장식합니다.

▼ 어드바이스

꽃다발이나 작품에 한 송이 더해지기만 해도 계절감이 감돕니다. 물올림이 좋지 않고 관상 기간이 짧아 일종꽃이가 어울립니다. 유통 시기가 짧아 특별한 부케로 6월의 신부들에게 오랜 인기를 누리고 있습니다. 향기가 진해 좁은 장소에서 많이 사용하는 것은 주의해야 합니다.

여름 계절

쿠르쿠마

꽃색
●
●
○
●
●
◎

클로즈업!

꽃은 매우 작고 포엽 안에서 핍니다.

긴 여름을 건강하게 해주는 남국의 꽃

빙글빙글 꽃잎이 감긴 것 같은 독특한 화형. 꽃으로 보이는 부분은 포엽이며 포엽 안에서 작은 꽃이 핍니다. 이국적인 분위기가 감도는 이 꽃은 카레 가루와 염료의 원료가 되는 강황의 동료로 생강의 일종입니다.

아시아 원산의 구근식물로 원종은 50종 정도 되며 해마다 절화로 쓰기 편한 작은 타입이 증가해 왔습니다. 분홍, 흰색, 녹색 등 맑은 색부터 갈색과 중간색 등 색채 변화도 다채롭습니다.

태국을 중심으로 수입품이 연중 유통되는 한편, 초여름부터 가을까지 유통되는 국내산의 생산량도 증가하고 있습니다. 더위에 강하고 여름에도 오래가는 꽃으로 기온이 높은 시기가 길어진 영향 때문에 해마다 활약의 범위가 넓어지고 있습니다.

다른 타입

흰색 품종

과 생강과
속 쿠르쿠마 속
원산지 말레이시아
향기 —

개화기 5~10월
영어명 Hidden lily
일반명 쿠르쿠마, 강황
꽃말 당신의 모습에 반합니다

▼ 꽃꽂이를 하기 전에

여름에는 햇볕에 포엽이 타는 경우도 있으니 잘 살펴보고 구입합니다.
줄기를 자릅니다.
＊생기가 없을 때
줄기를 자릅니다.

▼ 어드바이스

이국적인 분위기가 물씬 나지만 초화와 섞어 사용해도 잘 어울립니다. 관상 기간이 매우 길어 조합하는 화재를 바꿔 가면서 오래 감상할 수 있습니다. 녹색 품종은 그린으로 사용해도 좋습니다.

＊절화 데이터

유통 시기 : 연중

▷국내산이 여름에서 가을에 걸쳐 유통되며 제철은 7~8월. 수입품은 태국산을 중심으로 약간 유통되지만 정기적인 것은 아닙니다.

❋ 꽃 크기 5~10cm ❋ 유통 길이 20~80cm
❋ 관상 기간 7~14일 💧물올림 ◎ ❋ 드라이 ✕

계절 여름

도라지

꽃색 —
● ○

뒷면

투명한 별 모양 꽃이 자아내는 정취

볕이 잘 드는 산과 들에 피는 가을의 대표적인 초화로 투명감 있는 청자색과 보라색이 있습니다. 풍선처럼 부푼 봉오리와 별 모양 꽃이 활짝 피어나 청초한 멋을 자아냅니다.

〈만엽집〉, 〈고금화가집〉, 〈마쿠라노소시〉 등 옛 문헌에 등장해 무사 가문의 문장에 사용되는 등 오래 전부터 친숙한 꽃입니다.

원예가 빈성했던 시대에 많은 품종이 탄생했으며 뿌리에는 기침과 가래를 진정시키는 효과가 있어 한방약으로 이용되고 있습니다.

꽃잎은 5장이 아니라 끝부분이 다섯으로 갈라진 형태인데, 펼쳐지면 귀여운 별 모양으로 보입니다. 야생화 중에서도 특히 단정해 꽃꽂이와 다화(茶花, 찻자리 꽃)로 애용되고 있습니다.

과 초롱꽃과
속 도라지속
원산지 동아시아
향기 —
개화기 6~10월
영어명 Balloon flower
일반명 도라지·길경
꽃말 변치 않는 사랑·성실

다른 타입

흰색 품종

볼록한 봉오리에서 아름다운 보라색 꽃이 피어납니다.

✽ 절화 데이터

유통 시기 : 5~9월
▷따뜻한 지역에서 재배되어 6~7월에 제철을 맞이합니다. 그 후에는 가을까지 조금씩 유통됩니다.
✽ 꽃 크기 3~5cm ✽ 유통 길이 40~60cm
✽ 관상 기간 7일 전후 ◊ 물올림 △ ✽ 드라이 ✕

▼ 꽃꽂이를 하기 전에

잎을 정리하고 줄기를 자릅니다. 단면에서 하얀 유액이 나오므로 닦아내거나 씻어냅니다.

✽ 생기가 없을 때
줄기를 두드리고 소금을 뿌린 뒤 깊은 물에 1시간 정도 담가둡니다.

▼ 어드바이스

오이풀 등 가을 초화와 함께 바구니에 꽂으면 시원한 느낌이 듭니다. 유리 용기에 담아 투명감 있는 색채를 표현해도 좋습니다. 너무 많이 채우지 말고 가는 줄기 라인을 살리면 아름다운 별 모양 꽃이 돋보입니다. 동그란 봉오리의 모양도 악센트입니다.

가을 계절

용담

꽃색
—

○
○
○
◎

꽃의 수가 적은 타입인 딥핑크아시로

호화로운 타입에 줄기가 가는 서양풍 꽃

꽃송이들이 겹쳐진 모습과 시원한 색깔이 특징입니다. 일본의 산과 들에서 쉽게 볼 수 있고 예전부터 약초로 알려져 왔습니다. 꽃이 적은 여름철부터 나오기 시작하며 제철은 9월입니다. 여름부터 가을에 나오는 많은 꽃들과 어울리는 푸른색과 보라색은 꽃다발이나 꽃꽂이에 요긴하게 쓰입니다.

9월까지는 꽃이 피지 않는 칼잎 용담 계열, 9월 이후는 꽃이 잘 피는 댓잎 용담계 품종이 출하됩니다. 최근 기온 상승으로 11월까지 꽃이 피는 타입이 화원에 진열되는 기간이 길어졌습니다.

진한 색에서 파스텔컬러까지 꽃의 색이 다양합니다. 이전에는 굵은 줄기에 호화롭게 꽃이 달린 타입이 주류였지만 지금은 줄기가 가늘고 유연한 것, 줄기가 나누어지는 것 등 용도별로 선택이 가능합니다.

클로즈업!

봉오리

다른 타입

아시로노카가야키

과 용담과
속 용담속
원산지 일본
향기 —

개화기 9~10월
영어명 Gentian
일반명 용담
꽃말 정의 · 적확함

■ 꽃꽂이를 하기 전에
줄기를 자릅니다. 꽃에 물이 닿으면 오그라들고 얼룩이 생기니 주의합니다.
*생기가 없을 때
줄기를 물속에 넣고 손으로 꺾는 물속 꺾기를 합니다.

■ 어드바이스
잎을 적당히 정리하면 꽃이 돋보입니다. 바구니에 일종꽃이를 해도 멋집니다. 가을의 초화, 가지류, 열매류와 함께 계절감을 풍성하게 연출해 보세요. 잘라 나누어 낮게 장식하면 한 송이라도 볼륨은 충분합니다. 짙은 색은 악센트로 사용합니다.

* 절화 데이터
유통 시기 : 5~11월
▷나가노현, 이와테현, 야마가타현 등 주산지는 오리지널 품종이 있어 네덜란드 등으로 수출도 합니다.

❋ 꽃 크기 1~3cm   ❋ 유통 길이 40~80cm
❋ 관상 기간 10~14일   💧 물올림 ○   ❋ 드라이 ×

계절 가을

코스모스

꽃색 —

클로즈업!

봉오리

과 국화과
속 코스모스속
원산지 멕시코
향기 —
개화기 6~10월
영어명 Cosmos
일반명 코스모스
꽃말 처녀의 순결·진심

가을 풍경을 떠올리게 하는 가련한 모습

소박한 정취를 풍기는 코스모스의 원산지는 멕시코입니다. 어원인 kosmos는 그리스어로 '아름답다'는 의미로, 꽃잎이 가지런하고 질서 있게 핀 모습에서 유래했다고 합니다.

8월부터 출하되기 시작하는데 홑꽃형인 핑크색, 흰색, 붉은 자주색 외에 꽃잎에 색이 섞인 피코티형과 옅은 노란색, 오렌지색, 겹꽃형 등 코스모스밭에서 만나는 품종들을 절화로 입수할 수 있습니다. 공원 등에서 볼 수 있는 코스모스와 많이 닮은 진노랑 꽃은 근연종인 노랑코스모스입니다.

코스모스는 해가 짧아지면 꽃눈이 생겨 피는 단일 식물이지만 최근 해의 길이에 영향을 받지 않는 조생종이 여름에 출하되고 있습니다. 그러나 수확의 절정은 가을비와 태풍이 오는 시기이며 대부분 노지 재배이기 때문에 유통량은 기후의 영향을 받습니다.

실내에서 유리병에 한 송이 꽂는 것만으로도 가을 분위기를 전해주는 코스모스는 친숙함이 장점입니다. 절화는 줄기가 야무지고 튼튼한 것을 고르면 오래 감상할 수 있습니다.

✽ **절화 데이터**

유통 시기 : 8~11월
▷서늘한 산간 지대에서 8월 중순부터 출하되어 가을이 깊어가면서 평지 출하량이 늘어납니다. 제철은 9~10월.

✽ 꽃 크기 3~5cm   ✽ 유통 길이 50~80cm
✽ 관상 기간 7일 전후   💧 물올림 ○   ✽ 드라이 ✕

▼ **꽃꽂이를 하기 전에**

잎을 정리하고 물에 잠기는 잎은 제거합니다. 줄기를 자릅니다.

✽**생기가 없을 때**
열탕처리합니다. 꽃과 잎을 신문지로 감싼 후 줄기의 단면을 뜨거운 물에 5초 정도 담갔다가 건져 물에 넣습니다. 줄기를 자른 다음 장식합니다.

▼ **어드바이스**

궁합이 맞는 소박한 그린을 대범하게 곁들여 코스모스밭풍으로 디자인하면 가을 경치가 그려집니다. 일종꽂이도 근사합니다. 꽃잎이 한 장만 비어도 인상이 바뀌므로 떨어지지 않게 조심해서 다룹니다. 바람을 맞으면 물이 부족해지기 쉬우므로 에어컨 바람 등도 주의하세요.

절화로 유통되는 주요 형태

센세이션 화이트

홑꽃형
꽃잎이 단정하게 배열되어 있습니다. 국화와 마찬가지로 한 송이 안에 많은 꽃이 모여 있습니다. 중심은 관상화, 바깥쪽 꽃잎처럼 보이는 부분이 설상화입니다.

사이키

겹꽃형
꽃잎 수가 많은 화려한 화형입니다. 개체의 차이가 있기 때문에 같은 품종이어도 반겹꽃형이 되는 일도 있습니다. 홑꽃형보다는 관상 기간이 깁니다.

더블클릭

스트로형
꽃잎이 종이를 뱅그르르 만 것 같은 원통형으로 되어 있습니다. 풍차처럼 생긴 모양이 귀엽고 볼륨이 있습니다. 색은 핑크색, 흰색, 붉은 자주색 등이 있습니다.

꽃의 신선도 알아보기

꽃가루의 유무로 알 수 있습니다
꽃이 큰 코스모스는 꽃잎을 받치는 줄기가 튼튼한 것을 고릅니다. 화심의 상태를 살펴 신선도를 확인해 보세요. 위 사진에서 꽃가루가 가득한 왼쪽 꽃은 낭시 피어 있다는 증거입니다.

가을 계절

기본에서 인기 품종까지

더블클릭 크랜베리

시쉘

피코티

더블클릭 로즈봉봉

센세이션 핑크

오렌지캔버스

화이트베르사유

더블클릭 화이트봉봉

옐로가든

옐로캔버스

계절 가을

네리네

꽃색
—
●
●
●
○
●
◎

별명 다이아몬드 릴리

향기 |

원산지 남아프리카

속 네리네속

과 수선화과

개화기 10~12월

영어명 Nerine · Diamond lily

일반명 네리네

꽃말 귀여움 · 찬란함

클로즈업!   옆면

다른 타입

연한 핑크색 품종

체리라이프

아리오스

꽃잎 표면이 반짝반짝 빛나는 다이아몬드 릴리

좁고 세련된 꽃잎, 보석 같은 광채

꽃잎 끝이 둥글게 말린 세련된 꽃. 늘씬하고 튼튼한 줄기 끝에 백합을 닮은 꽃이 여러 송이 핍니다.

원예의 역사는 짧아 원산지인 남아프리카에서 영국에 전해진 것이 1890년경이며, 그 후 많은 품종이 탄생했습니다. 유통되는 것은 네리네와 통칭 다이아몬드 릴리로 불리는 두 종류인데 전자는 원종 네리네 보데니, 후자는 원종 네리네 사루니엔시스의 개량 품종입니다. 꽃잎 표면이 반짝반짝 빛나는 것은 다이아몬드 릴리로 불리는 것으로 꽃의 수가 많고 화려합니다. 국내산 출하는 10~11월 한정으로 가을 결혼식 등에 빠지지 않습니다. 핑크색 계열이 풍부하고 살구색, 흰색, 보라색, 혼합색 등도 있습니다.

✻ **절화 데이터**

유통 시기 : 연중(네리네), 3월 하순~6월/9월 하순~12월(다이아몬드 릴리)

▷국내산은 다이아몬드 릴리가 10~11월에 유통됩니다. 네덜란드산은 연중, 뉴질랜드산은 2~4월에 유통됩니다.

✽ 꽃의 집합 5~15cm   ✽ 유통 길이 20~60cm
✽ 관상 기간 10일 전후   💧물올림 ◎   ✽ 드라이 ✕

▼ **꽃꽂이를 하기 전에**

수술을 먼저 제거하고 줄기를 자릅니다. 오래 감상하려면 선도 유지제가 효과적입니다.

✻ **생기가 없을 때**

줄기를 자릅니다.

▼ **어드바이스**

하얀색 부케에 넣을 때는 꽃받침을 제거하면 보다 아름다운 순백색이 됩니다. 커다란 꽃과 잎을 함께 써서 화사한 분위기를 강조해도 근사합니다. 줄기의 라인을 살리면 사방에서 피어나는 화려한 화형을 충분히 감상할 수 있습니다.

맨드라미

벨벳 같은 꽃에 컬러풀한 품종 탄생

예로부터 화단에 있던 친근하고 익숙한 꽃입니다. 인도 원산의 1년초로 꽃의 모양에 따라 닭의 벼슬 같은 계관 맨드라미, 둥그런 구르메 맨드라미, 깃털 맨드라미, 원뿔형의 창맨드라미 등으로 나뉩니다. 그 밖에 꽃이 납작하게 퍼지는 석화 맨드라미는 1m 이상 길이로 유통되는 것도 있습니다. 꽃이 작은 스프레이형 품종인 세로시아는 들꽃 같은 분위기로 사랑을 받습니다.

맨드라미의 독특한 멋은 벨벳과 같은 광택, 따뜻한 질감과 컬러풀한 색조입니다. 일본의 품종 개량은 세계적으로 유명해 봄베이 시리즈는 팔레트처럼 많은 색조를 지니고 있습니다. 꽃의 크기, 줄기의 굵기가 사용하기 적당해 주목도가 오르고 있습니다.

클로즈업!

새도 형태도 불꽃 같은 깃털 맨드라미

다른 타입

봄베이 그린

봄베이 퍼플

꽃색

과 비름과
속 맨드라미속
원산지 인도·열대아시아
향기 —

개화기 7~11월
영어명 Celosia · Cockscomb
일반명 맨드라미·계관화
꽃말 바라지 않는 사랑·멋쟁이

계절 가을

🌷 꽃꽂이를 하기 전에
꽃보다 상하기 쉬운 잎을 정리하고 줄기를 자릅니다.
※생기가 없을 때
열탕처리합니다. 꽃과 잎을 신문지로 감싼 후 줄기의 단면을 뜨거운 물에 10초 정도 담갔다가 건져 물에 넣습니다. 줄기를 자른 다음 장식합니다.

🌷 어드바이스
봄과 여름에는 핑크색과 라이트 그린, 가을에는 빨간색, 오렌지색 등 짙은 색과 계절에 어울리는 색으로 고릅니다. 꽃의 옆면과 줄기는 되도록 보이지 말고 광택 있는 색채와 개성적인 화형을 살립니다. 꽃을 모아주는 박스 디자인에도 추천합니다.

✻ 절화 데이터
유통 시기: 5~12월
▷노지 재배가 중심이며 가장 유통이 활발한 것은 추석과 추분 무렵입니다.

✻ 꽃 크기 4~20cm   ✻ 유통 길이 30~120cm
✻ 관상 기간 10~14일   💧물올림 ○   ✻ 드라이 ○

81

계절 가을

대상화

꽃색 ─ ● ○

별명 가을 아네모네 · 추명국

과 미나리아재비과
속 바람꽃속
원산지 중국 · 대만
향기 ―

개화기 9~10월
영어명 Japanese anemone
일반명 대상화
꽃말 희미해지는 사랑 · 인내

꽃잎이 바람에 날리며 운치 있게 피어나는 꽃

초가을의 공기를 전해주는 가련한 꽃. 국화를 연상시키지만 아네모네의 근연종입니다. 수줍어 하는 듯한 꽃의 중심에 있는 꽃술이 눈에 띕니다.

일본에는 원산지인 중국에서 오래전에 전해졌는데, 교토시 북부의 기부네 지역에서 야생화가 되어 퍼졌다고 합니다. 이것이 짙은 핑크색 겹꽃형으로 기부네기쿠라고 합니다. 관상용으로 재배되어 다화(茶花)로 선호해 왔습니다. 산야초 같은 정취가 있는 흰색 홑꽃형은 대만 추명국입니다. 지금은 두 종류의 교배에 의한 원예 품종이 생겨났습니다. 가는 줄기에 하늘거리는 꽃을 운치 있게 피워 올립니다. 둥근 봉오리의 풍부한 표정도 이 꽃의 특징입니다.

위로 아래로, 봉오리가 움직임을 보입니다.

✽ 절화 데이터

유통 시기 : 8~10월
▷국내산만 있습니다. 주로 혼슈의 산간 지대에서 생산되며 처음 출시되는 것은 핑크색이 많고 가을이 깊어가면서 흰색이 절정을 이룹니다.

✽ 꽃 크기 3~5cm   ✽ 유통 길이 50~80cm
✽ 관상 기간 10일 전후   ♠ 물올림 ○   ✽ 드라이 ✕

▼ 꽃꽂이를 하기 전에

잎을 정리하고 줄기를 자릅니다. 줄기를 짧게 잘라 꽂으면 물 부족 걱정이 없습니다.

✽ 생기가 없을 때
줄기를 자릅니다. 단면을 불로 태운 다음 깊은 물에 담급니다.

▼ 어드바이스

유통 시기가 같은 오이풀 등 가을의 청초한 초화와 잘 어울립니다. 줄기를 보이게 꽂으면 바람이 통하는 듯한 디자인이 됩니다. 여기저기로 향한 봉오리와 줄기의 자연스러운 움직임을 살려보세요.

가을 계절

마타리

꽃색 —— ●

옆면

알갱이 같은 노란색 꽃이 밝은 인상을 줍니다.

가을 정취가 물씬 나는 사랑스러운 초화

일본 각지의 산과 들에 자생하는 가을의 대표적 초화 중 하나입니다. 자생지는 일본을 비롯해 중앙아시아와 동아시아. 예전에는 〈만엽집〉에 등장했고 〈고금화가집〉에서는 벚꽃 단풍, 매화에 이어 많은 노래로 읊어졌습니다. 재배가 시작된 이후 꽃꽂이의 화재로 선호해 왔습니다.

전체와 뿌리를 말린 것은 소염, 해독 등 한방 약재로 사용됩니다. 가는 줄기도 노란색을 띠어 꽃과 함께 색조가 밝습니다. 가늘고 유연한 줄기에 작은 꽃들이 알알이 맺혀 가을의 정취를 느끼게 해줍니다.

과	마타리과
속	마타리속
원산지	중앙아시아·동아시아· 시베리아
향기	○
개화기	7~10월
영어명	Yellow patrinia
일반명	마타리·여랑화
꽃말	미인·약속

▼ 꽃꽂이를 하기 전에
잎을 정리하고 줄기를 자릅니다.
* 생기가 없을 때
열탕처리합니다. 꽃과 잎을 신문지로 감싼 후 줄기의 단면을 뜨거운 물에 5초 정도 담갔다가 건져 물에 넣습니다. 줄기를 자른 다음 장식합니다.

▼ 어드바이스
어떤 꽃과도 잘 어울려 작품을 원만하게 완성시킵니다. 잎을 제거하면 꽃이 한층 돋보입니다. 다른 화재와 높낮이를 조절하면 날씬한 라인을 강조할 수 있습니다. 독특한 향기가 있으니 사용량과 장소에 주의하며 물 갈아주기는 성실히 합니다.

✽ 절화 데이터
유통 시기 : 7~9월
▷7월경부터 출하를 시작해 9월 추분 전후에 산간 지대에서 생산된 것이 제철을 맞이합니다.

✽ 꽃의 집합 3~5cm   ✽ 유통 길이 50~80cm
✽ 관상 기간 7일 전후   💧 물올림 ○   ✽ 드라이 ✕

계절 가을

등골나물

꽃색
● ○ ●

클로즈업!   옆면

동서양 꽃에 잘 어울리는 내추럴한 초화

　보풀이 인 듯한 봉오리에서 꽃이 피어나 시골 정취를 물씬 풍깁니다. 중국에서 전해졌다고 하지만 〈만엽집〉과 〈겐지모노가타리〉에 등장할 만큼 오래전부터 사랑받아 온 가을철의 풀꽃입니다. 다화와 꽃꽂이의 화재로 많이 사용됩니다.

　말리면 전체가 달콤한 향기를 뿜기 때문에 옛날에는 귀족들이 향주머니에 넣어 휴대했다는 이야기도 있습니다.

　예전에는 강가 등 어디서나 피는 흔한 꽃이었습니다. 현재 자생종은 거의 볼 수 없고, 등골나물이라고 유통되는 절화는 근연종과의 잡종이나 원예 품종입니다. 가을 정취를 풍기는 화재지만 어떤 꽃과도 잘 어울리는 내추럴함이 이 꽃의 매력입니다.

피기 어려우므로 봉오리를 그대로 활용합니다.

과 국화과
속 등골나물속
원산지 일본·한국·중국
향기 ○

개화기 8~9월
영어명 Thoroughwort
일반명 등골나물
꽃말 망설임·늦어짐

＊ 절화 데이터

유통 시기 : 8~10월
▷산간 지대에서 채취, 생산된 것이 가을에 출하됩니다. 제철은 9월.

✽ 꽃의 집합 약 6cm　　✽ 유통 길이 60~80cm
✽ 관상 기간 7일 전후　▲ 물올림 ○　✽ 드라이 ✕

▼ 꽃꽂이를 하기 전에

잎을 정리하고 줄기를 자릅니다. 봉오리를 피우려면 선도 유지제가 효과적입니다.

＊ 생기가 없을 때
줄기를 자릅니다. 자른 단면을 불로 태워 깊은 물에 담급니다.

▼ 어드바이스

자연스러운 줄기의 라인을 살려 그대로 화기에 꽂아줍니다. 동서양 어떤 형식도 어울리며 꽃과 꽃 사이를 잇는 섬세함이 겸비된 서브 화재로도 유용합니다. 잎이 아름다워 잘라낸 아랫부분을 그린으로 사용해도 좋습니다.

가을 계절

억새

꽃색 ──

과 벼과
속 억새속
원산지 동아시아
향기 ─

개화기 8~11월
영어명 Japanese silver grass
일반명 억새
꽃말 세력·활력

클로즈업!

바람에 나부끼는 긴 이삭은 가을의 상징

긴 이삭을 경쾌하게 뻗어 가을을 장식합니다. 〈만엽집〉에서는 오바나라고 불리던 가을 일곱 풀 중 하나입니다. 산과 들에서 구하기 쉬워 지붕을 잇거나 향토적인 놀이 도구로 쓰이기도 합니다.

음력 8월 15일 달맞이 행사에서는 마타리 등과 함께 장식되며, 일본인의 생활에 깊이 연관되어 왔습니다. 꽃이삭은 광택이 있고 피기 시작하면 솜털처럼 됩니다.

▼ 꽃꽂이를 하기 전에
줄기를 자릅니다. 잎이 마르기 쉬우니 주의합니다.
＊생기가 없을 때
드라이플라워로 만듭니다.

▼ 어드바이스
길이를 길게 해 아래쪽에 초화를 배치합니다. 억새만으로 완성하거나 잎을 제거하고 이삭만 쓰기도 합니다. 드라이플라워는 꽃이 떨어지므로 두는 장소에 주의합니다.

＊절화 데이터
유통 시기 : 8~11월 ▷국내산이 음력 8/15, 9/13 무렵 유통됩니다. 제철은 9~10월.
❋ 꽃이삭 20~30cm   ❋ 유통 길이 60~120cm
❋ 관상 기간 14일 이상   💧물올림 ○   ❋ 드라이 ○

오이풀

꽃색 ──

과 장미과
속 오이풀속
원산지 북반구의 온대지방
향기 ─

개화기 7~10월
영어명 Burnet bloodwort
일반명 오이풀
꽃말 변화·애모

열매와 같은 모습으로 살며시 전하는 가을

여름부터 출하되어 한발 빠르게 가을을 알려주는 검붉은색 꽃입니다. 사랑스러운 들풀의 모습은 가을바람이 부는 들판 풍경을 떠오르게 합니다. 가느다란 가지들이 갈라진 줄기 끝에 붙은 열매 같은 것은 아주 작은 꽃(꽃받침)이 이삭 형태로 모여 있는 것입니다. 꽃잎은 없고 일반적인 꽃과 달리 꽃이 위에서 아래로 피어갑니다.

클로즈업!

▼ 꽃꽂이를 하기 전에
잎을 정리하고 줄기를 자릅니다.
＊생기가 없을 때
줄기를 뜨거운 물에 넣어 열탕처리하거나 줄기의 단면을 태웁니다.

▼ 어드바이스
잎을 제거하면 개성적인 꽃과 가는 줄기가 선명해집니다. 자연 그대로의 모습을 살리듯 가을 초화와 함께 장식합니다. 줄기는 부러지기 쉬우니 주의해서 다룹니다.

＊절화 데이터
유통 시기 : 7~11월
▷이르게는 7월부터 유통되며 9~10월이 제철입니다.
❋ 꽃 크기 1~2cm   ❋ 유통 길이 50~80cm
❋ 관상 기간 7~10일   💧물올림 ○   ❋ 드라이 ○

85

계절 겨울

포인세티아

꽃색 ●●●◎

다른 타입

흰색 품종

프리마베라

새빨간 꽃은 크리스마스의 대명사

크리스마스에 빠질 수 없는 선명한 색의 분화가 절화가 되어 꽃다발과 작품으로 활약하고 있습니다. 꽃처럼 보이는 부분은 꽃턱잎으로 중심에 모인 작은 부분이 꽃이고 꽃잎은 없습니다. 가을에 해가 짧아지고 기온이 내려가기 시작하면 꽃턱잎은 녹색에서 빨강과 노랑으로 바뀌며 꽃처럼 물듭니다.

절화는 사용이 편리하도록 줄기를 길게 키우고 있습니다. 인기 있는 타입은 장미처럼 꽃턱잎이 말린 윈터로즈(왼쪽)와 포엽이 작은 타입입니다. 꽃의 색은 빨간색 외에 노란색과 핑크색 등도 있어 이 꽃만으로 작품을 해도 멋있습니다. 또한 종류가 풍부한 것은 분화. 작은 작품에는 화분에서 잘라 사용해도 좋습니다.

- 과 대극과
- 속 등대풀속
- 원산지 멕시코
- 향기 —
- 개화기 11~2월
- 영어명 Poinsettia · Christmas flower
- 일반명 포인세티아
- 꽃말 성스러운 소원 · 축복

클로즈업!

몽글몽글한 꽃이 중심에 모여 있습니다.

✽ 절화 데이터

유통 시기 : 11~12월
▷12월초부터 크리스마스 전까지가 피크입니다. 분화 생산자가 생산한 절화가 유통되고 있습니다.

❋ 꽃 크기 약 10cm ❋ 유통 길이 20~40cm
❋ 관상 기간 7일 전후 ❋ 물올림 △ ❋ 드라이 ✕

▼ 꽃꽂이를 하기 전에

잎을 정리하고 줄기를 자릅니다. 단면에서 유액이 나오므로 씻거나 닦아냅니다. 꽃턱잎이 상해도 유액이 배어나오므로 주의합니다.

✽ 생기가 없을 때
줄기를 자릅니다. 단면을 불로 태워 깊은 물에 담급니다.

▼ 어드바이스

한 송이 더해주면 꽃다발이나 작품에 크리스마스 분위기가 감돌며 효과는 절대적입니다. 붉은 포인세티아에 같은 색 장미와 아마릴리스, 노송나무 잎 등을 함께 장식해도 좋습니다. 흰색을 골라 화이트 크리스마스로 해도 세련된 느낌입니다. 핑크색은 비교적 캐주얼한 인상입니다.

아마릴리스

겨울 계절

꽃색

옆면　뒷면

가는 스트라이프 무늬의 화려한 겹꽃형

화려하고 압도적인 존재감

　당당하게 피어나는 커다란 구근화입니다. 굵은 줄기 끝에 백합을 닮은 선명한 꽃을 피우며 봉오리도 꼭 피어납니다.

　이름은 고대 그리스·로마의 시에 등장하는 양치기 처녀인 아마릴리스 베라돈나와 관련되어 지어졌습니다. 17세기 말에 처음 기록된 비교적 새로운 꽃으로 18세기 말에는 영국에서 교배가 시작되었습니다.

　원종에 미묘하게 다른 색이 있어 다채로운 원예 품종이 탄생했습니다. 절화로 가장 많이 유통되는 것은 빨간색이며 레드라이온(오른쪽) 외에 주로 네덜란드산 대륜입니다. 박력 만점의 겹꽃형도 있습니다. 국내산은 스트라이프 무늬와 혼합색, 프릴 꽃잎 등 색과 모양이 다양합니다. 수입산에 비해 작고 섬세한 느낌입니다.

다른 타입

크리스마스기프트

레티큐라담

과 수선화과
속 아마릴리스속
원산지 남아메리카·중앙아메리카
향기 ○(일부)
개화기 4~7월·10월(가을 개화)
영어명 Amaryllis · Barbados lily
일반명 아마릴리스 · 진주화
꽃말 놀라운 아름다움 · 자부심

▼ **꽃꽂이를 하기 전에**
줄기를 단면이 수평이 되도록 자릅니다. 줄기 속이 비어 있어 찢어져 뒤집히기 쉬우므로 자른 면 주위를 셀로판테이프 등으로 붙여 놓습니다. 줄기 안에 막대기를 넣어 받치면 안심입니다.
*생기가 없을 때
줄기를 자릅니다.

▼ **어드바이스**
한 송이만으로도 박력 있는 모습을 즐길 수 있는 고마운 꽃입니다. 꽃이 피어 무거워져 줄기가 부러질 것 같으면 짧게 잘라 사용합니다. 빨간색과 흰색은 크리스마스 작품에도 자주 쓰입니다.

＊ **절화 데이터**

유통 시기 : 연중
▷국내산 유통은 주로 2~5월, 수입산은 가을에서 봄까지. 네덜란드산을 중심으로 크리스마스와 연말이 피크입니다.

❋ 꽃 크기 10~25cm　❋ 유통 길이 50~80cm
❋ 관상 기간 7~14일　❋ 물올림 ◎　❋ 드라이 ✕

계절 겨울

시클라멘

꽃색
——
●
●
○
●
◉

뒷면 옆면

분화, 절화 모두 관상 기간이 길어서 좋습니다

고개 숙인 봉오리가 피어나면 꽃잎이 젖혀지는 독특한 모양의 꽃입니다. 홑꽃형, 겹꽃형, 프릴이나 반점이 있는 것, 그러데이션 등 형태도 색도 다양합니다.

지중해 연안에서부터 서아시아에 걸쳐 널리 자생하며 원예 품종은 에게해 연안에서 시작되었습니다.

유럽과 아메리카에서는 절화, 분화 모두 선호하고 있습니다. 일본에서도 유통량은 아직 많지 않지만 절화가 입수 가능해졌습니다. 예쁘게 피어 오래가는 작은 꽃, 혼합색 등 흔하지 않은 종류가 절화 품종으로 유통되고 있습니다. 화분에서 잘라 장식하는 경우에는 가위 등을 사용하지 말고 줄기의 아랫부분을 잡고 돌려가며 뽑는 게 좋습니다.

최근 프릴형 품종이 늘고 있습니다.

과 앵초과
속 시클라멘속
원산지 지중해 연안
향기 ○

개화기 10~3월
영어명 Cyclamen·Sowbread
일반명 시클라멘
꽃말 내성적·성격·수줍음

다른 타입

빨간색 품종

프릴형 품종

* 절화 데이터
유통 시기 : 12~1월
▷신년용의 분화 생산이 늘어나는 시기에 절화가 약간 유통됩니다.

✽ 꽃 크기 2~4cm   ✽ 유통 길이 10~20cm
✽ 관상 기간 7일 전후   ✽ 물올림 ○   ✽ 드라이 ✕

▼ 꽃꽂이를 하기 전에
줄기를 자릅니다.
*생기가 없을 때
열탕처리합니다. 꽃과 잎을 신문지로 감싼 후 줄기의 단면을 뜨거운 물에 5초 정도 담갔다가 건져 물에 넣습니다. 줄기를 자른 다음 장식합니다.

▼ 어드바이스
꽃이 피면 그 형태 그대로 변하지 않습니다. 겨울부터 봄에 걸쳐 나오는 많은 구근 화초처럼 계속 가꿀 필요가 없다는 것이 장점입니다. 길이가 짧으므로 작게 사용해 꽃잎의 색과 움직임, 질감을 살립니다. 꽃을 모아 음영이 있는 작품으로 해도 멋집니다.

산당화

겨울 계절

꽃색
●
● (pink)
○
◎

꽃과 잎이 달린 가지가 가을에 유통되기도 합니다.

클로즈업!

부드럽게 부푼 둥근 꽃과 소박한 정취의 가지

꽃꽂이에 선호되며 축하 자리에 사용되는 화목의 하나로 힘 있게 휜 가지에 볼록한 작은 꽃을 피웁니다. 풍미 있는 가지는 꽃 장식에 어울리며 최근에는 디스플레이 등에도 자주 쓰입니다.

봉오리도 꽃도 둥그스름하며 꽃은 주로 빨간색과 흰색 한 송이에 두 가지 색이 섞여 피는 혼합 품종도 유통되고 있습니다. 이들 절화는 중국 원산의 원예 품종, 산과 들에서 보는 작은 재래종인 풀명자나무와는 다릅니다.

연말연시에는 꽃이 달린 가지가 인기인데, 관상 기간이 매우 길어 봉오리가 차례로 피어납니다. 새해의 장식으로 따뜻한 방에 두면 싹이 나는 것도 볼 수 있습니다. 유럽에서는 주로 핑크색이 유통됩니다.

과	장미과
속	명자나무속
원산지	중국·일본
향기	—
개화기	3~5월
영어명	Flowering quince
일반명	산당화·명자꽃
꽃말	열정·요정의 반짝임

▼ 꽃꽂이를 하기 전에
굵은 가지는 자르고, 단면에 칼집을 냅니다. 가는 가지는 사선으로 자릅니다. 가지에 가시가 있으므로 주의합니다.
*생기가 없을 때
가지 길이를 조금 짧게 자릅니다. 단면에 칼집을 냅니다.

▼ 어드바이스
자연스럽고 소박한 정취가 가득한 가지를 살리려면 많은 화재를 쓰지 말고 공간을 여유 있게 구성하는 게 좋습니다. 큰 화기에 던져 넣은 듯 스타일리시하게 만들어 봅시다. 꽃이 떨어지기 쉬우니 조심해서 다룹니다.

✱ 절화 데이터
유통 시기 : 11~4월
▷제철은 12~1월로 주로 신년 축하용입니다.

✱ 꽃 크기 1~3cm ✱ 유통 길이 60~180cm
✱ 관상 기간 10~14일 ✱ 물올림 ○ ✱ 드라이 ✕

계절 겨울

납매

꽃색 ●

맑은 향기를 뿌리며 봄을 앞서 알리는 꽃

밀랍을 바른 듯 노란 꽃잎과 맑은 향기가 특징입니다. 가는 가지에 작은 꽃을 피우는 낙엽 저목으로 원산지인 중국에서는 수선화, 매화, 동백꽃과 함께 설중사화로 불립니다.

새해가 밝으면 다른 화목들보다 앞서 피고 향기가 있어 꽃꽂이와 다화로 선호되어 왔습니다.

절화로 흔히 유통되는 것은 소심납매와 그 원예 품종입니다. 꽃은 부드러운 노란색이며 매화 등보다는 조금 작고 향기가 진합니다. 기본형 납매는 꽃잎이 작고 중심이 어두운 보라색이며 바깥쪽 꽃잎이 노란색인 개성적인 꽃입니다. 양쪽 노란색 모두 청명한 겨울 하늘과 잘 어울립니다.

뒷면

다른 꽃과 조합하기 쉬운 부드러운 노란색의 원예 품종

과 납매과
속 납매속
원산지 중국
향기 ○

개화기 12~2월
영어명 Wintersweat · Japanese allspice
일반명 납매
꽃말 자애 · 예견

✽ 절화 데이터

유통 시기 : 12~2월
▷국내산만 유통되며 제철은 연말에서 1월 말입니다.

✽ 꽃 크기 1~2cm ✽ 유통 길이 50~180cm
✽ 관상 기간 7~10일 ✽ 물올림 ○ ✽ 드라이 ✕

▼ 꽃꽂이를 하기 전에

가지에 꽃이 제대로 달려 있는 것으로 고릅니다. 가지를 자르고 단면에 칼집을 냅니다. 꽃과 봉오리가 떨어지기 쉬우니 주의해서 다룹니다.

✽생기가 없을 때

가지를 자릅니다. 단면에 칼집을 낸 다음 깊은 물에 담급니다.

▼ 어드바이스

긴 가지를 그대로 화기에 꽂고 아래쪽에는 초화를 꽂아 봄의 산야 풍경을 연출합니다. 봄에 어울리는 노란색 꽃을 덧붙여도 반대색인 푸른 히아신스 등을 배합해도 근사합니다. 짧게 잘라 꽃다발과 작품에 사용하면 향기로운 선물이 됩니다.

겨울 계절

수선화

꽃색
―
○
◎

클로즈업!　뒷면

좁은 꽃잎, 흰색의 우아한 나팔 수선화

다른 타입

키부사 수선화

페이퍼 화이트

겹꽃 품종

과 수선화과
속 수선화속
원산지 이베리아 반도
향기 ○

개화기 11~4월
영어명 Marcissus · Daffodil
일반명 수선화
꽃말 자기애 · 신비 · 숭고함

봄이면 진한 향기를 전하는 꽃

연말에서 늦은 봄까지 다양한 타입의 꽃을 피우는 구근화입니다. 지중해 연안에 25~30종이 자생하고 있습니다. 영국에서 육종이 활발히 이루어져 영국 왕립원예협회에서는 1만 종 이상의 원예 품종을 등록했습니다.

일본에서 유통되는 절화 일본 수선화는 중국을 거쳐 일본에 들어와 후쿠이현의 에치젠 해안과 효고현의 아와지섬, 지바현의 교난마치 등에 군생하고 있습니다. 진한 향기가 특징으로 꽃꽂이와 다화, 정원의 꽃으로 선호됩니다.

정월 이후에 중심이 되는 것은 앞서 얘기한 영국에서 육종된 나팔 수선화입니다. 꽃의 가운데 부분이 나팔을 닮아 이름 붙여졌습니다. 이어서 한 줄기에 여러 송이가 피는 수선화가 나오고 3월에는 향기로운 인기 품종 존킬이 등장합니다.

▼ 꽃꽂이를 하기 전에
한 송이를 구입할 때는 막 피기 시작한 것으로 고르는 게 좋습니다. 줄기를 자르고 단면에서 나오는 유액을 씻어냅니다.
*생기가 없을 때
줄기를 자릅니다.

▼ 어드바이스
일본 수선화는 가지류와 배합하면 격조 있는 느낌을 줍니다. 한 줄기에 여러 송이가 피는 수선화는 몇 줄기만 모아도 화려한 느낌을 주며, 나팔 수선화는 꽃이 크므로 한 송이, 한 송이 각도를 달리해 풍부한 표정이 살아나도록 합니다.

*절화 데이터
유통 시기 : 10~2월(일본 수선화), 11~4월(그 외)
▷국내산과 일부 수입산이 유통됩니다. 일본 수선화의 피크는 연말이며, 나팔 수선화는 2월입니다.

✻ 꽃 크기　2~3cm(일본 수선화), 2~8cm(그 외)
✻ 유통 길이 30~60cm　✻ 관상 기간 5~10일
✻ 물올림 ◎　✻ 드라이 ✕

계절 겨울

동백나무

꽃색 —
●
● (연분홍)
○
◎

별명 카멜리아

과 차나무과
속 동백나무속
원산지 일본·중국·베트남
향기 —

개화기 11~12월·2~4월
영어명 Camellia · Japanese camellia
일반명 동백나무
꽃말 절제된 훌륭함

뒷면

세계인에게 사랑받는 아름다운 꽃나무

윤기 있는 짙은 초록색 잎 사이 아름다운 겹꽃과 쓸쓸한 운치의 홑꽃. 동백은 일본, 중국에 자생하는 상록 교목으로 일본에서는 겨울부터 초봄의 경치를 수놓는 꽃나무의 하나입니다. 예로부터 사랑을 받아 〈고사기〉와 〈일본서기〉, 〈만엽집〉에도 소개되었습니다.

원종은 야부쯔바키와 유키쯔바키입니다. 원예가 번성했던 시대에 다양하고 다채로운 품종이 탄생했습니다. 꽃꽂이와 다화로 사랑받고 신년 등 축하의 자리에 즐겨 쓰입니다. 또한 씨는 고급 기름의 원료로 쓰이며 생활과도 관련이 있어 왔습니다.

17세기 말에 유럽에 소개되고 '카멜리아'라는 이름으로 널리 퍼져 세계적으로 사랑받게 되었으며 지금은 일본과 유럽, 아메리카 지역에서 활발하게 품종 개량이 이루어지고 있습니다.

작은 홑꽃형인 와비스케 동백, 스키야

다른 타입

붉은색 품종   흰색 품종

✽ 절화 데이터

유통 시기 : 12~4월
▷제철은 12~2월입니다.

✽ 꽃 크기 4~5cm   ✽ 유통 길이 40~120cm
✽ 관상 기간 7일 전후   ✽ 물올림 ○   ✽ 드라이 ✕

▼ 꽃꽂이를 하기 전에

잎을 정리하고 가지를 자릅니다. 가지의 단면에 칼집을 냅니다. 잎 표면의 이물질을 제거합니다.

✽ 생기가 없을 때
가지를 자릅니다. 가지의 단면에 칼집을 냅니다.

▼ 어드바이스

한 송이만으로도, 여러 송이를 꽂아도 운치 있는 작품이 됩니다. 붉은색과 흰색 꽃들을 조합하면 경사스러운 자리에도 잘 어울립니다. 다 피고 나서 꽃이 질 때는 꽃잎이 하나씩 떨어지지 않고 송이째 톡 떨어집니다.

매화

겨울 계절

꽃색 ●○

클로즈업! / 뒷면

가지가 독특한 운룡매는 운이 좋아진다는 행운목

과	장미과
속	벚나무속
원산지	중국
향기	○

개화기	1~3월
영어명	Japanese apricot
일반명	매화
꽃말	고결한 마음·아리따움

그윽한 향기를 전하는 청순한 꽃

한 발 앞서 봄 소식을 알리는 매화는 소나무 등과 함께 행운을 의미하는 대표적인 화재입니다.

원산지는 중국으로 8세기 무렵에 전해졌습니다. 예로부터 일본인들의 사랑을 받아 〈만엽집〉에는 1,000수 이상의 매화 관련 시가 있습니다. 당시의 꽃놀이는 매화꽃을 보는 것이었다고 합니다. 열매는 매실장아찌, 매실주 등 일본인의 생활에 이용되고 있으며 매화의 매력은 둥글게 부푼 꽃 모양과 풍부한 향기, 가지의 모양 등입니다. 굴곡진 운치가 있는 가지에서 생생한 가지가 쭉 뻗어나가는 힘찬 모습에 또 다른 멋이 있습니다.

그 밖에 가지 전체가 울룩불룩 휘어진 품종도 있습니다. 봉오리 상태로 구입해서 따뜻한 실내에 두면 한 송이, 두 송이 향기로운 꽃이 피어납니다. 붉은색보다 흰색 품종이 향기가 진합니다.

▼ 꽃꽂이를 하기 전에
부푼 봉오리가 달린 것으로 고릅니다. 가지를 자르고 굵은 가지 단면에 칼집을 냅니다. 꽃과 봉오리는 떨어지기 쉬우니 주의합니다.

*생기가 없을 때
가지를 자르고 단면에 칼집을 낸 다음 깊은 물에 담급니다.

▼ 어드바이스
한 가지만으로도 운치가 있어 일종꽃이로 합니다. 수선화니 농백 등을 곁들이면 새해맞이 화려한 장식이 되며 딱딱한 봉오리 때 구입해도 꽃은 핍니다. 건조한 환경에 약하니 바람을 쏘이지 않도록 조심하고 꽃이 마르면 분무기로 물을 뿌려 줍니다.

*절화 데이터
유통 시기 : 12~2월
▷연말부터 봄나이용 족성 재배산이 출하됩니다.

❋ 꽃 크기 1~2.5cm ❋ 유통 길이 50~200cm
❋ 관상 기간 5~7일 ❋ 물올림 ○ ❋ 드라이 ✕

계절 겨울

히아신스

꽃색
● ●
● ●
● ○
● ●
● ●

클로즈업! 옆면

향수와 같은 향기와 긴 관상 기간이 매력

방에 한 송이만 있어도 향수 같은 향기를 뿜는 구근화입니다. 크게 네덜란드에서 품종 개량이 된 더치계와 프랑스에서 품종 개량이 된 로만계로 나뉘며 현재 시장에 널리 유통되는 것은 화려한 분위기의 더치계입니다.

화형은 홑꽃과 겹꽃, 색깔은 보라색, 흰색, 핑크에 살구색 계열도 있으며 다닥다닥 붙은 꽃과 잎도 다육질로 건강합니다. 아래쪽부터 순서대로 모든 꽃이 피어 오랜 기간 볼 수 있습니다. 절화로 장식한 상태에서도 줄기가 자라므로 더 자라면 디자인을 수정합니다. 최근에는 구근이 달린 것도 유통돼 더욱 오래 즐길 수 있습니다. 그리스 신화 속 미소년 히아킨토스가 흘린 피에서 이 꽃이 피어났다는 이야기에서 이름이 유래되었습니다.

과 백합과
속 히아신스속
원산지 그리스·시리아·소아시아
향기 ○

개화기 3~4월
영어명 Hyacinth
일반명 히아신스
꽃말 단아한 귀여움

다른 타입

노란색 품종

차이나 핑크

진한 핑크색 품종

한 송이에 볼륨이 있는 겹꽃형 홀리호크

※ 절화 데이터

유통 시기 : 11~5월
▷네덜란드산이 겨울에서 봄에 걸쳐 유통되며 국내산은 구근이 달린 것의 재배가 늘어 12~3월까지 유통되고 있습니다.

✽ 꽃이삭 6~10cm ✽ 유통 길이 15~35cm
✽ 관상 기간 10일 전후 ✽ 물올림 ◎ ✽ 드라이 ✕

▼ 꽃꽂이를 하기 전에
줄기를 자릅니다. 물에 줄기가 잠기면 상하므로 얕은 물에 넣습니다.
✽생기가 없을 때
줄기를 자릅니다.

▼ 어드바이스
향기가 강하므로 한두 송이만 꽂는 방법을 추천합니다. 다른 화재와 어우를 때도 히아신스는 소량 사용하는 것이 좋습니다. 시든 꽃을 제거해 주면 봉오리가 예쁘게 피어나며, 물을 자주 갈아주고 장식한 꽃을 빛의 방향을 향해 때때로 바꾸어 꽂아주세요.

Basic Knowledge — ❷
꽃, 자세히 들여다보기

꽃을 클로즈업! 꼭 이것저것 비교해 보세요. 세계가 넓어집니다.

화편
꽃잎을 말합니다. 색도 화려하고 관상의 중심이 되는 부분입니다. 개중에는 수술이나 꽃받침이 변화하여 꽃잎으로 보이는 것도 있습니다.

잘 보세요! 꽃잎의 색은 풍부한 표정을 지니고 있습니다.

단색
가장자리에서 아래쪽까지 색이 거의 같습니다. 윤곽이 뚜렷한 꽃에서 주로 보입니다.

복륜
꽃잎 테두리가 다른 색입니다. 왼쪽 사진처럼 번진 것과 선명한 것도 있습니다.

혼합색
한 장의 꽃잎에 두 가지 이상의 색을 가진 것을 말하며 색이 물드는 방법은 여러 가지입니다.

그러데이션
뿌리에서 바깥쪽을 향해 색의 농담이 변화하는 것을 말합니다. 분위기가 부드럽습니다.

화심/꽃술
꽃의 중심 부분. 수술과 암술을 합해 이렇게 부릅니다.

꽃밥
수술의 앞쪽에 붙은 꽃가루가 들어 있는 주머니. 특징적인 예는 백합의 꽃밥이며, 꽃밥이 붙은 채 작품을 만들어 자연의 풍경을 살리는 경우도 있습니다. 오염의 원인이 되므로 장식 전에 제거하기도 합니다.

줄기
꽃을 지탱하며 안에는 유관속(관다발)이라는 섬유질이 있습니다. 수분과 광합성 물질을 운반합니다.

암술
종자식물의 꽃 중심에 있는 자성 생식기관. 나중에 과실이 되는 씨방을 가집니다.

수술
종자식물의 꽃 안쪽에 있는 웅성 생식기관. 꽃가루가 있는 부분입니다.

꽃받침
봉오리일 때는 꽃잎을 감싸고 개화한 후에는 꽃잎을 받쳐주는 부분입니다. 종류에 따라서는 꽃잎과 꽃받침이 나뉘어 있지 않은 것, 꽃받침이 꽃잎처럼 보이는 것 등 여러 가지가 있습니다.

화포(포엽)
꽃을 싸고 있는 얇은 보호잎입니다. '포엽'이라고도 합니다. 안스리움이나 칼라처럼 화포가 커서 꽃잎처럼 보이는 것도 있습니다. 이 경우 꽃은 그 안에 있는 막대 모양 부분입니다. 작은 꽃이 모인 상태로 이를 '육수화서(꽃차례)'라고 합니다.

리프
난과의 꽃에 있는 꽃 가운뎃부분, 아래쪽에 붙은 한 장의 꽃잎을 말합니다. '입술판'이라고도 하는데 좌우대칭으로 되어 있습니다. 여느 꽃잎과는 형태와 색 등이 확연하게 나릅니다. 가루받이를 위해 곤충을 유혹하는 역할도 하고, 개중에는 주머니 모양으로 되어 있는 것도 있습니다.

| Part 3 |

꽃

대륜에 소화, 화목에 최근 늘고 있는 수입 꽃들.
수많은 꽃 중에서 특히
향기가 좋은 꽃, 드라이플라워로 만들기 좋은 꽃,
그 외 꽃을 선별하여 정리해 보았습니다.

Flower

스토크

과	십자화과
속	마티올라 속
원산지	남유럽
향기	○

다른 타입

클로즈업! 스프레이형

꽃색 ●●●○●

개화기	2~4월
영어명	Stock · Common stock
일반명	스토크 · 비단향꽃무
꽃말	영원한 아름다움 · 구애

봄 소식을 전하는 파스텔컬러와 달콤한 향기

작은 꽃을 가득 붙이고 잎과 줄기는 하얀 솜털로 덮인 부드러운 느낌. 달콤함에 스파이스 향이 섞인 듯한 향기가 특징입니다.

고대 그리스 · 로마에서는 약초로 이용되었다고 합니다. 꽃이삭이 계속 자라므로 꽃 사이가 촘촘한 것으로 고르세요.

❋ 절화 데이터
유통 시기 : 10~5월
▷절정은 11~12월, 3월입니다.
❋ 꽃 크기 약 3cm ❋ 유통 길이 40~80cm
❋ 관상 기간 7~10일 ♠ 물올림 ◐ ❋ 드라이 ✕

▼ 꽃꽂이를 하기 전에
줄기를 자릅니다.
생기가 없을 때
꽃과 잎을 신문지로 감싼 후 줄기를 뜨거운 물에 10초 정도 담가 열탕처리합니다.

▼ 어드바이스
긴 길이를 작품의 윤곽으로 합니다. 스프레이형은 나누어서 사용합니다. 시든 꽃은 정리하고 물갈이를 자주 해주면 봉오리도 피어납니다.

키르탄서스

과	수선화과
속	키르탄서스속
원산지	남아프리카
향기	○

다른 타입

오렌지 뷰티

클로즈업!

꽃색 ●●●○

개화기	3~4월
영어명	Fire lily · Ifafa lily
일반명	키르탄서스
꽃말	숨은 매력

작은 공간에도 역동감을 주는 통 모양의 꽃

쭉 뻗은 줄기 끝에 피는 통 모양의 꽃입니다. 한 줄기에 5~6송이의 꽃이 피고 꽃잎 끝은 6개로 나뉩니다. 생명력이 강한 구근화로 화분에 심어두어도 해마다 많은 꽃이 핍니다.

과일향 같은 달콤하고 고급스러운 향기가 매력입니다. 절화에서는 주로 부드러운 느낌의 마케니(오른쪽) 품종이 유통됩니다.

❋ 절화 데이터
유통 시기 : 1~5월 ▷이즈오섬산을 비롯해 국내산이 유통되며 제철은 2월입니다.
❋ 꽃 크기 약 2cm ❋ 유통 길이 30~40cm
❋ 관상 기간 7~10일 ♠ 물올림 ◎ ❋ 드라이 ✕

▼ 꽃꽂이를 하기 전에
줄기를 자릅니다. 물올림이 매우 좋으므로 얕은 물에 장식합니다.
생기가 없을 때
줄기를 자릅니다.

▼ 어드바이스
가늘고 긴 꽃이 여러 각도로 피어 작은 공간에도 역동감을 연출할 수 있습니다. 꽃 끝부분의 귀여운 표정을 살리려면 꽃들을 바짝 붙여 장식합니다.

향기 꽃

삼지닥나무

꽃색 ●○

과 팥꽃나무과
속 삼지닥나무속
원산지 중국
향기 ○

클로즈업! / 뒷면

부드러운 노란색 꽃과 독특한 가지 모양

싹이 나기 전에 꽃이 피는 향기로운 화목입니다. 따뜻한 질감의 작은 꽃들이 반구형으로 모여 살짝 아래를 향하듯이 핍니다. 이름은 가지가 반드시 셋으로 나뉜 모양에서 유래했습니다.

질긴 섬유질이 포함된 나무껍질은 고급 화지의 원료가 되고, 지폐 등에도 사용되고 있습니다.

개화기 3~4월
영어명 Oriental paper bush
일반명 삼지닥나무
꽃말 강인함, 강건함

▼ 꽃꽂이를 하기 전에
가지를 자르고 단면에 칼집을 냅니다.
＊생기가 없을 때
가지를 자르고 칼집을 냅니다.

▼ 어드바이스
짧게 잘라 사용하며 활짝 피어난 귀여운 꽃 모양을 잘 살려보세요.
긴 가지를 사용하면 셋으로 갈라진 형태가 보는 재미를 더해줍니다.

＊ 절화 데이터
유통 시기 : 1~3월 ▷ 국내산이 소량 유통되며 제철은 3월입니다.
❋ 꽃의 집합 약 3~4cm   ❋ 유통 길이 80~130cm
❋ 관상 기간 7일 전후   💧물올림 ○   ❋ 드라이 ✕

고광나무

꽃색 ●○

과 범의귀과
속 고광나무속
원산지 일본
향기 ○

초여름 같은 상쾌한 흰색과 향기

새하얀 꽃이 아로새기듯 피는 화목입니다. 일본에 자생하는 낙엽 관목으로 초여름에 향기로운 꽃을 피웁니다. 일어명인 바이카우쓰기는 매화를 닮은 꽃, 가지 속이 빈 데서 유래했습니다. 일본 원종은 19세기 중반 유럽으로 전해져 품종 개량에 공헌했으며, 절화로 유통되는 것은 그 개량 품종입니다. 엷은 핑크색과 겹꽃형 등도 유통됩니다.

개화기 5~7월
영어명 Mock orange
일반명 고광나무
꽃말 회상, 기품

봉오리 / 클로즈업!

▼ 꽃꽂이를 하기 전에
굵은 가지는 자르고 단면에 칼집을 냅니다.
가느다란 가지는 사선으로 자릅니다.
＊생기가 없을 때
가지를 자르고 칼집을 냅니다.

▼ 어드바이스
산뜻한 흰색을 일종꽃이로 합니다. 자연스러운 가지 모양을 살려 긴 가지를 배치합니다. 짧게 잘라 사용하면 귀여운 화형이 더욱 돋보입니다.

＊ 절화 데이터
유통 시기 : 3~6월 ▷ 혼슈 각지에서 유통되며 제철은 5월입니다.
❋ 꽃 크기 2~3cm   ❋ 유통 길이 50~120cm
❋ 관상 기간 5~10일   💧물올림 ○   ❋ 드라이 ✕

꽃 향기

라벤더

꽃색 —
●

클로즈업!

과	꿀풀과
속	라벤더속
원산지	지중해 연안
향기	○

개화기	4~7월
영어명	Lavender
일반명	라벤더
꽃말	침묵·기대

상쾌한 향기와 보라색이 멋스러운 허브

절화, 분재, 드라이플라워로 인기가 있는 허브입니다. 산뜻하고 상쾌한 향기에는 마음을 안정시키는 효과가 있다고 알려져 있습니다. 기간이 한정적이지만 절화는 10개 정도 묶음으로 유통됩니다.

오래가지 않기 때문에 시들기 전에 매달아 말리면 색과 향기가 잘 보존됩니다. 향기는 분재에서 잘라도 즐길 수 있습니다.

❋ **절화 데이터**

유통 시기 : 5~7월　▷주로 나가노현과 군마현산이 유통되며 제철은 6~7월입니다.

❋ 꽃이삭 5~8cm　❋ 유통 길이 15~30cm
❋ 관상 기간 3~5일　▲ 물올림 △　❋ 드라이 ○

▼ **꽃꽂이를 하기 전에**

꽃과 잎을 신문지로 감싼 후 줄기를 뜨거운 물에 5초 정도 담가 열탕처리합니다.

❋ **생기가 없을 때**
열탕처리합니다.

▼ **어드바이스**

짙은 보라색을 악센트로 하고 싶을 때는 몇 개를 다발로 묶어서 사용하세요. 꽃 사이에 두세 줄기 꽂으면 향기 풍부한 작품이 완성됩니다.

초콜릿 코스모스

꽃색 —
●
●

뒷면　클로즈업!

과	국화과
속	코스모스속
원산지	멕시코
향기	○

개화기	5~11월
영어명	Chocolate cosmos
일반명	초콜릿 코스모스
꽃말	사랑의 추억

세련된 꽃잎 색과 초콜릿 향기

달콤한 향기와 꽃잎의 색이 마치 초콜릿 같습니다. 일본에 들어온 것은 1900년대 초반이지만 절화로 인기를 얻게 된 것은 2000년대 들어서부터입니다.

다른 꽃에서는 볼 수 없는 멋진 색이 작품의 존재감이 되었습니다. 노랑코스모스와의 교배로 붉은 빛이 도는 품종이 탄생했으며 향기는 품종에 따라 차이가 있습니다.

❋ **절화 데이터**

유통 시기 : 거의 연중　▷한여름을 제외하고 유통됩니다.
제철은 2~4월, 10~12월

❋ 꽃 크기 1.5~3cm　❋ 유통 길이 30~80cm
❋ 관상 기간 5~10일　▲ 물올림 ○　❋ 드라이 ✕

▼ **꽃꽂이를 하기 전에**

꽃잎에 상처가 없는지 확인하고 선택합니다. 줄기를 자릅니다.

❋ **생기가 없을 때**
줄기를 뜨거운 물에 담가 열탕처리합니다.

▼ **어드바이스**

달콤한 색의 작품이나 꽃다발에서 결정적인 역할을 합니다. 가을의 색채를 표현하고 싶을 때도 요긴하게 사용되며, 흰색 꽃과 함께 쓰면 모던한 느낌입니다.

향기 꽃

튜베로즈

꽃색 ●○

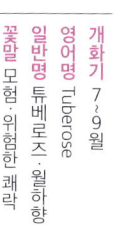

과	수선화과
속	월하향속
원산지	멕시코
향기	○
개화기	7~9월
영어명	Tuberose
일반명	튜베로즈·월하향
꽃말	모험·위험한 쾌락

클로즈업!

봉오리

향기가 장점인 여름의 구근화

재스민과 장미의 중간쯤인 듯한 그윽한 향기가 매력입니다. 꽃은 세로로 이어져 아래에서부터 차례로 핍니다. 밤이 깊어지면 달콤한 향기가 풍긴다 하여 월하향이라고도 합니다. 홑꽃형은 고급 향수의 원료입니다.

절화는 대부분 겹꽃형이며 봉오리보다 개화한 것을 선택하는 것이 좋습니다. 최근에는 피기 쉬운 형태도 유통되기 시작했습니다.

▼ **꽃꽂이를 하기 전에**
줄기를 자릅니다.
＊**생기가 없을 때**
꽃과 잎을 신문지로 감싼 후 줄기를 뜨거운 물에 5초 정도 담가 열탕처리합니다.

▼ **어드바이스**
이어져 있는 꽃을 활용해 긴 꽃다발로 연출합니다. 웨딩부케는 끌어안듯이 드는 암부케(Arm Bouquet)로 알맞습니다. 시든 꽃잎 등을 제거하면 봉오리가 쉽게 핍니다.

＊**절화 데이터**
유통 시기 : 연중 ▷오키나와현산이 연중, 여름과 가을에는 지바현이나 사이타마현산이 소량 유통됩니다.
❋ 꽃 크기 2~3cm   ❋ 유통 길이 50~100cm
❋ 관상 기간 7~10일   💧물올림 ◎   ❋ 드라이 ✕

벨라도나 릴리

꽃색 ●○

과	수선화과
속	아마릴리스속
원산지	남아프리카
향기	○
개화기	8~9월
영어명	Belladonna lily
일반명	벨라도나 릴리·아마릴리스
꽃말	침묵·있는 그대로

백합과 비슷한 화려함과 진한 향기가 매력

백합을 닮은 꽃이 몇 송이 모여서 핍니다. 꽃의 색은 윤기 나고 화려합니다. 진한 향기가 꽃을 더욱 매력적으로 보이게 합니다.

남아프리카 원산의 구근화로 아마릴리스속 이어서 일반적으로는 '아마릴리스'로 불립니다. 겹꽃형도 있으며 유통 기간이 짧아 귀하게 여겨집니다.

뒷면   클로즈업!

▼ **꽃꽂이를 하기 전에**
줄기를 자릅니다.
＊**생기가 없을 때**
줄기를 자릅니다.

▼ **어드바이스**
꽃이 모여 피는 모습을 살리기 위해 성글게 꽂아 유연한 줄기가 보이도록 장식합니다. 줄기를 조금 비스듬하게 꽂으면 꽃에 역동감이 생깁니다.

＊**절화 데이터**
유통 시기 : 9~10월 ▷국내산이 소량 유통되며 제철은 9월입니다.
❋ 꽃의 집합 8~10cm   ❋ 유통 길이 40~70cm
❋ 관상 기간 5~7일   💧물올림 ◎   ❋ 드라이 ✕

꽃 향기

마다가스카르 재스민

클로즈업!

봉오리

꽃색 ── ○

과 박주가리과
속 스테파노티스속
원산지 마다가스카르
향기 ○

신부를 축복하는 향기로운 순백의 꽃

'재스민'이라는 이름이 붙는 꽃은 특히 향기가 강한 것이 많은데 이 꽃 역시 강한 향기가 특징입니다.

두꺼운 꽃잎은 유백색으로 끝이 5개로 갈라진 별 모양입니다. 청초한 색과 모양, 향기 덕에 웨딩의 단골로 등장합니다.

한 송이씩 포장되어 꽃시장에서 유통되고 있고 줄기째 장식하는 경우에는 분재를 잘라서 사용합니다.

개화기 4~6월
영어명 Madagascar jasmine
일반명 마다가스카르 재스민
꽃말 청순·둘이서 동쪽으로

✽ 절화 데이터

유통 시기 : 연중　▷봄과 가을의 결혼 시즌에 주로 사용됩니다. 피크는 9~11월입니다.
❋ 꽃 크기 약 2cm　❋ 유통 길이 30~50cm
❋ 관상 기간 3일 전후　💧 물올림 ○　❋ 드라이 ×

▼ 꽃꽂이를 하기 전에

상처가 나기 쉬우니 사용 직전 구입합니다.
　✽ 생기가 없을 때
꽃은 건조한 환경에 약하므로 분무기로 물을 뿌리고 시원한 장소에 둡니다.

▼ 어드바이스

사용 전에 한 송이씩 2시간 정도 물에 띄워 수분을 충분히 흡수시킵니다. 화분에서 잘라 사용하는 경우, 물올림이 좋지 않아 오래가지 않으니 주의해야 합니다.

유카리스

뒷면　클로즈업!

꽃색 ── ○

속 유카리스속
원산지 남아메리카·중앙아메리카
향기 ○

색, 형태, 향기 모두 기품 있는 꽃

웨딩부케의 특별한 꽃으로 부동의 인기를 누려 왔습니다. 6개의 꽃잎 중앙에 밝은 초록 왕관을 얹어 놓은 것 같은 모양이 특징입니다. 줄기 끝에 고개 숙인 듯한 커다란 꽃을 피우는데 꽃잎이 매우 섬세합니다. 줄기가 달린 타입과 꽃만 유통되는 타입이 있습니다.

개화기 5~7월
영어명 Amazon lily
일반명 유카리스·아마존 백합
꽃말 청순한 마음·맑은 기품

✽ 절화 데이터

유통 시기 : 연중
▷결혼 시즌인 5~6월과 9~11월에 유통량이 많습니다.
❋ 꽃 크기 6~8cm　❋ 유통 길이 50~60cm
❋ 관상 기간 7일 전후　💧 물올림 ◎　❋ 드라이 ×

▼ 꽃꽂이를 하기 전에

줄기를 자릅니다. 꽃잎이 민감하므로 조심스럽게 다룹니다.
　✽ 생기가 없을 때
줄기를 자릅니다.

▼ 어드바이스

꽃과 줄기의 색에 맞추어 상쾌한 흰색과 그린의 꽃다발과 작품에 이용합니다. 개화기에 비교적 저렴한 가격으로 유통되기도 합니다.

드라이 꽃

스타티스

꽃색

드라이플라워와 화초 붐으로 인기를 얻은 꽃

안개꽃 같은 볼륨과 바스락거리는 질감을 가진 작은 꽃입니다. 원산지는 유럽, 지중해 연안입니다.

절화에는 주로 2개의 계통이 있습니다. 하나는 인기 있는 하이브리드 스타티스계로 가느다란 줄기가 갈라져 나와 작은 꽃이 풍성하게 퍼지는 교잡종입니다. 다른 하나는 시누아툼계라고 불리며 꽃이 칫솔처럼 옆으로 나란히 붙어 있습니다.

스타티스는 선명한 색과 오랜 관상 기간 때문에 인기를 얻었습니다. 최근 초화와 드라이플라워 붐이 일면서 유통되는 품종이 갑자기 증가되었고 이제까지 없었던 살구색이나 채도가 낮은 중간색, 겹꽃형 품종이 등장했습니다.

다른 타입

주악

낭만

블루 판타지아

시누아툼계에 겹꽃형 품종이 등장

클로즈업!

옆면

별명 리모니움

과 갯질경이과
속 갯질경이속
원산지 유럽·지중해 연안
향기 —
개화기 5~7월
영어명 Statice · Sea lavender
일반명 스타티스
꽃말 변함없는 사랑·변함없는 마음

▼ 꽃꽂이를 하기 전에
줄기를 자릅니다. 줄기는 상처가 나기 쉬우니 꽃꽂이할 때는 얕은 물에 넣습니다.

생기가 없을 때
열탕처리합니다. 꽃과 잎을 신문지로 감싼 후 줄기의 단면을 뜨거운 물에 5초 정도 담갔다가 건져 물에 넣습니다. 줄기를 자른 다음에 장식합니다.

▼ 어드바이스
술기기 기느다란 하이브리드 스타디스는 공간에 산뜻하게 연출하면 본연의 멋을 발휘할 수 있습니다. 꽃과 꽃의 틈을 메우기에도 대단히 편리합니다. 스타티스는 관상 기간이 매우 길어 여름철에 특히 애용하는 화재입니다.

✻ 절화 데이터
유통 시기 : 연중

▷홋카이도산을 비롯한 전국 각지에서 안정적으로 유통되고 있습니다. 제철은 5~7월. 수입은 케냐산과 이스라엘산이 늘고 있습니다.

✻ 꽃 크기 약 0.5cm ✻ 유통 길이 60~90cm
✻ 관상 기간 10~14일 💧 물올림 ◎ ✻ 드라이 ○

델피니움

꽃 드라이

꽃색
- (분홍)
- (주황)
- (노랑)
- (흰색)
- (보라)
- (파랑) ●
- (기타) ◎

맑은 색이 특징인 화려한 꽃

긴 줄기에 화려하게 꽃이 핍니다. 세계 각지에 약 250종의 야생종이 있고 영국에서 개량이 시작된 것은 18세기 후반. 투명감이 있는 아름다운 푸른색은 종류가 적고 옛날이나 지금도 귀하게 여겨지고 있습니다. 신부가 몸에 지니고 있으면 행복해진다고 하는 '섬싱 블루'의 꽃으로도 선호됩니다. 유통되는 것은 3가지 타입. 굵은 직선 줄기에 겹꽃형 꽃이 피는 엘라툼 계열, 스프레이 타입의 홑꽃형인 시넨시스 계열, 둘의 중간의 벨라도나 계열입니다.

이름은 봉오리 모양이 등을 구부린 돌고래와 닮은 데서 유래했습니다. 꽃의 뒷면에는 꼬리처럼 내민 부분인 '꿀주머니'가 있습니다. 이것이 꽃꽂이를 할 때 다른 화재들과 얽히기 때문에 벨라도나 계열에서 꿀주머니가 없는 품종이 등장했고 해마다 증가하고 있습니다.

- **과** 미나리아재비과
- **속** 제비고깔속
- **원산지** 시베리아·중국·유럽
- **향기** —
- **개화기** 6~8월
- **영어명** Delphinium
- **일반명** 델피니움
- **꽃말** 당신은 행복을 뿌린다·고귀

클로즈업!

봉오리

다른 타입

오로라 딥퍼플

센트리 화이트

시넨시스 계열의 그랑블루. 꿀주머니가 없고 꽃 모양이 깔끔해 장식하기 쉽습니다.

플라티나 블루

✻ 절화 데이터

유통 시기 : 연중
▷산지는 여름부터 가을에는 홋카이도, 겨울부터 봄에는 아이치현, 미야자키현 등이 중심입니다. 제철은 5~7월.

- ✻ 꽃 크기 2~8cm
- ✻ 유통 길이 40~120cm
- ✻ 관상 기간 7~14일   ♦ 물올림 ○   ✻ 드라이 ○

▼ 꽃꽂이를 하기 전에

잎을 정리하고 줄기를 지릅니다. 줄기는 속이 비어 있으므로 조심해서 다룹니다.

✻ **생기가 없을 때**
열탕처리합니다. 꽃과 잎을 신문지로 감싼 후 줄기의 단면을 뜨거운 물에 5초 정도 담갔다가 건져 물에 넣습니다. 줄기를 자른 다음 장식합니다.

▼ 어드바이스

꽃이 화려한 엘라툼 계열은 조금 큰 작품이나 장식에 잘 어울립니다. 발랄하고 경쾌하게 핀 홑꽃형인 시넨시스 계열은 작은 작품이나 꽃다발에 이용합니다. 가는 줄기에 드문드문 꽃이 핀 벨라도나 계열은 가련한 분위기를 연출합니다.

*섬싱 블루(something blue) : 결혼식 때 몸에 지니면 행복해진다는 섬싱 포의 한 가지. 블루는 성실함을 나타내는 색으로 알려져 신부의 순결을 상징합니다.

에린기움

꽃색 — ●●●

드라이 꽃

와일드한 꽃의 자태와 개성이 돋보이는 산뜻한 푸른색

조형적 또는 야성적이라고 할 수 있는 유니크한 모습입니다. 가든에서도 인기 있는 여러해살이로 청량감 있는 색과 긴 관상 기간이 특징입니다. 초화류 붐에 따라 유통이 늘었습니다. 마른 질감이 아주 독특하고 솔방울 같은 꽃을 포엽이 감싸고 있습니다. 색이나 형태가 미묘하게 차이 나는 품종이 여럿 있고 아래 사진은 꽃이 아름다운 오리온입니다. 그 밖에 포엽과 줄기까지 청자색인 블루벨은 포엽이 길고 눈에 띄게 산뜻한 형광색입니다.

슈퍼노바는 꽃이 긴 대륜계, 시리우스는 전체가 은회색처럼 희끗희끗합니다. 메탈릭한 꽃의 색은 드라이플라워로 해도 색이 남아 있습니다. 건조하면 포엽이나 잎의 가시가 더욱 단단해지므로 조심해야 합니다.

클로즈업!

다른 타입
시리우스
슈퍼노바
마그네터

눈길을 끄는 품종 블루벨. 포엽과 줄기는 형광색 같은 청자색입니다.

과 산형과
속 에린기움속
원산지 유럽·중앙아시아·남아메리카
향기 —

개화기 6~8월
영어명 Eryngo
일반명 에린기움
꽃말 비밀스러운 사랑·무언의 사랑

▼ 꽃꽂이를 하기 전에
잎을 정리하고 줄기를 자릅니다.

＊생기가 없을 때
꽃과 잎을 신문지로 감싼 후 줄기의 단면을 뜨거운 물에 5초 정도 담갔다가 건져 물에 넣습니다. 줄기를 자른 다음 장식합니다.

▼ 어드바이스
달콤함을 줄인 어른스러운 작품에 양념 같은 역할로 사용합니다. 에린기움의 야성미가 오히려 우아한 꽃을 돋보이게 해주는 역할을 합니다. 질감이 건조해서 푸른색이 아름답게 보존되는 드라이플라워로 즐겨도 좋습니다.

＊절화 데이터
유통 시기 : 연중
▷국내산은 여름부터 가을에 유통되고, 수입품은 주로 이스라엘산이 유통됩니다. 제철은 7월.

✽ 꽃 크기 1.5~10cm ✽ 유통 길이 60~80cm
✽ 관상 기간 14일 이상 💧 물올림 ○ ✽ 드라이 ○

꽃 드라이

에키네시아

꽃색
●
●
●
●
○
◎

초화 붐으로 단숨에 높아진 주목도

꽃 가운데가 반구형으로 크게 솟아오르고 그 주변을 꽃잎이 둘러싸고 있습니다. 꽃잎은 시간이 지나면 뒤로 젖혀져 아래로 처집니다. 에키네시아는 이 독특한 존재감으로 화제를 모으고 있습니다. 과거에는 꽃잎이 진 뒤의 공 모양 같은 것이 '시드'라고 불리며 절화로 유통되었습니다. 지금은 아래 사진처럼 유니크한 형태가 유통됩니다. 엷은 파스텔 계열부터 뚜렷한 빨강이나 핑크색까지 다채로운 품종이 나옵니다.

다양한 색과 형태, 긴 관상 기간도 에키네시아의 매력입니다. 꽃이 진 다음 드라이플라워로 해도 됩니다. 품종에 따라 면역력을 높여주는 허브차 등으로도 애용됩니다.

과 국화과
속 에키네시아속
원산지 북아메리카
향기 —

개화기 6~8월
영어명 Echinacea · Purple coneflower
일반명 에키네시아
꽃말 다정·깊은 사랑

클로즈업!

꽃잎에 프린지가 있는 귀여운 품종 낸시

다른 타입

사만다

허니듀

레몬드롭

❊ 절화 데이터
유통 시기 : 2~11월
▷재배하는 생산지가 증가하고 있습니다. 제철은 6월입니다.
❋ 꽃 크기 2~6cm
❋ 유통 길이 30~60cm
❋ 관상 기간 14일 이상   ▲ 물올림 ○   ❋ 드라이 ○

▼ 꽃꽂이를 하기 전에
잎을 정리하고 줄기를 자릅니다.
*생기가 없을 때
꽃과 잎을 신문지로 감싼 후 줄기의 단면을 뜨거운 물에 5초 정도 담갔다가 건져 물에 넣습니다.
줄기를 자른 다음 장식합니다.

▼ 어드바이스
꽃잎이 처진 독특한 모양이 드러나도록 높이를 살립니다. 꽃잎이 상하면 제거하고 둥글게 솟아오른 가운데 부분만 즐길 수도 있습니다. 드라이플라워로 해서 스웨그 등을 만들어도 좋습니다.

드라이 꽃

프로테아

다른 타입

아크틱아이스

비너스

매디발렛

작은 꽃들이 모인 주위를 포엽이 에워싸고 있습니다. 꽃은 바깥쪽에서 안쪽으로 풀어져 갑니다. (오른쪽)

옆면 　 클로즈업!

이국적이고 당당한 품격

유달리 큰 이 꽃은 남아프리카 공화국의 국화입니다. 위풍당당한 자태와 스웨이드 같은 개성적인 질감으로 압도적인 존재감을 자랑합니다. 꽃잎처럼 보이는 포엽은 매우 딱딱하며 보풀이 일어나는 것, 밀랍질인 것 등 다양합니다. 꽃은 작고 중심으로 모입니다.

프로테아 중에서 가장 큰 품종이 킹프로테아로 화서(꽃차례)의 지름이 20~30cm나 됩니다. 최근 유통되는 품종의 변화가 풍부하고 자그마한 타입도 유통되고 있어 색이나 크기를 선택할 수 있게 되었습니다.

이름은 자신의 의지로 모습을 바꿀 수 있는 그리스 신화 속 바다의 신 프로테우스와 연관되어 지어졌습니다. 19세기 유럽에서 인기가 높아지면서 아프리카 이외의 지역에서도 재배되고 있습니다.

꽃색 ●●●●◎

과 프로테아과
속 프로테아속
원산지 남아프리카·열대아프리카
향기 —

개화기 5~10월
영어명 Protea
일반명 프로테아
꽃말 자유자재

▼ 꽃꽂이를 하기 전에
꽃에 얼룩이 없는 것으로 신덱합니다. 가지를 자릅니다.
＊생기가 없을 때
가지를 자르고 단면에 칼집을 냅니다.

▼ 어드바이스
다루기 쉬운 작은 크기는 스웨그 등에 사용합니다. 대륜은 한 송이로도 충분히 멋진 인테리어 플라워가 됩니다. 큰 꽃은 무거우니 꽃병이 쓰러지지 않도록 주의하세요.

＊절화 데이터
유통 시기 : 연중
▷남아프리카산, 오스트레일리아산을 중심으로 포르투갈이나 스페인 등 유럽산도 유통됩니다. 제철은 9~11월.

❋ 꽃 크기 10~25cm 　 ❋ 유통 길이 30~60cm
❋ 관상 기간 14일 이상 　 ♠ 물올림 ○ 　 ❋ 드라이 ○

핀쿠션

꽃색 ●●●

바늘처럼 보이는 독특한 모양의 수술

남아프리카 원산의 상록 관목으로, 바늘꽂이(핀쿠션)에 바늘을 가득 꽂아놓은 것 같은 독특한 모습에서 이름이 유래했습니다.

바늘처럼 보이는 것은 가늘고 단단한 수술입니다. 수술은 길고 꽃잎처럼 바깥쪽부터 차례로 벌어집니다. 발색이 좋고 오랫동안 계속 피며 색이 잘 바래지 않아 작품이나 꽃다발에 사용하기 좋고 드라이플라워용으로도 쓰기 쉬운 화재입니다.

최근에는 품종이 증가해 유통량이 꽤 늘었습니다. 꽃은 빨간색, 오렌지색, 노란색이 있습니다. 품종에 따라 꽃과 잎의 형태가 조금씩 다릅니다.

리스나 스웨그의 수요가 많아지는 가을부터 겨울 시즌에 가장 많이 유통됩니다.

- 과 프로테아과
- 속 레우코스페르뭄속
- 원산지 남아프리카
- 향기 —
- 개화기 3~5월
- 영어명 Pincushions
- 일반명 핀쿠션
- 꽃말 공영(함께 번영함)·양기

클로즈업!

다른 타입

하이골드

브란슈

스칼렛 리본

꽃은 비슷해도 잎의 모양이 각각 다릅니다.

✽ 절화 데이터

유통 시기 : 연중
▷오스트레일리아산이 중심이며 유럽산도 유통됩니다. 제철은 9~10월입니다.

✽ 꽃 크기 5~7cm   ✽ 유통 길이 30~70cm
✽ 관상 기간 14일 이상   ◉물올림 ◎   ✽ 드라이 ○

▼ 꽃꽂이를 하기 전에
모양이 좋은 것으로 골라 가지를 자릅니다.
✽생기가 없을 때
가지를 자르고 단면에 칼집을 냅니다.

▼ 어드바이스
다알리아나 장미 등 꽃잎에 볼륨이 있는 둥근 꽃, 아마릴리스처럼 꽃잎이 튼실한 꽃과 잘 맞습니다. 화려하고 개성적이어서 새해나 축제의 장식으로도 잘 어울리는 화재입니다. 작품의 악센트로 이용합니다.

레우카덴드론

드라이 꽃

클로즈업

단단한 풀모섬 꽃봉오리, 피면 솜털이 보송보송

다른 타입

포엽이 빨간 타입

주빌리 크라운

제이드 펄

꽃색 ●●●●◎

과	프로테아과
속	레우카덴드론속
원산지	남아프리카
향기	—

개화기	5~8월
영어명	Silver leaf tree
일반명	레우카덴드론
꽃말	침묵의 사랑·닫힌 마음을 열어주세요

개성 있는 꽃 모양에서 화려한 타입까지

전체 모양이 좁고 긴 잎에 싸여 있는 것처럼 보이지만 가지 끝에서 꽃을 감싸고 있는 것은 포엽입니다. 포엽은 빨간색이나 노란색 등으로 아름답게 물들어 꽃잎처럼 보입니다. 포엽은 물론 중심의 꽃에도 여러 가지 색과 모양이 있습니다.

남아프리카 케이프 지방에 자생하는 관목으로 잎과 가지가 단단하고 튼튼해서 여름에도 오래가 최근 유통되는 품종이 늘고 있습니다. 독특한 무늬로 존재감을 과시하는 커다란 꽃봉오리의 풀모섬, 가지가 갈라져 빨간 봉오리를 가득 맺는 주빌리 크라운, 은색 봉오리의 제이드 펄 등 개성적인 타입이 많아졌습니다. 분위기가 이국적이라 드라이플라워의 화재로도 인기가 높습니다.

▼ 꽃꽂이를 하기 전에

습기에 약하므로 곰팡이가 생기지 않도록 주의해서 화재를 선택합니다. 줄기를 자릅니다.

*생기가 없을 때
줄기를 자르고 단면에 칼집을 냅니다.

▼ 어드바이스

광택이 나는 빨간 포엽의 품종은 꽃처럼 예뻐서 여름 꽃다발로 합니다. 개성이 강해 보이지만 다른 화재와 잘 어울립니다. 봉오리가 아주 단단한 풀모섬은 그대로 사용해도 개성적입니다. 전자 레인지에 10초 정도 데우면 꽃이 피는데, 갈색 솜털을 펼친 모양이 됩니다.

*절화 데이터

유통 시기 : 연중
▷오스트레일리아산, 남아프리카산을 중심으로 유럽산도 유통됩니다. 제철은 10~11월입니다.

❋ 꽃 크기 1.5~5cm ❋ 유통 길이 40~80cm
❋ 관상 기간 10~14일 💧 물올림 ◎ ❋ 드라이 ○

꽃 드라이

안개꽃

꽃색 ●○

다른 타입

프티펄   클로즈업!

과	석죽과
속	대나물속
원산지	아시아·유럽
향기	○

미묘하게 변화하는 작은 명조연

가늘게 갈라진 줄기에 아주 작은 꽃이 무수히 붙습니다. 이름은 안개가 낀 듯한 모습에서 유래했습니다.

장미와의 콤비는 예전에는 꽃다발의 대명사였습니다. 현재 유통되는 주류는 베일스타(오른쪽) 등 길이가 길고 꽃송이가 큰 품종입니다. 꽃이 작고 반겹꽃형인 프티펄도 인기입니다. 봉오리는 꽃을 피우기 어려우니 개화한 것으로 구입해 연출하세요.

개화기	5~7월
영어명	Baby's breath
일반명	안개꽃
꽃말	맑은 마음·천진난만

* 절화 데이터

유통 시기 : 연중   ▷구마모토, 와카야마, 홋카이도산이 중심이며 수입산은 줄었습니다.

✽ 꽃 크기 0.3~1.5cm   ✽ 유통 길이 40~90cm
✽ 관상 기간 7~10일   ♠ 물올림 ○   ✽ 드라이 ○

▼ **꽃꽂이를 하기 전에**
줄기를 자릅니다. 선도 유지제가 효과적입니다.

* **생기가 없을 때**
줄기를 뜨거운 물에 담가 열탕처리합니다.

▼ **어드바이스**
주위 꽃에 베일을 씌우는 것처럼 사용하거나 작은 꽃을 가득 모아 안개꽃의 존재를 강조하기도 합니다. 독특한 향이 있으니 너무 많이 사용하지 않도록 합니다.

천일홍

꽃색 ●●●○●

과	비름과
속	천일홍속
원산지	열대아메리카
향기	—

아주 긴 관상 기간에 바래지 않는 색

관상 기간이 길고 말라도 색이 바래지 않는다고 해서 이름이 천일홍입니다. 열매처럼 둥근 모양과 핑크색, 붉은 자주색, 흰색 꽃이 작품의 악센트가 됩니다. 명절용 꽃으로도 중요하게 쓰이고 있습니다.

꽃이삭이 약간 긴 듯한 황화종의 스트로베리 필즈(왼쪽)와 불꽃놀이를 연상시키는 모양의 파이어 웍스도 유통됩니다.

다른 타입

클로즈업!   파이어 웍스

개화기	7~10월
영어명	Globe amaranth
일반명	천일홍
꽃말	변하지 않는 사랑·끝나지 않는 우정

* 절화 데이터

유통 시기 : 연중   ▷겨울까지는 유통되는 품종이 풍부합니다. 제철은 9~11월.

✽ 꽃 크기 2.5~4cm   ✽ 유통 길이 30~60cm
✽ 관상 기간 10~20일   ♠ 물올림 ○   ✽ 드라이 ○

▼ **꽃꽂이를 하기 전에**
가지가 갈라져 나온 부분을 피해 줄기를 잘라 얕은 물에 꽂습니다.

* **생기가 없을 때**
줄기를 뜨거운 물에 담가 열탕처리합니다.

▼ **어드바이스**
작은 그릇에 리드미컬하게 나누어 꽂아도 귀여운 느낌입니다. 모아서 장식하면 꽃의 색을 강조할 수 있습니다. 여름에는 줄기 자르기와 물갈이를 부지런히 해줍니다.

드라이 꽃

라이스 플라워

꽃색 ○

클로즈업!

핑크색 품종

과 국화과
속 오조담누스속
원산지 오스트레일리아
향기 ○

개화기 5~6월
영어명 Rice flower
일반명 라이스 플라워
꽃말 풍부한 결실

소박하고 내추럴한 작은 꽃

이름 그대로 꽃이 지름 1~2mm의 쌀알 정도 크기입니다. 잘게 분기된 줄기 끝에 광택이 있는 작은 꽃이 빽빽이 달립니다.

소박하고 자연스러운 분위기의 꽃은 오스트레일리아의 건조 지대에 자생합니다. 버석거리는 질감에 꽃이 피면 폭신폭신한 느낌입니다. 드라이플라워로 하려면 봉오리 상태에서 합니다.

꽃은 후두둑 떨어집니다.

▼ **꽃꽂이를 하기 전에**
구입할 때 꽃이 쌀알처럼 싱싱하게 붙어 있는 것으로 고릅니다. 줄기를 자릅니다.
＊**생기가 없을 때**
줄기를 자릅니다.

▼ **어드바이스**
알알이 열린 소박한 꽃은 서브 화재로 요긴하게 쓰입니다. 작품의 볼륨을 높이는 데도 활약합니다. 밀집해 있는 꽃 모양을 활용합니다.

＊ **절화 데이터**
유통 시기 : 2~12월 ▷국내산은 4~5월이 제철. 오스트레일리아산은 10월이 최성수기.
✽ 꽃의 집합 5~6cm   ✽ 유통 길이 50~60cm
✽ 관상 기간 7~10일   💧 물올림 ○   ✽ 드라이 ○

마리골드

꽃색 ○○◎

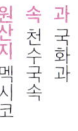
노란색 품종

클로즈업!

과 국화과
속 천수국속
원산지 멕시코
향기 ○

개화기 4~10월
영어명 Marigold
일반명 마리골드·매리골드
꽃말 용감한 사랑·가련한 애정

비타민 컬러의 캐주얼한 꽃

노란색과 오렌지색의 캐주얼한 꽃. 크게 정원에서 보는 길이가 짧은 프렌치종과 길이가 긴 절화용인 아프리칸종으로 나눕니다. 다양한 육종으로 종류가 풍부해졌습니다.

멕시코 원산으로 16세기에 스페인으로 넘어가 유럽과 아프리카에 전해졌습니다. 멕시코나 인도의 종교 행사에서 빼놓을 수 없는 꽃입니다.

▼ **꽃꽂이를 하기 전에**
줄기를 자릅니다. 꽃봉오리가 부러지기 쉬우니 주의해서 얕은 물에 꽂습니다.
＊**생기가 없을 때**
줄기를 뜨거운 물에 담가 열탕처리합니다.

▼ **어드바이스**
노란색과 오렌지색을 핑크색의 둥근 꽃과 함께 배치하면 젊고 발랄한 느낌이 듭니다. 작은 갈색 계열을 덧붙이면 캐주얼한 가을 색채가 연출됩니다.

＊ **절화 데이터**
유통 시기 : 연중 ▷제철은 5~6월과 9~10월. 국내산이 유통됩니다.
✽ 꽃 크기 3~10cm   ✽ 유통 길이 30~70cm
✽ 관상 기간 5~7일   💧 물올림 ○   ✽ 드라이 ○

하늘바라기

별명 헬리옵시스

꽃색 ●

클로즈업! / 봉오리

과	국화과
속	하늘바라기속
원산지	북아메리카
향기	—

여름의 건강한 노란색

해바라기를 줄여놓은 것 같은 소박한 꽃이며 여러 햇살이로 몇 송이씩 피는 스프레이형입니다.
해바라기와는 다른 종입니다.
튼튼해서 키우기 쉬우며 화단의 꽃으로 이용되어 왔습니다. 절화로는 아사히라는 겹꽃형 품종(왼쪽)만 유통됩니다. 더운 시기에도 수명이 긴 편입니다.

개화기	7~10월
영어명	Cucumberleaf sunflower
일반명	하늘바라기·애기해바라기
꽃말	동경·숭배

＊절화 데이터
유통 시기 : 7~10월
▷주로 노지 재배. 추분 전후까지 유통되며 7~9월이 제철.
❋ 꽃 크기 약 3cm　❋ 유통 길이 50~90cm
❋ 관상 기간 5~10일　💧 물올림 ○　❋ 드라이 ○

▼ 꽃꽂이를 하기 전에
잎을 제거하고 줄기를 자릅니다.
＊생기가 없을 때
꽃과 잎을 신문지로 감싼 후 줄기를 뜨거운 물에 5초 정도 담가 열탕처리합니다.

▼ 어드바이스
스프레이형이라 작게 나누어 작품이나 꽃다발의 서브 화재로 많이 쓰입니다. 파랑이나 보라 계열 작품에는 메인을 돋보이게 하는 포인트 컬러로 효과적입니다.

홍화

꽃색 ● ●

봉오리 / 클로즈업!

속	홍화속
원산지	지중해 연안·중앙아시아
향기	—

립스틱, 염료, 한방약에도 활용

줄기 끝에 엉겅퀴를 닮은 노란색 꽃을 피웁니다. 예전부터 립스틱 원료나 염료, 한방, 식용유 등 여러 가지에 이용되어 왔습니다. 꽃은 노란색에서 빨간색으로 점점 바뀝니다. 더위에 강하며 초여름 작품으로 요긴하게 사용됩니다. 보통 가시가 있는데 개량된 절화 품종에는 가시가 없습니다.

개화기	6~7월
영어명	Safflower
일반명	홍화
꽃말	치장·정열·포용력

＊절화 데이터
유통 시기 : 5~9월　▷주로 지바현, 오사카부, 야마가타현에서 출하되며 제철은 5~6월입니다.
❋ 꽃 크기 2~3cm　❋ 유통 길이 60~70cm
❋ 관상 기간 7~10일　💧 물올림 ○　❋ 드라이 ○

▼ 꽃꽂이를 하기 전에
피기 시작한 것으로 고릅니다. 줄기를 자릅니다.
＊생기가 없을 때
줄기를 뜨거운 물에 담가 열탕처리합니다.

▼ 어드바이스
한 종류로 꾸미는 게 어울리는 캐주얼한 꽃입니다. 나누어서 사용할 때는 다른 초화와 합해 따뜻한 색 계열의 작품으로 만듭니다.

드라이 꽃

아마란서스

별명 줄맨드라미

꽃색 ●●●●●

과	비름과
속	비름속
원산지	열대아메리카·열대아프리카
향기	—
개화기	7~11월
영어명	Amaranth · Love lies bleeding
일반명	아마란서스
꽃말	걱정할 필요 없음

따뜻함이 있는 독특한 자태의 꽃

와일드하고 모던한 분위기의 꽃으로 이름은 시들지 않는다는 의미의 그리스어(amaranthos)에서 유래했습니다. 꽃이삭을 늘어뜨리는 자태는 풍요로운 분위기도 느껴집니다. 여러 개의 꽃이삭이 모이고, 20~80cm의 끈 모양으로 늘어진 줄맨드라미와 포도송이 모양의 꽃이삭이 서 있는 것 같은 타입이 있습니다.

주로 식용으로 생산되며 영양가가 높은 것으로 알려진 곡물이 열립니다.

클로즈업!

다른 타입

붉은 줄맨드라미

▼ **꽃꽂이를 하기 전에**
잎을 제거하고 줄기를 자릅니다.
생기가 없을 때
꽃을 신문지로 감싼 후 줄기를 뜨거운 물에 5초 정도 담가 열탕처리합니다.

▼ **어드바이스**
작품에 따뜻함을 더하거나 내추럴한 색의 화재를 모아 세련되게 완성시킵니다. 끈 모양의 꽃은 장식 등의 큰 작품에 활용할 수 있습니다.

❋ **절화 데이터**
유통 시기 : 7~11월 ▷제철은 9~10월. 식용 생산이 주를 이루며 절화용은 소량 유통됩니다.
❋ 꽃이삭 10~60cm ❋ 유통 길이 50~120cm
❋ 관상 기간 10~15일 💧 물올림 △ ❋ 드라이 ○

스모크트리

별명 연기나무

꽃색 ●●●●●●

과	옻나무과
속	안개나무속
원산지	남유럽·아시아·아메리카
향기	—
개화기	6~8월
영어명	Smoke bush · Smoke tree
일반명	스모크트리·안개나무
꽃말	현명·활기찬 가정

다른 타입

붉은색 품종

클로즈업!

연기가 아른거리는 듯한 빛깔은 달콤함을 억제한 듯한 분위기

가지 하나를 추가하는 것만으로 어떤 작품이라도 달콤함을 억제한 듯한 성숙한 분위기로 마무리됩니다. 희미하게 보이는 것은 깃털 모양의 꽃잎들로 연기나 안개에 비유되어 연기나무, 안개나무라는 별명이 생겼습니다. 최근에는 자연스러운 녹색이 인기 있는데, 꽃이 없고 그린으로 유통되는 품종도 있습니다.

▼ **꽃꽂이를 하기 전에**
잎을 제거하고 가지를 자른 다음 단면에 칼집을 냅니다.
생기가 없을 때
가지를 자르고 칼집을 내 물에 담급니다.

▼ **어드바이스**
어떤 꽃과도 잘 어울리며 윤기가 있는 화려한 꽃. 임팩트가 있는 꽃을 안정적인 분위기로 완성해 줍니다. 특히 꽃 피는 시기가 같은 작약과 잘 어울립니다.

❋ **절화 데이터**
유통 시기 : 5~7월, 9~10월 ▷산지는 전국에 흩어져 있고 제철은 6월입니다. 여름에서 가을에 걸쳐 잎이 유통됩니다.
❋ 꽃의 집합 10~25cm ❋ 유통 길이 50~150cm
❋ 관상 기간 5~10일 💧 물올림 △ ❋ 드라이 ○

꽃 드라이

보리

꽃색 ──

별명 대맥

클로즈업!

과	벼과
속	대맥속
원산지	서남아시아
향기	—
개화기	4~6월
영어명	Barley · Wheat
일반명	보리
꽃말	번영 · 희망

파릇파릇한 자연스러움과 운치 만점의 이삭

이삭도 줄기도 모두 파릇파릇한 상쾌함으로 사랑을 받고 있습니다.

절화 품종은 식용으로도 쓰이는 육조대맥(여섯줄보리)이나 이조대맥(두줄보리)입니다. 이삭이 파릇파릇할 때 수확한 것이 유통됩니다. 내추럴한 작품에 쓰이는 인기 있는 화재로 최근 유통량이 증가했습니다.

곧게 위로 뻗은 이삭은 힘차고 강인합니다. 그대로 간단하게 드라이플라워로 할 수도 있습니다.

＊절화 데이터

유통 시기 : 10~4월
▷이즈반도산 등이 중심이며 제철은 2~3월입니다.
✼ 꽃이삭 5~10cm   ✼ 유통 길이 40~60cm
✼ 관상 기간 5~10일   ♦물올림 ○   ✼ 드라이 ○

▼ 꽃꽂이를 하기 전에
잎을 정리하고 줄기를 자릅니다.
＊생기가 없을 때
줄기를 자릅니다.

▼ 어드바이스
소량 추가하는 것만으로도 분위기가 달라집니다. 밝은 녹색의 이삭에는 주위의 꽃을 봄 분위기로 생생하게 보여주는 효과가 있습니다.

납작보리사초

꽃색 ──

별명 인디언귀리

클로즈업!

과	벼과
속	카스만티움속
원산지	북아메리카
향기	—
개화기	5~8월
영어명	Wild oats
일반명	납작보리사초
꽃말	소박함 · 솔직함

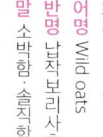

경쾌하게 흔들리는 녹색 이삭

연둣빛 꽃이삭을 가득 달고 휘어진 가냘픈 줄기에서 들녘의 정취가 느껴집니다.

그린 스케일(Green scale)이라는 이름은 녹색의 꽃이삭이 비늘처럼 보이는 데서 유래했습니다.

아주 얇은 꽃이삭은 미풍에도 살랑살랑 흔들려 시원한 느낌을 더해줍니다. 화합의 분위기도 지녀 서양풍으로도 연출할 수 있습니다.

＊절화 데이터

유통 시기 : 5~11월   ▷주로 시즈오카현산이 유통되며 6~7월이 제철입니다.
✼ 꽃이삭 약 2cm   ✼ 유통 길이 40~70cm
✼ 관상 기간 14일 이상   ♦물올림 ○   ✼ 드라이 ○

▼ 꽃꽂이를 하기 전에
줄기를 자릅니다. 줄기가 가늘어 부러지기 쉬우니 주의합니다.
＊생기가 없을 때
줄기를 자릅니다.

▼ 어드바이스
부드러운 줄기 라인이 자연스러운 분위기를 연출합니다. 짧게 사용해도 이삭의 움직임을 살릴 수 있습니다. 여름 작품에 시원한 느낌을 주는 귀중한 화재입니다.

드라이 꽃

조

꽃색
●
●

과	벼과
속	강아지풀속
원산지	동아시아
향기	—
개화기	7~9월
영어명	Foxtail millet·Bengal grass
일반명	조
꽃말	생명력·조화

클로즈업!

밝은 황록색에서 풍요로운 계절의 색까지

강아지풀에 가까운 벼과의 식물입니다. 쌀, 보리와 함께 오곡 중의 하나로 식용해 왔으며 이 작물의 꽃이 화재로 재배되고 있습니다.

화재는 산뜻한 황록색과 갈색으로 물든 것이 유통됩니다. 이삭은 짧게 서 있기도 하고, 가지가 축 늘어져 있기도 합니다. 위쪽의 잎은 짧게 잘라 가지런히 하는 경우도 있습니다.

▼ **꽃꽂이를 하기 전에**
잎을 정리하고 줄기를 자릅니다.
*생기가 없을 때
줄기를 뜨거운 물에 담가 열탕처리하거나 드라이플라워로 합니다.

▼ **어드바이스**
여린 녹색은 어떤 꽃의 색도 아름답게 보여주는 조화로운 색입니다. 갈색으로 쉽게 물들기 때문에 가을의 넉넉한 이미지를 빨리 묘사할 수 있습니다.

✽ **절화 데이터**
유통 시기 : 3~8월 ▷노지에서 재배한 것이 유통되고 주로 지바현산입니다. 제철은 6~7월.
✽ 꽃이삭 약 10cm　✽ 유통 길이 50~60cm
✽ 관상 기간 7일 전후　💧물올림 ○　✽ 드라이 ○

부들

꽃색
●

과	부들과
속	부들속
원산지	일본·중국
향기	—
개화기	7~9월
영어명	Reedmace·Bulrush
일반명	부들
꽃말	순종·솔직함

갈색 소시지 같은 유니크한 모양

가늘고 긴 소시지 같은 모양과 좁다란 잎의 라인이 특징. 꽃꽂이용으로 인기입니다.

꽃이삭은 부풀어 오른 갈색 부분이 암꽃으로, 단단하고 끝의 가는 부분이 수꽃입니다. 오래되면 꽃이삭에서 솜털이 나옵니다. 예로부터 꽃가루는 지혈이나 진통효과가 있다고 여겨졌으며 고전 작품에도 치유와 관련된 설화가 있습니다.

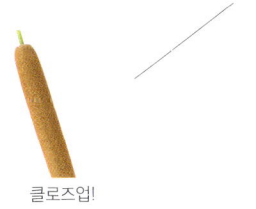
클로즈업!

▼ **꽃꽂이를 하기 전에**
잎 끝이 갈색이 되므로 비스듬히 자릅니다.
줄기를 자릅니다.
*생기가 없을 때
드라이플라워로 합니다.

▼ **어드바이스**
야성미가 있는 화재이니 심플하게 꽂습니다. 길이를 살려서 공간을 가득 채우듯 넓게 잎을 펼치기도 하고 꽃이삭만 가지류와 조합하기도 합니다.

✽ **절화 데이터**
유통 시기 : 6~8월
▷전국 각지에서 출하되며 제철은 7~8월입니다.
✽ 꽃이삭 10~15cm　✽ 유통 길이 80~120cm
✽ 관상 기간 10일 전후　💧물올림 ○　✽ 드라이 ○

세루리아

다른 타입
블러싱 브라이드

클로즈업!

꽃색 ○ ○ ◎

과 프로테아과
속 세루리아속
원산지 남아프리카
향기 —

개화기 4~6월
영어명 Blushing bride
일반명 세루리아·블러싱 브라이드
꽃말 아련한 사모

신부의 꽃으로 불리는 청초하면서 이국적인 꽃

약간 메마른 질감의 모습이 독특합니다. 남아프리카 원산이며 꽃잎으로 보이는 것은 포엽이고 가운데에 보풀이 일어난 듯한 부분이 꽃입니다. 청초하고 우아하면서 이국적인 분위기도 있습니다. 투명감 있는 포엽은 중심이 핑크색으로 물들어 가며 결혼식용으로도 인기 있는 꽃입니다.

❋ 절화 데이터
유통 시기 : 5~11월 ▷남아프리카산을 중심으로 남반구의 건조한 지역에서 생산된 것이 유통됩니다.
✿ 꽃 크기 5~7cm   ✿ 유통 길이 20~50cm
✿ 관상 기간 7~10일   ✿ 물올림 ○   ✿ 드라이 ○

▼ 꽃꽂이를 하기 전에
구입할 때는 포엽이 투명감 있는 것으로 고릅니다. 줄기를 자릅니다.
*생기가 없을 때
줄기를 자르고 깊은 물에 담급니다.

▼ 어드바이스
프로테아 등의 개성적인 꽃이나 실버 계열의 그린과 잘 어울립니다. 향기가 있는 유칼리와 배합해 꽃다발이나 스웨그를 만들어도 좋습니다. 무더위에 약합니다.

에키놉스

클로즈업!

꽃색 ● ●

과 국화과
속 에키놉스속
원산지 유럽·서아시아
향기 —

개화기 6~7월
영어명 Small globe thistle
일반명 에키놉스·러시아 공꽃
꽃말 홀로서기·권위

맑고 아름다운 청보라색 공

꽃도 잎도 엉겅퀴와 닮은 느낌입니다. 작은 꽃이 가득 모인 꽃은 동그란 공 모양입니다. 뾰족뾰족한 봉오리는 은색으로 단단하며 꽃이 개화하면 청보라색이 됩니다. 꽃은 위에서부터 아래로 차례차례 피고 줄기와 잎 뒷면에는 하얀 솜털이 있습니다.

가지가 갈라진 줄기 끝에 꽃이 여러 개 열려 개화한 것과 꽃봉오리를 동시에 즐길 수 있습니다.

❋ 절화 데이터
유통 시기 : 6~7월
▷나가노현산을 중심으로 전국 각지에서 출하됩니다.
✿ 꽃 크기 3~4cm   ✿ 유통 길이 50~80cm
✿ 관상 기간 7~10일   ✿ 물올림 ○   ✿ 드라이 ○

▼ 꽃꽂이를 하기 전에
잎을 정리하고 줄기를 자릅니다.
*생기가 없을 때
꽃과 잎을 신문지로 감싼 후 줄기를 뜨거운 물에 5초 정도 담가 열탕처리합니다.

▼ 어드바이스
쿨한 꽃이라 차가운 색 계열의 꽃과 잘 어울립니다. 반대색인 오렌지색이나 노란색과 연출하기도 하고, 모양이 다른 꽃과 연출하면 꽃의 모양을 강조할 수 있습니다.

드라이 꽃

캥거루포

꽃색
●●●●●●◎

과 지모과
속 캥거루발톱속
원산지 오스트레일리아
향기 —

개화기 4~6월
영어명 Kangaroo-paw
일반명 캥거루포
꽃말 불가사의·놀라움

벨벳의 질감, 개성적인 진한 색과 모양

꽃과 줄기에 솜털이 있으며 벨벳과 같은 질감입니다. 깔때기 모양의 꽃도 개성적입니다.

오스트레일리아의 야생화 중 하나로 캥거루의 앞발을 닮은 데서 이름이 유래했습니다.

1980년대에 주목을 받기 시작해 다채로운 색이 갖추어졌습니다. 많이 닮은 블랙 캥거루포는 다른 종입니다. 국내산도 소량 나옵니다.

다른 타입

클로즈업! | 봉오리 | 부시 다이아몬드

▼ **꽃꽂이를 하기 전에**
봉오리가 부풀어 오른 것으로 고릅니다.
줄기를 자르고 얕은 물에 꽂습니다.
＊**생기가 없을 때**
줄기를 뜨거운 물에 담가 열탕처리합니다.

▼ **어드바이스**
온기가 느껴지는 질감으로 가을에서 겨울에 활약합니다. 복잡하게 섞인 색조는 작품에 깊이를 더해줍니다. 꽃의 색에 따라 모던한 느낌으로도 연출할 수 있습니다.

＊**절화 데이터**
유통 시기 : 거의 연중 ▷오스트레일리아산 등이 중심이며 국내산도 소량 유통됩니다.
✻ 꽃 크기 2~4cm   ✻ 유통 길이 60~80cm
✻ 관상 기간 10일 전후   💧물올림 ○   ✻ 드라이 ○

크라스페디아

꽃색
●

과 국화과
속 크라스페디아속
원산지 오스트레일리아
향기 —

개화기 6~9월
영어명 Drum stick
일반명 크라스페디아·골든 스틱
꽃말 영원한 행복·마음의 문을 두드리다

뒷면 | 클로즈업!

노란색의 둥근 꽃은 독특한 화재의 대표

줄기 끝에 둥근 꽃이 하나 붙어 있는 유니크한 실루엣으로, 오스트레일리아 원산의 국화과 식물입니다. 꽃 크기는 2~3cm이고 표면에 단단한 작은 꽃이 모여 구형을 이루며 마치 조화 같은 느낌입니다.

꽃과 줄기로만 유통되는데, 줄기는 가늘고 단단하지만 탄력이 있어 곡선으로 만들 수도 있습니다. 여름 작품에 유용하게 쓰입니다.

▼ **꽃꽂이를 하기 전에**
줄기를 자릅니다.
＊**생기가 없을 때**
줄기를 자릅니다.

▼ **어드바이스**
꽃가루가 떨어질 수 있으므로 장식하는 장소에 주의합니다. 초화류와 장식하면 귀여운 느낌이 납니다. 청색이나 보라색 계열 작품의 악센트로도 효과적입니다.

＊**절화 데이터**
유통 시기 : 연중
▷오스트레일리아산을 중심으로 국내산도 유통합니다.
✻ 꽃 크기 2~3cm   ✻ 유통 길이 50~80cm
✻ 관상 기간 14일 이상   💧물올림 ○   ✻ 드라이 ○

꽃 드라이

페노코마

꽃색 ─○

클로즈업!

과	국화과
속	페노코마속
원산지	남아프리카
향기	—

광택이 나는 꽃잎과 독특한 모양의 잎

메마른 질감과 광택이 특징입니다. 잎과 가지는 야성미가 넘치지만 귀여운 표정의 꽃이 핍니다.

최근 수입이 늘어난 야생화의 한 종류입니다. 꽃잎으로 보이는 것은 포엽으로, 오톨도톨한 잎이 줄기를 보호해주듯이 붙어 있습니다. 형광색과 같은 꽃의 색은 드라이플라워로 만들어도 색이 바래지 않습니다. 오렌지색이나 노란색으로 염색한 것도 유통됩니다.

개화기	—
영어명	Cape strawflower
일반명	페노코마
꽃말	배려・지속하다

✳ 절화 데이터
유통 시기 : 연중
▷남아프리카산이 유통되며 제철은 10~11월입니다.
✳ 꽃 크기 2~3cm   ✳ 유통 길이 약 40cm
✳ 관상 기간 14일 이상   ◊ 물올림 ○   ✳ 드라이 ○

▼ 꽃꽂이를 하기 전에
잎을 제거하고 줄기를 자릅니다.
✳ 생기가 없을 때
줄기를 자릅니다.

▼ 어드바이스
꽃의 모양이 독특하고 귀염성이 있어서 한 종류로 장식해도 좋습니다. 얕은 물에 꽂거나 그대로 화기에 담아두기만 해도 드라이플라워가 됩니다.

신카르파

꽃색 ─○

클로즈업!

과	국화과
속	신카르파속
원산지	남아프리카
향기	—

드라이플라워가 되어도 윤기 나는 순백의 질감

금속적인 광택이 있는 순백의 꽃잎에 잎과 줄기는 은색. 다른 식물에는 없는 색상으로 사랑받고 있습니다.

남아프리카 원산의 야생화로 출하가 많이 되는 것은 '컵 블루맨'이라는 품종(오른쪽)입니다. 생화일 때부터 드라이플라워와 같은 질감으로 순백 그대로 오랫동안 즐길 수 있습니다.

개화기	—
영어명	Syncarpha
일반명	신카르파
꽃말	청정・간결함

✳ 절화 데이터
유통 시기 : 연중
▷남아프리카산이 유통되며 제철은 11~12월입니다.
✳ 꽃 크기 2~4cm   ✳ 유통 길이 20~40cm
✳ 관상 기간 14일 이상   ◊ 물올림 불필요   ✳ 드라이 ○

▼ 꽃꽂이를 하기 전에
줄기를 자릅니다.
✳ 생기가 없을 때
드라이플라워로 합니다.

▼ 어드바이스
드라이플라워에 가까운 상태이기 때문에 그대로 스웨그로 해도 좋습니다. 흰색은 크리스마스 장식에도 안성맞춤입니다.

드라이 꽃

드라이안도라

꽃색

과	프로테아과
속	드라이안도라속
원산지	오스트레일리아
향기	—
개화기	—
영어명	Dryandra
일반명	드라이안도라
꽃말	농후한 애정

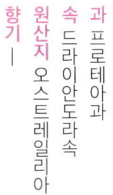

클로즈업!

옆면

꽃과 잎의 색 조합이 골드와 실버

오스트레일리아에서 자생하는 식물의 하나입니다. 이름은 스웨덴 식물학자인 요나스 드라이안더(Jonas Dryander)를 기념해 지었습니다.

많이 유통되는 품종은 포르모사(왼쪽)입니다. 꽃의 색은 황금색에 가깝고 광택이 나며 잎은 깊게 갈라져 있습니다. 질감은 단단해서 드라이플라워 같습니다.

▼ 꽃꽂이를 하기 전에
가지를 자릅니다.
＊생기가 없을 때
드라이플라워로 합니다.

▼ 어드바이스
메마른 질감을 살려 물 없는 빈 병에 한 송이를 꽂아 인테리어 플라워로 합니다. 그대로 매달아 장식해도 좋습니다.

＊절화 데이터
유통 시기 : 연중
▷오스트레일리아산이 유통되며 제철은 9~11월입니다.
❋ 꽃 크기 7~10cm　❋ 유통 길이 40~50cm
❋ 관상 기간 14일 이상　💧물올림 ○　❋ 드라이 ○

방크시아

꽃색

과	프로테아과
속	방크시아속
원산지	오스트레일리아・파푸아뉴기니
향기	—
개화기	7~9월
영어명	Banksia
일반명	방크시아
꽃말	기분 좋은 고독・용기 있는 사랑

남국의 분위기가 감도는 브러시 모양의 꽃

오스트레일리아 원산의 상록 관목입니다. 원통형의 꽃은 작은 꽃이 모인 것이며 각각의 꽃이 피고 암술이 말려 브러시 모양으로 보입니다. 원종은 70~80종으로 꽃의 색과 크기는 다양합니다. 잎의 앞뒤쪽 색이 다른 품종도 많이 있습니다. 빨간색이나 노란색으로 염색한 것과 드라이플라워도 유통됩니다.

다른 타입

코키네아

클로즈업!

▼ 꽃꽂이를 하기 전에
잎을 정리하고 가지를 자릅니다.
＊생기가 없을 때
가지를 자른 단면에 칼집을 냅니다.

▼ 어드바이스
다른 야생화와의 조합이 매우 좋습니다. 대륜화와 함께 개성적인 작품으로 좋습니다. 또는 작은 꽃과 묶은 스웨그로 드라이플라워를 해도 좋습니다.

＊절화 데이터
유통 시기 : 연중　▷오스트레일리아산을 중심으로 일부 국내산도 유통됩니다.
❋ 꽃 크기 8~20cm　❋ 유통 길이 30~60cm
❋ 관상 기간 14일 이상　💧물올림 ○　❋ 드라이 ○

꽃 드라이

라그라스

꽃색 —

클로즈업! 수술이 드러난 모양

과 벼과
속 라그라스속
원산지 지중해 연안
향기 —

개화기 6~7월
영어명 Hare's tail grass
일반명 라그라스·토끼꼬리풀
꽃말 감사

토끼 꼬리 같은 귀여운 꽃이삭

꽃이삭은 광택이 나는 담록색입니다. 양털처럼 부드러운 털로 덮여 있어 토끼꼬리풀이라는 귀여운 별명을 가진 초화류입니다.

꽃이나 잎하고는 다른 꽃이삭의 질감이 매력적입니다. 금방 마르는 잎을 제거하면 폭신폭신하고 귀여운 꽃이삭이 두드러집니다. 꽃이삭만 드라이플라워로 해도 좋습니다. 길이가 짧고 크기도 작지만 꽃은 튼튼합니다.

✽ 절화 데이터
유통 시기 : 12~6월
▷제철은 3~4월이며 주로 후쿠오카현산이 출하됩니다.
❋ 꽃이삭 2~3cm ❋ 유통 길이 20~50cm
❋ 관상 기간 14일 이상 💧물올림 △ ❋ 드라이 ○

▼ 꽃꽂이를 하기 전에
줄기를 자릅니다.
✽생기가 없을 때
꽃과 잎을 신문지로 감싼 후 줄기를 뜨거운 물에 5초 정도 담가 열탕처리합니다.

▼ 어드바이스
라이트 그린은 주위의 꽃이 화려하게 보이도록 해주는 색입니다. 질감이 부드럽고 어떤 꽃과도 잘 어울립니다. 내추럴한 디자인에 이용합니다.

팜파스그라스

꽃색 —

클로즈업!

속 코르타데리아속
원산지 남아메리카·뉴질랜드 등
향기 —

개화기 9~10월
영어명 Pampas grass
일반명 팜파스그라스
꽃말 웅대한 사랑·풍격

커다란 꽃 장식에 빛나는 광택 있는 꽃이삭

유난히 큰 깃털 같은 꽃이삭이 있습니다. 억새를 크게 키운 느낌의 벼과 식물로 2~3m나 자라며 정원에서도 인기입니다. 꽃이 피기 전에 꼬투리를 따서 꺼낸 꽃이삭은 아름다운 광택이 있고 이것이 절화로 유통됩니다.

암수 딴몸인 식물로 관상 가치가 높은 꽃이삭이 달린 것은 암나무뿐입니다.

✽ 절화 데이터
유통 시기 : 9~10월 ▷국내산이 유통되며 드라이플라워는 수입품이 유통됩니다.
❋ 꽃이삭 30~50cm ❋ 유통 길이 120~150cm
❋ 관상 기간 14일 이상 💧물올림 불필요 ❋ 드라이 ○

▼ 꽃꽂이를 하기 전에
줄기를 자릅니다.
✽생기가 없을 때
드라이플라워로 합니다.

▼ 어드바이스
다이내믹하게 연출하면 좋은 화재입니다. 길이가 길어 넓은 장소를 장식하는 꽃으로 이용합니다. 입식 꽃 장식에도 잘 어울리며 화려하게 연출할 수 있습니다.

기타 꽃

아티초크

꽃색 ●

- 과 국화과
- 속 카나라속
- 원산지 지중해 연안
- 향기 —
- 개화기 6~8월
- 영어명 Artichoke
- 일반명 아티초크
- 꽃말 경고・독자 행보

클로즈업! 뒷면

엉겅퀴를 닮은 야성미

꽃받침은 다육질이며 엉겅퀴를 닮은 보라색 꽃이 핍니다. 유난히 크고 야성미 넘치는 모습이 개성적입니다. 절화는 작은 것부터 큰 것까지 유통됩니다.

주로 노지 재배로 자란 것들이 유통되기 때문에 초여름이 제철입니다. 화재는 관상용으로 키우며 식용으로는 쓰지 않습니다.

▼ **꽃꽂이를 하기 전에**
잎을 제거하고 줄기를 자릅니다.
* **생기가 없을 때**
꽃을 신문지로 감싼 후 줄기를 뜨거운 물에 10초 정도 담가 열탕처리합니다.

▼ **어드바이스**
개성적인 다알리아나 남국풍의 안스리움 등과 잘 어울립니다. 커다란 꽃 장식에 사용하면 호화로운 느낌입니다. 자연스러운 정취가 풍기는 분위기를 살립니다.

✽ **절화 데이터**
유통 시기 : 5~9월 ▷대부분 국내산으로 노지 재배한 것이 소량 유통됩니다.
✽ 꽃 크기 10~15cm   ✽ 유통 길이 150~180cm
✽ 관상 기간 7일 전후   ♦ 물올림 ○   ✽ 드라이 ✕

산계초

꽃색(봉오리) ●

- 과 녹나무과
- 속 산계초속
- 원산지 대만・말레이시아
- 향기 —
- 개화기 3~4월
- 영어명 May chang
- 일반명 산계초
- 꽃말 많은 친구

클로즈업!

경쾌하고 상쾌한 작은 봉오리

초록색 느낌의 가지에 작은 꽃봉오리가 아로새기듯 피는 가지류입니다. 황록색의 풋풋한 색조와 리드미컬한 둥근 꽃봉오리가 봄의 정취를 물씬 풍깁니다.

유통이 많은 초봄에는 꽃이 피지 않고 꽃봉오리 상태로 유통됩니다. 꽃봉오리는 끝까지 가지에서 떨어지지 않습니다. 봄에는 옅은 노란색의 꽃이 핍니다.

▼ **꽃꽂이를 하기 전에**
가지를 자릅니다. 굵은 가지는 단면에 칼집을 내고, 가는 가지는 사선으로 자릅니다.
* **생기가 없을 때**
가지를 자른 다음 단면에 칼집을 냅니다.

▼ **어드바이스**
가지의 모양을 살려 이른 봄의 초화나 구근화와 장식합니다. 밝은 색의 꽃봉오리는 신년의 꽃으로도 알맞습니다. 장미와 함께 초봄의 분위기를 연출할 수 있습니다.

✽ **절화 데이터**
유통 시기 : 12~3월
▷연초부터 초봄에 걸쳐 유통량이 많으며 제철은 2월입니다.
✽ 꽃 크기 약 1cm   ✽ 유통 길이 50~180cm
✽ 관상 기간 14일 이상   ♦ 물올림 ○   ✽ 드라이 ✕

아이리스

꽃 | 기타

꽃색
- 🔴
- 🟠
- 🟡
- ⚪
- 🟣
- 🔵
- 🟤
- ⚫
- ◎

종류가 풍부해진 스타일리시한 꽃

몇 가지의 종류가 있는 아이리스 중에 절화로 유통되는 것은 네덜란드에서 개발한 더치 아이리스입니다. 야무진 꽃의 모양이 특징으로 하나의 줄기에 두 개의 꽃이 붙어 있습니다. 하나가 피었다 지면 다른 하나의 꽃이 핍니다.

컬러풀한 저먼 아이리스는 꽃의 색이 풍부해 '무지개 플라워'라고도 불리며 크고 화려합니다. 미국에서 육성된, 꽃잎이 두툼하고 튼튼하고 프린지가 강한 품종을 국내에서 생산하고 있습니다. 꽃은 오렌지색, 갈색, 보라색 등의 혼합색과 검정에 가까운 것도 있고 다양합니다. 한 줄기에 5~6송이가 핍니다.

그 외에는 스프리아 아이리스가 소량 유통됩니다.

뒷면 / 옆면

다른 타입

연한 색의 더치 아이리스

저먼 아이리스 바닐라 프라페

저먼 아이리스 스노클릭워즈

화려한 저먼 아이리스 빈티지 포트

과 붓꽃과
속 붓꽃속
원산지 지중해 연안·동아시아
향기 ○
개화기 4~5월
영어명 Iris
일반명 아이리스·서양붓꽃
꽃말 화해·희소식

✻ 절화 데이터

유통 시기 : 10~5월(저먼 아이리스는 5~6월)
▷더치 아이리스는 주로 국내산으로 제철은 3월과 12월입니다. 저먼 아이리스는 국내산으로 나가노현, 군마현에서 나옵니다. 6월이 제철.

✻ 꽃 크기 5~10cm ✻ 유통 길이 50~100cm
✻ 관상 기간 5~10일 💧 물올림 ◎ 드라이 ✕

▼ 꽃꽂이를 하기 전에

꽃잎이 섬세해 부러지기 쉬우니 구입할 때는 물들기 시작한 꽃봉오리 상태를 고릅니다. 줄기를 자릅니다.

✻ 생기가 없을 때
줄기를 자릅니다.

▼ 어드바이스

더치 아이리스는 개화 후 다 핀 첫 번째 꽃송이를 제거하면 두 번째 꽃송이가 예쁘게 핍니다. 저먼 아이리스는 종류에 따라 꽃 색의 미묘한 차이를 맛볼 수 있습니다. 심플하게 연출하고자 할 때는 이 꽃만 색깔별로 모아 꽂는 방법을 추천합니다. 꽃의 화려함이 돋보입니다.

기타 꽃

다른 타입

클로즈업!

흰색 품종

꽃색
○
●
●
◎

아가판서스

과	백합과
속	아가판서스속
원산지	남아프리카
향기	○
개화기	6~8월
영어명	아가판서스 Agapanthus · African lily
일반명	아가판서스 · 자주군자란
꽃말	사랑의 방문 · 사랑의 소식

푸른 구근화가 인기 높은 산뜻한 절화로

초여름 길거리에서 보는 구근화가 인기를 얻고 있습니다. 백합을 작게 만든 것 같은 꽃의 이름은 그리스어로 사랑(agape)과 꽃(anthos)이라는 의미입니다.

상쾌한 색의 꽃과 봉오리가 30~80개 붙어 방사형으로 피어납니다. 꽃이 오래가는 것은 절화용으로 개발된 비교적 새로운 품종입니다. 씨앗이 소량 유통됩니다.

▼ **꽃꽂이를 하기 전에**
줄기를 자릅니다. 꽃 아래쪽이 부러지기 쉬우니 조심스럽게 다룹니다.
* **생기가 없을 때**
줄기를 자릅니다.

▼ **어드바이스**
가볍게 흔들리는 귀여운 꽃의 표정을 살려보세요. 완만한 줄기의 라인을 살리면 작품에 생동감이 느껴집니다.

* **절화 데이터**
유통 시기 : 4~7월 ▷산지는 시즈오카현, 지바현, 니가타현, 후쿠시마현이 중심이며 제철은 6월입니다.
❋ 꽃의 집합 8~10cm   ❋ 유통 길이 60~80cm
❋ 관상 기간 7~10일   💧 물올림 ○   ❋ 드라이 ✕

꽃색
○
●
●
●
○

아킬레아

과	국화과
속	톱풀속
원산지	북반구의 온대지방
향기	—
개화기	5~9월
영어명	Yarrow
일반명	아킬레아
꽃말	싸움 · 용맹한 사람

흐드러지게 피는 사랑스러운 흰색

절화로 유통되는 것은 주로 안개꽃을 큰 송이로 모은 듯한 품종인 화이트스노(오른쪽)입니다. 가는 줄기에 드문드문 꽃이 달려 있고, 초화 같은 가련한 느낌입니다.

아킬레아는 북반구의 온대지방에 약 100종류가 있고 일본에서는 고산식물로 자생합니다. 작은 꽃이 밀집된 것, 드문드문 맺힌 것, 솜털이 덮인 것 등 여러 종류가 있습니다.

뒷면   클로즈업!

▼ **꽃꽂이를 하기 전에**
줄기를 자릅니다. 화이트스노는 줄기가 가늘어서 조심스럽게 다루어야 합니다.
* **생기가 없을 때**
줄기를 뜨거운 물에 담가 열탕처리합니다.

▼ **어드바이스**
주류 품종인 화이트스노는 사용하기 쉬운 스프레이형입니다. 안개꽃보다 볼륨과 존재감이 있으면서도 가련함을 연출합니다.

* **절화 데이터**
유통 시기 : 12~6월 ▷시설 재배로 출하되며 주산지는 나가사키현입니다. 제철은 4~6월.
❋ 꽃 크기 1~2cm   ❋ 유통 길이 30~60cm
❋ 관상 기간 7~10일   💧 물올림 ○   ❋ 드라이 ○

123

꽃 기타

아게라툼

꽃색 ●○●

다른 타입

자주색 품종

과 국화과
속 등골나물아재비속
원산지 열대아메리카
향기 —

개화기 5~11월
영어명 Floss flower
일반명 아게라툼
꽃말 신뢰·안락

클로즈업!

폭신폭신한 깃털처럼 부드러운 공

작은 공처럼 생긴 개성적인 꽃입니다. 가지가 갈라진 줄기 끝에 몇 개씩 뭉쳐 풍성하게 핍니다. 유통되는 꽃의 색은 주로 청색과 보라색이며 흰색과 핑크색은 극히 소량입니다. 작품에서는 꽃과 꽃의 연결 역할이나 색을 잘 살리고 싶을 때 요긴하게 쓰입니다.

* 절화 데이터

유통 시기 : 연중
▷ 전국 각지에서 출하되며 제철은 5~7월입니다.
❋ 꽃의 집합 약 3cm   ❋ 유통 길이 30~60cm
❋ 관상 기간 7~10일   ♦ 물올림 ○   ❋ 드라이 ○

▼ 꽃꽂이를 하기 전에
꽃봉오리는 탈수되기 쉬우므로 주의합니다. 잎을 정리하고 줄기를 자릅니다.
*생기가 없을 때
줄기를 뜨거운 물에 담가 열탕처리합니다.

▼ 어드바이스
엉겅퀴를 닮아 초화류와 연출하면 야성미를 엿볼 수 있습니다. 초화 같은 줄기의 라인을 의식해 디자인합니다.

엉겅퀴

꽃색 ●○

클로즈업!   봉오리

과 국화과
속 엉겅퀴속
원산지 북반구
향기 —

개화기 6~8월
영어명 Plumed thistle
일반명 엉겅퀴
꽃말 홀로서기·자주독립

산과 들에서 꺾은 듯 시골 정취가 넘치는 꽃

북반구에 다수 자생하며 스코틀랜드의 국화입니다. 야성미가 있는 잎이나 꽃받침과는 대조적으로 꽃은 매우 부드럽습니다. 여성이 메이크업에 사용하는 브러시와 비슷한 모양입니다.
일본의 자생종 중 하나인 들엉겅퀴가 품종 개량되어 독일 엉겅퀴라는 이름으로 유통되고 있습니다. 테라오카라는 품종이 연중 유통됩니다.

* 절화 데이터

유통 시기 : 연중
▷ 제철은 6~9월이며 국내산만 유통되고 있습니다.
❋ 꽃 크기 약 3cm   ❋ 유통 길이 50~70cm
❋ 관상 기간 5~7일   ♦ 물올림 △   ❋ 드라이 ×

▼ 꽃꽂이를 하기 전에
잎을 정리하고 줄기를 자릅니다.
*생기가 없을 때
꽃과 잎을 신문지로 감싼 후 줄기를 뜨거운 물에 5초 정도 담가 열탕처리합니다.

▼ 어드바이스
제철 초화와 함께 들꽃풍으로 표현합니다. 소박한 그린을 배합하면 시골 정취가 넘치는 작품이 됩니다. 잎의 가시에 주위 꽃이 상하지 않도록 주의합니다.

기타 꽃

아스클레피아스

꽃색
●
●
●

클로즈업!

화려한 색채가 매력인 비타민 컬러

초록 잎 사이 오렌지색과 노란색 작은 꽃의 신선하고 내추럴한 느낌이 매력적입니다. 배드민턴 셔틀콕 같은 모양의 꽃은 꽃잎이 젖혀지면서 피어 섬세하면서도 개성적입니다. 유통량은 많지 않지만 나가노현 등에서 고품질의 절화를 생산하고 있습니다.

뿌리와 잎에 지혈과 살충 효과가 있어 약초로 사용되었던 적도 있습니다.

과	박주가리과
속	아스클레피아스속
원산지	북아메리카・아프리카
향기	―
개화기	4~9월
영어명	Milkweed
일반명	아스클레피아스・금관화
꽃말	변심・건강한 몸

▼ **꽃꽂이를 하기 전에**
잎을 제거하고 줄기를 자릅니다. 단면에서 나온 하얀 유액은 씻어냅니다.
＊**생기가 없을 때**
줄기를 자르고 불로 태워 물에 담급니다.

▼ **어드바이스**
여러 종류의 화재를 혼합한 작품에 살짝 추가하면 선명한 색과 섬세한 꽃 모양이 효과를 발휘합니다. 악센트로서도 유용하게 쓰입니다.

＊**절화 데이터**
유통 시기 : 5~12월 ▷제철인 9~10월에 유통되는 나가노현산이 특히 품질이 좋습니다.
❋ 꽃의 집합 약 3cm   ❋ 유통 길이 50~80cm
❋ 관상 기간 5~7일   💧물올림 ○   ❋ 드라이 ✕

아스틸베

꽃색
●
●
○

로맨틱한 작은 꽃

폭신폭신한 작은 꽃들을 달고 있는 원추형의 꽃이삭이 부드럽고 모던한 분위기를 풍깁니다.

일본의 노루오줌 등 산야초가 뿌리인데 유럽에 건너가 품종이 개량되었습니다. 핑크 계열이 주류였다가 라벤더색, 물색, 에메랄드 그린 등 시원한 컬러의 염색화로 인해 용도가 넓어지고 있습니다.

과	범의귀과
속	노루오줌속
원산지	동아시아・북아메리카
향기	―
개화기	5~7월
영어명	Astilbe・Perennial spiraea
일반명	아스틸베・노루오줌
꽃말	사랑의 방문・자유

봉오리

클로즈업!

▼ **꽃꽂이를 하기 전에**
꽃 끝 부분까지 물이 올라간 것으로 고릅니다. 잎을 정리하고 줄기를 자릅니다.
＊**생기가 없을 때**
줄기를 뜨거운 물에 담가 열탕처리합니다.

▼ **어드바이스**
들꽃풍 작품에는 산야초처럼 소박한 흰색 계열을 추천합니다. 형광색 같은 선명한 핑크색이나 보라색 등의 품종은 모던한 분위기에 잘 어울립니다.

＊**절화 데이터**
유통 시기 : 거의 연중 ▷국내산은 연중 유통되지만 출하가 적은 가을에는 네덜란드산이 유통됩니다.
❋ 꽃이삭 30cm   ❋ 유통 길이 30~60cm
❋ 관상 기간 5~7일   💧물올림 △   ❋ 드라이 ✕

꽃 기타

아스터

꽃색 ●●●●○●

인기 급상승 대륜 타입, 매슈라벤더

클로즈업!

다른 타입

스테라톱 블루

보브 핑크

대륜형의 등장으로 인기 상승한 세련된 꽃

줄기가 분기되어 꽃이 잘 붙어 있고 작품과 꽃다발, 웨딩부케의 서브 화재로 다양하게 쓰이는 화재입니다. 꽃은 빨간색, 보라색, 핑크색, 흰색, 노란색 등 다채로운 색과 다양한 품종이 갖추어져 있습니다.

소륜형이었던 이 꽃은 최근 국외에서 대륜형이 도입되면서 인기가 급상승하고 있습니다. 살몬 핑크의 폼폰형과 긴 꽃잎이 구불거리는 라벤더색, 아름다운 그러데이션 등 몇 년 사이 세련된 색과 모양이 차례로 등장했습니다.

대륜 국화를 작게 줄인 듯한 화려함과 국화에는 없는 부드러운 줄기를 겸비한 데서 오는 존재감이 인기의 비결입니다. 유통은 연중 이루어지지만 대륜 계열은 5~11월로 한정됩니다.

개화기 6~9월
영어명 China aster · Annual aster
일반명 아스터 · 과꽃
꽃말 나를 믿어요 · 동감 · 추억

과 국화과
속 과꽃속
원산지 중국
향기 —

※ 절화 데이터
유통 시기 : 연중
▷ 전국 각지에서 출하되며 7~8월이 제철입니다.
❋ 꽃 크기 1~15cm　❋ 유통 길이 30~70cm
❋ 관상 기간 7일 전후
💧 물올림 ○　❋ 드라이 ✕

▼ 꽃꽂이를 하기 전에
습기에 약한 잎은 정리합니다. 꽃 목이나 줄기가 부러지기 쉬운 품종이므로 주의합니다. 줄기를 자릅니다.
＊생기가 없을 때
열탕처리합니다. 신문지로 감싼 후 줄기를 뜨거운 물에 5초 정도 담갔다가 물에 넣습니다. 줄기를 자른 다음 장식합니다.

▼ 어드바이스
자연스러운 느낌이 장점이자 특징이라 부드러운 인상의 화재와 잘 어울립니다. 소륜은 잘라서 나누어 꽃과 꽃 사이를 연결하는 역할로 요긴하게 사용합니다. 꽃받침이 커서 조금 제거하면 꽃이 선명해져 인상이 바뀝니다. 얕은 물에 장식하고 물갈이는 부지런히 해줍니다.

기타 꽃

아스트란티아

꽃색
●
○
●

과	산형과
속	아스트란티아속
원산지	유럽·서아시아
향기	○
개화기	5~9월
영어명	Masterwort
일반명	아스트란티아
꽃말	사랑의 갈증

클로즈업! 옆면

다른 타입

로마

드라이플라워로 알맞은 메마른 질감의 별 모양 꽃

초화다운 내추럴한 느낌이 특징입니다.

작은 알갱이 같은 꽃을 꽃잎 같은 포엽이 별 모양으로 에워쌉니다. 가장 많이 출하되는 품종인 마요르(왼쪽)는 녹색에 흰색을 불어넣은 듯한 색감입니다. 가냘픈 모양과 개성적인 색, 드라이플라워에 알맞은 건조한 질감이 인기입니다. 독특한 향기가 있으므로 과하게 사용하지 않도록 주의합니다.

▼ **꽃꽂이를 하기 전에**
물이 부족하기 쉬우니 잎을 제거하고 줄기를 자른 다음 깊은 물에 담급니다.
＊**생기가 없을 때**
줄기를 뜨거운 물에 담가 열탕처리합니다.

▼ **어드바이스**
뉘앙스컬러(채도가 낮은 중간색)의 꽃이라 다른 꽃과 조화가 잘되며 세련된 분위기에 어울립니다. 섬세한 모습을 내추럴한 꽃다발이나 작품에 활용합니다.

＊**절화 데이터**
유통 시기 : 연중 ▷국내산 유통은 5~6월. 케냐산 등이 수입 유통됩니다.
❋ 꽃 크기 약 2cm   ❋ 유통 길이 30~60cm
❋ 관상 기간 7~10일   💧 물올림 ○   ❋ 드라이 ○

알케밀라 몰리스

꽃색
●

과	장미과
속	알케밀라속
원산지	동유럽·소아시아
향기	-
개화기	5~6월
영어명	Lady's mantle
일반명	알케밀라 몰리스
꽃말	헌신적인 사랑

클로즈업!

꽃을 돋보이게 하는 섬세한 줄기

꽃은 아주 작고 피면 윤기와 청량감이 있는 노란색입니다. 줄기는 안개꽃처럼 섬세하게 갈라져 있고 부드럽습니다.

이 색과 모양이 주위의 꽃을 돋보이게 해 작품이 환하게 보이도록 해줍니다. 초여름이 제철이며 수입산을 포함하면 연중 유통됩니다. 많이 닮은 알케밀라 불가리스는 허브로 알려져 있습니다.

▼ **꽃꽂이를 하기 전에**
잎을 정리하고 줄기를 자릅니다.
＊**생기가 없을 때**
줄기를 뜨거운 물에 담가 열탕처리합니다.

▼ **어드바이스**
그린의 이미지로 사용하면 좋습니다. 줄기는 다루기 쉽고 튼튼하지만 무더우면 꽃이 검게 변하기 때문에 공간을 확보한 디자인에 이용합니다.

＊**절화 데이터**
유통 시기 : 연중 ▷초여름의 국내산이 주류입니다. 네덜란드산도 수입 유통됩니다.
❋ 꽃 크기 약 1cm   ❋ 유통 길이 약 30cm
❋ 관상 기간 7일 전후   💧 물올림 ○   ❋ 드라이 ×

꽃 기타

알리움

꽃색
○
●
●

작은 꽃이 모여 피는 개성적인 구근화

곧게 뻗은 줄기 끝에 공 모양 또는 방사상으로 피는 꽃이 개성적입니다. 작은 꽃이 차례차례 피어나 오래가는 훌륭한 구근화입니다.

순백의 작은 꽃을 아로새기는 사랑스러운 품종, 코와니(b)는 웨딩부케의 단골입니다. 줄기가 구부러지는 성질이 있습니다. 이와는 대조적으로 단단한 줄기가 뻗어 있는 품종은 기간테움(오른쪽, a)입니다. 유난히 큰 붉은 자주색의 꽃에는 무수히 많은 작은 꽃들이 둥글게 밀집해 있습니다. 한 송이가 다 피면 안쪽 봉오리가 다시 피기 시작해 지름이 15cm 이상 되기도 합니다.

알리움은 파에 가깝습니다. 둘(a, b) 다 줄기를 자르면 파와 같은 특유의 냄새가 나는데, 희미하게 바닐라 향이 나는 것이 블루 퍼퓸(c)입니다. 꽃이 다 피고 난 후 씨앗도 유통됩니다.

클로즈업!

과 백합과
속 부추속
원산지 북아메리카·유라시아·북아프리카
향기 ○

개화기 4~6월
영어명 Allium · Giant onion
일반명 알리움
꽃말 옳은 주장·번영

청초한 품종인 코와니. 작은 꽃이 방사상으로 펼쳐집니다.

다른 타입

붉은 자주색 품종

블루 퍼퓸

❋ **절화 데이터** *a.기간테움 b.코와니 c.블루 퍼퓸
유통 시기 : (a)4~6월, (b)12~7월, (c)2~3월
▷ 국내산이 종류가 풍부하게 유통되고, 수입품은 씨앗이 유통됩니다.
❋ 꽃 크기 (a)15~20cm, (b)8~9cm, (c)약 5cm
❋ 유통 길이 (a)90~100cm, (b)60~80cm, (c)30~45cm
❋ 관상 기간 (a)10~15일, (b)7~10일, (c)7일 전후
💧 물올림 ○ ❋ 드라이 ✕

▼ **꽃꽂이를 하기 전에**
줄기를 자릅니다. 줄기는 부패하기 쉬우니 얕은 물에 꽂습니다. 기간테움은 줄기의 단면에서 오렌지색의 유액이 나와 물을 탁하게 하므로 씻어냅니다.
＊생기가 없을 때
줄기를 자릅니다.

▼ **어드바이스**
둥근 꽃은 줄기를 보이게 꽂으면 꽃 주위에 공간이 생겨 모양이 선명해집니다. 코와니는 꽃과 꽃 사이를 메우는 꽃으로도 좋습니다. 또는 휘어지는 줄기 라인을 살려 내추럴하게 장식합니다. 어떤 품종이라도 모두 부지런히 물을 갈아주어야 합니다. 이때 줄기도 씻어줍니다.

기타 꽃

알스트로메리아

꽃색
●
●
●
○
◎
●
◎

클로즈업!

꽃가루가 나오지 않는 플로링카 시리즈의 브라이즈 메이드

다른 타입

리그투(원종)

아약스

그린 플래닛

색이 화려한 소륜의 별명은 '잉카의 백합'

화려한 꽃이 사방으로 피어납니다. 남아메리카 원산으로 원종은 60종 정도입니다. 백합과 비슷해 '잉카의 백합'이라고 불리기도 합니다.

백합과와 석산과 양쪽의 성질을 가진 알스트로메리아과로 분류됩니다.

화려함과 물올림이 좋은 점, 꽃이 오래가는 점 등의 이유로 1970년대에 인기를 얻었습니다. 꽃에는 독특한 반점이 있는데 최근 반점이 없는 품종이 많아지고 있습니다.

그 외에 몇 종류의 원종도 소량 유통됩니다. 그 중 하나인 리그투를 개량한 소륜은 꽃잎이 광택이 나는 인기 많은 타입입니다. 소륜으로 꽃가루가 없고 꽃이 오래가는 플로링카 시리즈는 사용하기 쉬워 주목을 받는 종입니다.

과	알스트로메리아과
속	알스트로메리아 속
원산지	남아메리카
향기	○(일부)
개화기	3~6월
영어명	Lily of the Incas
일반명	알스트로메리아
꽃말	행복·느긋함

▼ 꽃꽂이를 하기 전에
꽃잎을 더럽히는 꽃가루, 변색하기 쉬운 잎은 제거하고 줄기를 자릅니다. 꽃 목이 부러지기 쉬우니 주의합니다.

＊생기가 없을 때
줄기를 자릅니다.

▼ 어드바이스
낮은 작품에 잘라서 나누어 사용하면 양감이 생깁니다. 꽃봉오리를 꽃과 꽃 사이에 꽂아 움직임이 있는 디자인으로 합니다. 꽃이 흩어져 피니 가장 좋다고 생각하는 꽃을 메인으로 선택합니다. 시든 꽃잎 등 찌꺼기를 제거하면 꽃봉오리가 잘 핍니다.

＊ 절화 데이터
유통 시기 : 연중
▷아이치현, 나가노현, 야마가타현, 홋카이도를 중심으로 국내산이 주로 유통됩니다. 콜롬비아산도 수입 유통됩니다.

❋ 꽃 크기 2~10cm ❋ 유통 길이 50~90cm
❋ 관상 기간 7~14일
💧 물올림 ○   ❋ 드라이 ✕

129

안스리움

꽃 | 기타

꽃색
- ●(빨강)
- ●(분홍)
- ●(주황)
- ●(노랑)
- ○(흰색)
- ●(보라)
- ●(연두)
- ●(초록)
- ●(갈색)
- ◎(기타)

생명력이 뛰어난 남국풍의 하트 모양 꽃

트로피컬한 느낌이 드는 개성적인 꽃. 강한 임팩트와 생명력으로 사랑을 받고 있습니다. 하트형의 에나멜 같은 부분은 불염포이고 가운데의 꼬리처럼 가늘고 긴 부분이 꽃의 집합으로 '육수화서'라고 합니다.

1950년대에 아메리카에서 전해져 꽃꽂이 분야에서 유행하며 정착했습니다. 이전에는 주로 하와이산이었지만 현재는 대만산과 소량의 국내산이 유통됩니다.

꽃 크기가 30cm나 되는 거대한 것부터 '튤립 안스리움'이라고 불리는 작은 타입까지 다양합니다. 꽃의 색은 남국 분위기가 물씬 나는 빨간색 외에 파스텔계, 녹색, 갈색, 혼합색 등 디자인에 맞춰서 고를 수 있습니다. 잎도 하트 모양으로 꽃과는 별도의 화재로 유통됩니다.

과 천남성과
속 안스리움속
원산지 열대아메리카
향기 —
개화기 5~10월
영어명 Flamingo flower
일반명 안스리움 · 홍학꽃
꽃말 정열 · 강렬한 인상

클로즈업! / 뒷면

다른 타입

녹색 품종

혼합색 품종

적흑색 품종

꽃차례와 포엽의 색이 같은 계열인 작은 타입

❋ 절화 데이터

유통 시기 : 연중
▷대만산이 중심이며 모리셔스 등에서도 수입합니다. 일부 국내산도 있습니다.

❋ 꽃 크기 7~30cm ❋ 유통 길이 30·60cm
❋ 관상 기간 14일 이상
💧 물올림 ◎   ❋ 드라이 ✕

▼ 꽃꽂이를 하기 전에
신선하고 포엽에 윤기가 있는 것으로 고릅니다. 줄기를 자릅니다.
＊생기가 없을 때
줄기를 자릅니다.

▼ 어드바이스
비슷한 다육질의 화재나 그린을 배합해 트로피컬 모던풍으로 합니다. 주위의 꽃과 높이를 바꾸어 장식하면 유니크한 형태가 뚜렷해집니다. 이 꽃의 윤기 나는 아름다움을 강조하고 싶을 때는 질감이 다른 꽃을 배합하면 좋습니다.

기타 꽃

익시아

클로즈업!

다른 타입
아쿠아 마린

과	붓꽃과
속	익시아속
원산지	남아프리카
향기	—

개화기	4~5월
영어명	African corn lily · Corn lily
일반명	익시아
꽃말	자랑스러움 · 단결

꽃색 ●●●○●●◎

가냘픈 줄기에 활짝 피는 꽃

철사처럼 단단한 줄기에 많은 꽃봉오리가 겹쳐 맺힙니다. 자생지에서는 옥수수밭에서 피어 영어명이 콘 릴리입니다.
　희미한 바람에도 흔들리는 청초한 느낌과 더불어 꽃이 차례로 피면 화려함도 보여줍니다. 맑은 물색이 아름다운 품종 아쿠아 마린은 흔치 않은 색과 놀라울 정도로 만개하는 꽃이 시선을 끌어모읍니다.

▼ **꽃꽂이를 하기 전에**
잎을 제거하고 줄기를 자릅니다.
＊**생기가 없을 때**
줄기를 자릅니다.

▼ **어드바이스**
가냘픈 줄기에 가볍게 꽃을 더해주면 작품에 확장성이 생깁니다. 줄기를 비스듬히 꽂아 늘어져 피는 우아한 표정을 살려도 좋습니다.

＊**절화 데이터**
유통 시기 : 2~5월　▷제철은 3~4월이며 중국으로 수출하고 있습니다.
❋ 꽃 크기 약 2cm　❋ 유통 길이 30~50cm
❋ 관상 기간 5~7일　💧 물올림 ○　❋ 드라이 ✕

이브닝스타

과	용담과
속	쓴풀속
원산지	일본 · 한국 · 중국
향기	—

개화기	8~11월
영어명	Swertia pseudochinensis
일반명	이브닝스타 · 지주쓴풀
꽃말	인내 · 여유

꽃색 ○●●

가을 바람을 전하는 듯한 시원한 청보라색

보라색 꽃은 일본에서 자생하는 생약인 쓴풀의 근연종으로 자주쓴풀입니다. 절화는 그 꽃 형태를 딴 이름으로 유통됩니다. 줄기가 갈라져 있어서 소분하면 쓰기 편하고 볼륨을 더하는 데도 편리합니다. 유통량은 많지 않지만 차분한 가을의 운치를 전해주는 귀중한 꽃입니다.

다른 타입

흰색 품종

클로즈업!

▼ **꽃꽂이를 하기 전에**
물이 부족하기 쉬우니 되도록 잎을 제거하고 줄기를 자릅니다.
＊**생기가 없을 때**
줄기를 뜨거운 물에 담가 열탕처리합니다.

▼ **어드바이스**
일본풍 화재와 잘 어울리며 화려한 장미나 다알리아와 조합해 가을 분위기를 내도 좋습니다. 부지런히 가지자르기를 하고 물을 갈아주면 봉오리도 꽃을 피웁니다.

＊**절화 데이터**
유통 시기 : 9~10월
▷나가노현 등에서 소량 출하되며 제철은 10월입니다.
❋ 꽃 크기 약 2cm　❋ 유통 길이 40~70cm
❋ 관상 기간 10~15일　💧 물올림 ○　❋ 드라이 ✕

이베리스

꽃색 —

별명 캔디터프트

속 서양말냉이속
원산지 남유럽·서아시아·북아프리카
향기 ○ (일부)

클로즈업!

봉오리

개화기 4~6월
영어명 Candytuft
일반명 이베리스
꽃말 마음을 사로잡다

작은 사탕을 모아놓은 것 같은 달콤한 향기

 귀여운 꽃들이 모인 줄기의 표정이 풍부합니다. 이름은 자생지인 스페인의 옛 이름 이베리아에서 유래했습니다. 한 송이는 꽃잎이 4장이고, 바깥쪽 2장이 크고 독특한 모양입니다. 달콤하고 향기로운 사탕을 모아놓은 것 같아 별명이 캔디터프트(candytuft)입니다. 꽃의 길이가 긴 핑크색이나 빨간색도 있습니다.

❋ **절화 데이터**
유통 시기 : 3~5월
▷국내산이 이른 봄부터 유통되고 4~5월이 제철입니다.
❋ 꽃의 집합 3~4cm ❋ 유통 길이 40~60cm
❋ 관상 기간 7일 전후 💧물올림 ○ ❋ 드라이 ✕

▼ **꽃꽂이를 하기 전에**
줄기를 자릅니다. 줄기를 곧게 하고 싶을 때는 신문지로 싸서 깊은 물에 담급니다.
❋ **생기가 없을 때**
줄기를 자릅니다.

▼ **어드바이스**
줄기의 라인을 잘 살리면 내추럴한 작품이 됩니다. 많은 초화류와 함께 장식할 때는 줄기를 조금 길게 사용하는 것만으로도 꽃이 훨씬 돋보입니다.

애크메아

꽃색 —

과 파인애플과
속 애크메아속
원산지 열대아메리카
향기 —

클로즈업!

개화기 5~10월
영어명 Aechmea
일반명 애크메아
꽃말 타인을 생각하는 마음

꽃이 오래가고 윤기 나는 열대풍의 컬러

 붉은 줄기에 핀 오렌지색, 보라색 등 선명한 색의 꽃이 눈길을 끕니다. 원종은 열대아메리카로 약 180종이 있습니다. 관엽 식물로 친숙하고 포엽이 아름다운 품종이 많아서 절화의 유통이 증가하고 있습니다.
 특히 더울 때 꽃이 오래가기 때문에 여름 작품에 요긴하게 쓰입니다. 잎은 사용하지 않고 꽃만 유통됩니다.

❋ **절화 데이터**
유통 시기 : 연중 ▷필리핀산이 나오며 연중 일정량이 유통됩니다.
❋ 꽃이삭 5~10cm ❋ 유통 길이 30~45cm
❋ 관상 기간 14일 이상 💧물올림 ○ ❋ 드라이 ✕

▼ **꽃꽂이를 하기 전에**
줄기를 자릅니다.
❋ **생기가 없을 때**
줄기를 자릅니다.

▼ **어드바이스**
한 줄기 배합하기만 해도 열대풍 분위기를 낼 수 있습니다. 생명력이 좋은 그린과 함께 배치해 부지런히 물을 갈아주면 여름 동안에도 오래 즐길 수 있습니다.

기타 꽃

에피덴드룸

클로즈업!

꽃색
—
●
●
●
○
●
◎

과 | 난초과
속 | 에피덴드룸속
원산지 | 중앙·남아메리카
향기 | —

개화기 | 4~6월
영어명 | Epidendrum orchid
일반명 | 에피덴드룸
꽃말 | 판단력·속삭임

초화와 같은 경쾌함에 감도는 난의 화려함

난으로는 드물게 가늘고 직선적인 줄기 끝에 작은 꽃이 반구형으로 핍니다. 야생종은 줄기가 매우 길어 1m 이상 되는 것도 있습니다. 꽃이 오래가고 절화에서도 봉오리가 퇴색하지 않는 것이 특징입니다. 선명한 오렌지 색이 주류를 이루는데 꽃이 커지면서 다양한 색이 등장하고 있습니다.

▼ 꽃꽂이를 하기 전에
줄기를 자르고 얕은 물에 담급니다.
*생기가 없을 때
줄기를 자릅니다.

▼ 어드바이스
꽃이 모여 있고 줄기가 길어서 초화처럼 사용할 수 있습니다. 난다운 화려함도 있습니다. 잎이 아래쪽에 붙어 있어 꽃과 잘 라내 사용하면 간격이 벌어지지 않습니다.

＊절화 데이터
유통 시기 : 12~6월 ▷국내산이며 2~3월이 제철입니다. 절화의 유통량이 서서히 증가하고 있습니다.
❋ 꽃 크기 2~4cm   ❋ 유통 길이 30~70cm
❋ 관상 기간 14일 이상   💧물올림 ○   ❋ 드라이 ×

에리카

꽃색
—
●
○

과 | 진달래과
속 | 에리카속
원산지 | 아프리카·유럽
향기 | —

개화기 | 품종에 따라 다름
영어명 | Heath
일반명 | 에리카·히스
꽃말 | 고독

가지 가득 늘어진 벨 모양의 작은 꽃송이

하나의 가지에 작은 꽃이 빽빽하게 붙어 있어 활기가 넘칩니다. 원통형, 구형 등 꽃의 모양과 색도 각양각색입니다. 품종에 따라 개화기가 달라 다양하게 즐길 수 있어 정원에서 인기가 좋습니다.

절화는 주로 수술의 꽃밥이 검은 자노메에리카가 유통됩니다. 대부분 수입이라 희소성과 신선도에서 국내산의 우수성이 호평을 받고 있습니다.

클로즈업!

▼ 꽃꽂이를 하기 전에
잎을 정리하고 가지를 자릅니다. 건조하면 잎이 떨어지므로 주의합니다.
*생기가 없을 때
가지를 자르고 칼집을 냅니다.

▼ 어드바이스
작은 꽃이 많이 붙어 있어 가지 하나를 더하면 아주 화려해집니다. 초화와는 다른 운치가 있습니다. 화분에서 잘라 사용하면 꽃이 신선하고 오래갑니다.

＊절화 데이터
유통 시기 : 2~10월 ▷대부분 남아프리카산으로 국내산은 소량 유통됩니다.
❋ 꽃 크기 1~2cm   ❋ 유통 길이 40~60cm
❋ 관상 기간 7~10일   💧물올림 ○   ❋ 드라이 ○

꽃 기타

에레무르스

꽃색
—
●
●
●
○

과 백합과
속 에레무르스속
원산지 중앙아시아
향기 ○

클로즈업!

오랫동안 감상할 수 있는 무수한 작은 꽃들

노란색의 긴 꽃이삭에는 작은 별 모양의 꽃이 셀 수 없을 만큼 밀집해 밑에서부터 차례차례 천천히 핍니다. 10일 정도 즐길 수 있습니다.

뜰에서 핀 꽃이삭은 곧지만 절화는 유통 중에 구부러지므로 작품에서는 움직임을 살립니다. 볼륨 가득한 꽃은 추위와 건조한 환경에 강하고 튼튼합니다.

개화기 5~7월
영어명 Desert candle
일반명 에레무르스
꽃말 큰 희망·높은 이상

✳ 절화 데이터

유통 시기 : 5~7월
▷나가노현, 후쿠시마현 등에서 노지 재배산이 출하됩니다.
✽ 꽃이삭 30~60cm   ✽ 유통 길이 60~120cm
✽ 관상 기간 10일 전후   💧물올림 ○   ✽ 드라이 ✕

▼ 꽃꽂이를 하기 전에
줄기를 자릅니다.
✽생기가 없을 때
줄기를 자릅니다.

▼ 어드바이스
꽃이삭과 길이가 길어 세로로 긴 다이내믹한 디자인에 알맞습니다. 시간이 지나면 길이를 조정합니다. 노란색이나 갈색 계열의 해바라기와 조합해도 좋습니다.

완두

꽃색
—
○
◎

속 완두콩속
원산지 중앙아시아·북아프리카~서아시아
향기 —

열매

클로즈업!

채소 꽃이 싱싱한 절화로

최근 몇 년 사이 초봄부터 봄을 대표하는 화재의 하나입니다. 식용으로 쓰는 완두가 30~40cm의 화재로 유통됩니다. 밝은색 잎, 탄력 있는 줄기, 구불구불한 덩굴손이 붙어서 생명력이 넘쳐납니다.

신선한 그린 화재 같은 모습에 스위트피 같은 가련한 꽃이 피고, 꽃이 진 후에는 귀여운 열매가 열립니다.

개화기 3~4월
영어명 Pea
일반명 완두
꽃말 반드시 오는 행복·약속

✳ 절화 데이터

유통 시기 : 12~3월   ▷제철은 1~3월. 인기가 높아 유통량이 증가하고 있습니다.
✽ 꽃 크기 2~3cm   ✽ 유통 길이 30~40cm
✽ 관상 기간 5일 전후   💧물올림 ○   ✽ 드라이 ✕

▼ 꽃꽂이를 하기 전에
잎이 신선한 것으로 골라 줄기를 자릅니다.
✽생기가 없을 때
꽃과 잎을 신문지로 감싼 후 줄기를 뜨거운 물에 5초 정도 담가 열탕처리합니다.

▼ 어드바이스
꽃의 귀여움, 잎과 덩굴손의 움직임을 살립니다. 잎의 색깔이 작품을 밝게 하는 효과가 있습니다. 덩굴손은 부러지기 쉬우니 주의해서 다룹니다.

기타 꽃

오니소갈룸

꽃색 ●●○

생명력이 넘치는 하얀 별 모양의 구근화

꽃이 오래가고 청초한 이미지가 특징입니다. 활짝 핀 꽃을 제때에 제거하면 봉오리 끝까지 꽃이 핍니다. 꽃이 천천히 피프로 용도에 따라 미리 구입해서 개화시켜 놓습니다.

원종은 약 100여 종입니다. 주로 출하되는 품종은 티르소이데스(왼쪽), 사운데르시에, 두비움 등의 원종과 이들의 원예종입니다.

수입 절화 붐이 있었던 1980년대 후반부터 유통되기 시작했고 순백의 티르소이데스는 혼례용으로 유용하게 쓰여 왔습니다. 사운데르시에는 암녹색 꽃술이 악센트입니다. 대만에서 수입되어 유통량이 증가하고 가격도 적당해졌습니다. 오렌지색의 두비움은 어머니날 즈음 많이 유통되어 선물로 인기입니다.

봉오리 / 꽃 / 클로즈업!

다른 타입
사운데르시에
두비움

원종에는 없는 섬세함이 특징인 원예 품종 피라미달

과 백합과
속 오니소갈룸속
원산지 유럽·남서아시아·남아프리카
향기 —

개화기 4~5월
영어명 Star of Bethlehem
일반명 오니소갈룸
꽃말 재능·순수

▼ 꽃꽂이를 하기 전에
줄기를 자릅니다.
*생기가 없을 때
줄기를 자릅니다.

▼ 어드바이스
티르소이데스는 신쾌한 흰색과 그린의 작품에, 사운데르시에는 약간 야성미를 풍기는 표정이 작품의 악센트가 됩니다. 밝은 오렌지색의 두비움은 비타민 컬러의 화재를 혼합한 작품이나 꽃다발로 추천합니다.

✽ 절화 데이터
유통 시기 : 연중(품종에 따라 다름)
▷이스라엘산, 대만산 등의 수입품과 국내산 양쪽 다 유통됩니다.

✽ 꽃 크기 2~3cm   ✽ 유통 길이 20~100cm
✽ 관상 기간 14일 이상
💧 물올림 ◎   ✽ 드라이 ✕

꽃 기타

온시디움

꽃색
—
●
●
●
●
○
●
◎

작은 꽃잎이 흔들리는 우아한 난

유연한 줄기에 하늘하늘 흩날리는 듯한 작은 꽃을 매단 우아한 난입니다.

주류는 선명한 노란색의 얼룩무늬 품종으로 축하 꽃다발이나 장식 등에 많이 사용됩니다. 그 밖에 얼룩이 없는 것, 갈색과 빨간색이 섞인 세련되고 복잡한 색 품종이 다양하게 유통되고 있습니다. 초콜릿이나 사탕처럼 달콤한 향기를 가진 종류도 있습니다.

가지가 복잡하게 갈라져 많은 꽃을 피우는 본래의 화려한 품종부터 길이가 짧아 사용이 편리한 것까지 최근에는 용도에 맞춰 선택할 수 있게 되었습니다.

영어명인 댄싱 레이디 오키드는 꽃이 스커트를 펼치고 춤추는 여성과 닮은 데서 유래했습니다.

클로즈업! / 봉오리

다른 타입

무늬가 복잡한 품종

혼합색 품종

인기 품종인 샤리 베이비. 꽃의 색과 향이 초콜릿 같습니다.

과 난초과
속 온시디움속
원산지 중앙아메리카·남아메리카
향기 ○(일부)

개화기 9~10월
영어명 Dancing lady orchid
일반명 온디시움·작란
꽃말 가련함·청초함·신비한 사랑

✱ 절화 데이터

유통 시기 : 연중
▷국내산과 대만산이 계속 출하됩니다. 제철은 9~12월.

✿ 꽃 크기 1~3cm　　✿ 유통 길이 20~100cm(대륜)
✿ 관상 기간 7~14일　💧물올림 ○　✿ 드라이 ✕

▼ 꽃꽂이를 하기 전에

꽃이 아래쪽부터 피므로 아래쪽 꽃에 탄력과 광택이 있는 것으로 고르면 신선합니다. 줄기를 자릅니다.

✱생기가 없을 때
줄기를 자릅니다.

▼ 어드바이스

꽃과 꽃 사이를 잇기니 작품에 움직임을 연출하기도 합니다. 나긋나긋한 줄기에 피는 소륜은 다양하게 이용할 수 있습니다. 줄기가 긴 것은 부드러운 라인을 살려 대담하게 일종꽃이를 해도 멋집니다. 에어컨을 사용하는 방은 건조하니 분무기로 하루에 한 번 정도 수분을 보충합니다.

기타 꽃

매발톱꽃

꽃색 ——

과	미나리아재비과
속	매발톱속
원산지	북아메리카·유라시아
향기	—
개화기	5~6월
영어명	Columbine
일반명	매발톱꽃
꽃말	그리운 연인

다른 타입

클로즈업!   옆면   겹꽃형 품종

컬러풀하고 화사한 꽃들과 섬세한 줄기가 특징

가는 줄기에 화사한 꽃을 피우는 사랑스러운 초화입니다. 가운데 통모양의 꽃을 꽃받침이 둘러싸고 뒤쪽으로 뿔처럼 뻗친 모습이 독특합니다.

절화는 유럽과 북아메리카 원산의 교배종으로 서양매발톱이라 불리는 품종입니다. 꽃의 색이 풍부하고 교잡이 쉬워 겹꽃형뿐만 아니라 다양한 품종이 있습니다.

▼ **꽃꽂이를 하기 전에**
잎을 정리하고 줄기를 자릅니다.
* **생기가 없을 때**
꽃과 잎을 신문지로 감싼 후 줄기를 뜨거운 물에 5초 정도 담가 열탕처리합니다.

▼ **어드바이스**
가는 줄기에 고개를 숙이고 피는 꽃이므로 가련함과 섬세함을 표현하고 싶을 때 추천. 물이 부족하기 쉬우니 오래 지속하려면 길이를 짧게 합니다.

* **절화 데이터**
유통 시기 : 3~6월 ▷노지 재배와 시설 재배 모두 유통됩니다. 제철은 5~6월.
❋ 꽃 크기 2~4cm　❋ 유통 길이 20~50cm
❋ 관상 기간 3~5일　💧물올림 ○　❋ 드라이 ✕

꽃범의꼬리

꽃색 ——

과	꿀풀과
속	꽃범의꼬리속
원산지	북아메리카
향기	—
개화기	7~10월
영어명	Obedient plant
일반명	꽃범의꼬리
꽃말	소망의 성취·희망

더운 시기에 활용하는 시원한 꽃이삭

이삭이 산뜻하게 피는 꽃입니다. 북아메리카 원산으로 꽃이 적은 한여름부터 초가을에 걸쳐 피며 출하되는 것은 대부분 원종입니다.

일본 이름은 '각진 호랑이 꼬리'라는 의미인데, 사각인 줄기의 단면과 꽃 모양에서 유래했습니다. 꽃이삭을 호랑이의 꼬리에 빗댄 꽃 이름이 많은데, 다른 종인 베로니카의 별명도 그 중 하나입니다.

클로즈업!

▼ **꽃꽂이를 하기 전에**
꽃이 신선한 것으로 골라 줄기를 자릅니다. 선도 유지제가 효과적입니다.
* **생기가 없을 때**
줄기를 뜨거운 물에 담가 열탕처리합니다.

▼ **어드바이스**
쭉 뻗어나가거나 구부러지는 이삭 끝의 움직임이 악센트입니다. 날씬한 라인을 활용한 작품에 알맞습니다. 화재가 적은 여름철에 요긴하게 쓰입니다.

* **절화 데이터**
유통 시기 : 7~10월 ▷국내산이 유통되며 가을에 제철을 맞이합니다.
❋ 꽃 크기 2~5cm　❋ 유통 길이 30~60cm
❋ 관상 기간 7일 전후　💧물올림 ○　❋ 드라이 ✕

137

꽃 기타

칼랑코에

꽃색 —
● ● ● ○ ◎

클로즈업!

다른 타입

그린애플

과 돌나물과
속 칼랑코에속
원산지 아프리카 남부와 동부・동아시아・아라비아 반도 등
향기 —

개화기 3~6월
영어명 Kalanchoe
일반명 칼랑코에
꽃말 인기・인망

갖고 싶은 색과 모양을 가진 꽃

건조한 환경에 강한 다육 식물의 하나로 꽃과 잎이 도톰합니다.

절화는 2가지 타입이 유통되는데 컬러풀한 칼란디바 계열(왼쪽)은 겹꽃형이 인기입니다. 꽃이 벨 모양인 유니플로라 계열은 귀여운 그린애플이 호평을 받고 있으며 두 종류 모두 오래갑니다.

＊ 절화 데이터
유통 시기 : 7~4월
▷국내산이 유통되며 특별히 제철은 없습니다.
❋ 꽃 크기 1~3cm   ❋ 유통 길이 30~50cm
❋ 관상 기간 10~14일   💧물올림 ◎   ❋ 드라이 ✕

▼ 꽃꽂이를 하기 전에
잎을 정리하고 줄기를 자릅니다.
＊생기가 없을 때
줄기를 뜨거운 물에 담가 열탕처리합니다.

▼ 어드바이스
꽃이 오래가고 색바램은 없습니다. 시든 꽃잎을 제거하고 같이 장식하는 화재를 바꾸면 오래 즐길 수 있습니다. 벨 모양은 움직임을 연출하고 싶을 때 유용합니다.

칼미아

꽃색 —
● ○

클로즈업!

과 진달래과
속 칼미아속
원산지 북아메리카 동부
향기 —

개화기 5~6월
영어명 Kalmia
일반명 칼미아
꽃말 우아한 여성・큰 희망

꽃봉오리에서 꽃으로의 변화가 드라마틱

별사탕을 닮은 진한 색 봉오리에서 양산을 펼친 것 같은 꽃을 피웁니다. 잎은 석남화와 닮아 '미국 석남화'라고도 불립니다.

정원수나 분재 등으로 볼 수 있는 상록 관목입니다. 꽃봉오리일 때와 만개했을 때의 색과 모양의 변화를 즐길 수 있는 꽃이며 절화로는 핑크색과 흰색이 유통됩니다.

＊ 절화 데이터
유통 시기 : 4~5월   ▷대부분 정원수용이며 절화는 소량 유통됩니다. 제철은 4~5월.
❋ 꽃 크기 약 2cm   ❋ 유통 길이 50~100cm
❋ 관상 기간 7일 전후   💧물올림 ○   ❋ 드라이 ✕

▼ 꽃꽂이를 하기 전에
잎을 정리하고 가지를 자릅니다. 굵은 가지는 단면에 칼집을 냅니다.
＊생기가 없을 때
가지를 자르고 칼집을 냅니다.

▼ 어드바이스
잎을 솎아내고 짧게 잘라서 사용하면 귀여운 꽃 모양이 도드라집니다. 별사탕처럼 생긴 꽃은 작품의 악센트로도 이용됩니다.

기타 꽃

금잔화

별명 칼렌듈라

꽃색 ●●●

국화를 닮은 소박한 귀여움

활짝 피는 소박한 오렌지색의 꽃입니다. 볼륨이 있고, 꽃이 오래가며 물올림도 매우 좋습니다. 작품에 알맞은 품종이 늘어났으며 꽃잎이 적은 품종도 유통되고 있습니다.

고대 이집트 시대부터 베인 상처나 화상에 사용된 허브로 중세 유럽에서는 성모 마리아에 봉헌된 역사가 있습니다.

- 과 국화과
- 속 금잔화속
- 원산지 남유럽
- 향기 ○
- 개화기 12~5월
- 영어명 Common marigold · Pot marigold
- 일반명 금잔화
- 꽃말 이별의 슬픔 · 애수

다른 타입

꽃잎이 적은 품종

클로즈업!

▼ 꽃꽂이를 하기 전에
잎을 정리하고 줄기를 자른 다음 얕은 물에 꽂습니다.

＊생기가 없을 때
줄기를 뜨거운 물에 담가 열탕처리합니다.

▼ 어드바이스
길이가 길고 줄기가 가냘프게 구부러져 있는 것을 사용하면 귀여움을 표현할 수 있습니다. 꽃봉오리를 살리면 보다 자연스러운 작품이 됩니다.

＊절화 데이터
유통 시기 : 11~5월 ▷연말과 봄 명절을 앞두고 출하가 피크를 맞이합니다.
- ✼ 꽃 크기 6~8cm
- ✼ 유통 길이 30~60cm
- ✼ 관상 기간 7~10일
- ♦ 물올림 ◎
- ✼ 드라이 ✕

캄파눌라

꽃색 ●○●●

클로즈업!

맑은 색의 사랑스러운 벨 모양

벨 모양의 꽃은 비교적 크고 맑은 색이 특징입니다. 이름은 라틴어로 '종'의 의미가 있습니다.

원산지는 남유럽으로 1800년대에 이미 재배가 시작되었습니다. 위쪽 또는 옆으로 피고 겹쳐져 볼륨감이 풍성합니다. 그 밖에 도라지를 닮은 소륜이 있습니다. 산야초의 초롱꽃은 근연종입니다.

- 과 초롱꽃과
- 속 초롱꽃속
- 원산지 유럽
- 향기 —
- 개화기 5~7월
- 영어명 Bellflower · Canterbury bells
- 일반명 캄파눌라 · 종꽃
- 꽃말 감사 · 성실

▼ 꽃꽂이를 하기 전에
줄기가 단단하고 잎이 윤기 나는 것으로 고릅니다. 줄기를 자릅니다.

＊생기가 없을 때
줄기를 뜨거운 물에 담가 열탕처리합니다.

▼ 어드바이스
길이를 그대로 활용하거나 잘라서 나누어 산뜻하게 피는 꽃을 강조해도 좋습니다. 줄기가 상하기 쉬우므로 가지 재절단과 물갈이를 성실하게 해줍니다.

＊절화 데이터
유통 시기 : 11~8월 ▷이와테현을 비롯하여 전국에서 재배됩니다. 제철은 5~6월.
- ✼ 꽃 크기 3~5cm
- ✼ 유통 길이 60~80cm
- ✼ 관상 기간 5~14일
- ♦ 물올림 ○
- ✼ 드라이 ✕

꽃 | 기타

길리아

꽃색 ○ ● ● ◎

클로즈업!

과	꽃고비과
속	길리아속
원산지	북아메리카·남아메리카
향기	-
개화기	5~7월
영어명	Globe gilia
일반명	길리아
꽃말	변덕스러운 사랑

푸른 보석처럼 세련된 분위기

아주 작은 다섯 개의 꽃잎을 가진 별 모양 꽃이 모여 둥근 공 모양으로 피어납니다. 만개하면 꽃잎 사이에 반짝거리는 작은 꽃술이 마치 보석 같습니다. 다른 꽃에는 없는 청보라색과 멋스러운 분위기에 꾸준한 인기를 얻고 있습니다.

초화다운 나긋나긋한 줄기와 작은 잎들도 사랑스럽습니다. 겨울부터 봄에 걸쳐 소량 출하됩니다.

✻ 절화 데이터

유통 시기 : 12~5월
▷국내산이 소량 유통됩니다. 제철은 2~3월.
❋ 꽃 크기 1.5~3cm   ❋ 유통 길이 50~70cm
❋ 관상 기간 7~14일   💧 물올림 ○   ❋ 드라이 ✕

▼ 꽃꽂이를 하기 전에

줄기를 자릅니다. 가는 줄기는 꽃 무게 때문에 처지기 쉬우므로 꽃 선택에 주의합니다.
✻ 생기가 없을 때
줄기를 뜨거운 물에 담아 열탕처리합니다.

▼ 어드바이스

아스트란티아 등 초화 계열의 작은 꽃과 내추럴하게 사용합니다. 특이한 꽃 색을 살려 핑크색이나 흰색 꽃의 악센트로 해도 근사합니다. 작품에 살짝 추가해 주세요.

금어초

꽃색 ● ● ● ○ ● ● ◎

별명 스냅드래곤

다른 타입

브론즈

클로즈업!

과	현삼과
속	금어초속
원산지	지중해 연안
향기	-
개화기	10~7월
영어명	Snap dragon
일반명	금어초
꽃말	예언·추측

소박한 초봄의 꽃에서 화려한 타입까지

금붕어처럼 볼록한 벨 모양의 꽃에서 이름이 붙여졌습니다. 그 외에 꽃이 나풀나풀 크게 피는 나비형이 있습니다. 꽃의 모양을 용의 입에 빗대어 '스냅 드래곤(물어뜯는 용)'이라는 별명이 생겼습니다.

봄 작품에 빠지지 않으며 가을부터 겨울에는 길이가 긴 자이언트 타입이 많이 유통됩니다.

✻ 절화 데이터

유통 시기 : 10~7월   ▷계절에 따라 산지가 북상합니다.
제철은 3월.
❋ 꽃이삭 20~40cm   ❋ 유통 길이 50~120cm
❋ 관상 기간 7~10일   💧 물올림 ○   ❋ 드라이 ✕

▼ 꽃꽂이를 하기 전에

꽃과 꽃 사이 간격이 없는 것이 신선합니다. 줄기를 자릅니다.
✻ 생기가 없을 때
줄기를 뜨거운 물에 담아 열탕처리합니다.

▼ 어드바이스

길이를 살려 큰 디자인의 아웃라인으로 사용합니다. 대륜화와 균형 있게 장식할 수 있습니다. 꽃의 방향이 빛에 따라 변하므로 작품을 때때로 살펴 수정합니다.

기타 꽃

공작초

꽃색 ●○●●

별명 백공작

과 국화과
속 참취속
원산지 북아메리카
향기 —

개화기 8~11월
영어명 Frost aster
일반명 공작초
꽃말 가련함·천진에 반함·추억

클로즈업!

늘씬하고 긴 길이에 흩날리는 작은 꽃들

가늘고 길며 잘게 갈라진 줄기에 작은 꽃이 흩어져 핀 모습이 날개를 펼친 공작에 비유됩니다. 어떤 꽃과도 잘 어울리며 볼륨을 살리는 조연으로 활약합니다. 시기적으로 가을 명절용 꽃으로도 많이 사용됩니다.

일본에서는 1950년대에 흰색 꽃의 재배가 시작된 후 다양한 품종이 탄생했습니다.

▼ 꽃꽂이를 하기 전에
잎을 정리하고 줄기를 자릅니다.
＊생기가 없을 때
줄기를 뜨거운 물에 담가 열탕처리합니다.

▼ 어드바이스
잎을 정리하면 꽃이 더욱 돋보이며 줄기 라인을 살릴 수 있습니다. 물올림이 좋고 시든 꽃잎 등을 정리해 주면 작은 꽃봉오리까지 핍니다.

＊절화 데이터
유통 시기 : 연중
▷ 전국에서 생산됩니다. 가을이 제철입니다.
✽ 꽃 크기 약 1.5cm   ✽ 유통 길이 60~80cm
✽ 관상 기간 7~10일   💧물올림 ○   ✽ 드라이 ✕

구즈마니아

꽃색 ●●●○◎

과 파인애플과
속 구즈마니아속
원산지 열대아메리카
향기 —

개화기 5~10월
영어명 Guzmania
일반명 구즈마니아
꽃말 이상형 부부·정열

대담하게 펼쳐진 꽃잎 같은 포엽

선명한 색과 반들반들한 질감이 특징인 열대 꽃입니다. 빨강이나 노랑의 단색, 그러데이션 컬러 등 품종이 매우 다채로우며 꽃잎 같은 포엽이 대담하게 펼쳐진 모습이 인상적입니다.

구즈마니아는 열대우림에 서식하는 착생 식물입니다. 나무나 바위 등 지면 이외의 장소에 뿌리를 내리고 성장합니다. 관엽 식물로도 인기입니다.

클로즈업!

▼ 꽃꽂이를 하기 전에
줄기를 자릅니다.
＊생기가 없을 때
줄기를 자릅니다.

▼ 어드바이스
난이나 안스리움과 함께 장식해 남국풍의 작품으로 만듭니다. 선명한 색의 장미나 거베라와 균형 있게 장식하면 여름 분위기 나는 작품이 됩니다.

＊절화 데이터
유통 시기 : 연중
▷ 필리핀산이 나오며 연중 일정량이 유통됩니다.
✽ 꽃 크기 5~10cm   ✽ 유통 길이 30~45cm
✽ 관상 기간 14일 이상   💧물올림 ○   ✽ 드라이 ✕

글라디올러스

꽃색

속 글라디올러스속
원산지 아프리카·남유럽·서아시아
향기 ○(봄 개화만 해당)

클로즈업!

다른 타입
화사한 봄 개화 계열

생기 있고 다채로운 색의 구근화

우아한 꽃이 날씬한 꽃이삭에 계속 이어서 핍니다. 투명감 있는 꽃잎은 윤이 나며 싱싱하고 색채도 풍부합니다. 주류는 대륜형의 여름 개화 계열입니다. 색이 다채로워 대형 꽃 장식 등에서 활약합니다. 화단의 꽃으로도 매우 친숙합니다. 봄 개화 계열은 전체가 가냘프고 섬세한 인상입니다.

개화 봄 개화 3~5월
영어명 Sword lily
일반명 글라디올러스
꽃말 정열적인 사랑·꾸준한 노력

✽ 절화 데이터
유통 시기 : 연중
▷국내산이 연중 유통됩니다. 봄꽃의 유통은 1~4월입니다.
✽ 꽃 크기 4~8cm ✽ 유통 길이 45~120cm
✽ 관상 기간 7~10일 ♦ 물올림 ○ ✽ 드라이 ✗

▼ 꽃꽂이를 하기 전에
줄기를 자릅니다. 천천히 물을 빨아올릴 수 있도록 얕은 물에 꽂습니다.
✽생기가 없을 때
줄기를 자릅니다.

▼ 어드바이스
개화가 끝난 꽃잎 등을 제거하면 다음 차례의 꽃이 피기 쉬워집니다. 긴 길이를 살려서 작품의 아웃라인으로 합니다. 잘라서 나눈 다음 모아도 좋습니다.

크리스마스부시

꽃색

과 쿠노니아과
속 세라토페탈룸속
원산지 오스트레일리아
향기 —

크리스마스를 장식하는 빨간 가지류

크리스마스 분위기를 고조시키는 가지류입니다. 상록수이며 작은 꽃으로 보이는 빨간 부분은 꽃이 진 후 생장하는 꽃받침입니다. 꽃은 희고 지름 1cm 정도로 작아 눈에 띄지 않습니다. 원산지인 오스트레일리아에서는 이 꽃받침이 크리스마스 시즌에 빨갛게 물들어 이 이름이 붙었습니다.

개화기 5~7월
영어명 Christmas Bush
일반명 크리스마스부시
꽃말 기품·청초함

꽃

클로즈업!

✽ 절화 데이터
유통 시기 : 11~12월 ▷크리스마스 무렵에 오스트레일리아산이 유통됩니다.
✽ 꽃 크기 1~1.5cm ✽ 유통 길이 30~120cm
✽ 관상 기간 7일 전후 ♦ 물올림 ○ ✽ 드라이 ○

▼ 꽃꽂이를 하기 전에
가지를 자릅니다. 질이 좋은 큰 가지를 잘라 나누어서 사용합니다.
✽생기가 없을 때
가지를 잘라 불로 태워 물에 담급니다.

▼ 어드바이스
크리스마스 시즌에 유통하는 많지 않은 꽃가지입니다. 빨간 대륜화와 함께 장식해 화려하게 디자인합니다. 큰 가지를 그린과 함께 대형 꽃 장식에 조합합니다.

기타 꽃

클레마티스

꽃색

봉오리 
클로즈업!

꽃이 진 뒤에 생긴 씨앗이 유통되며 드라이플라워에도 그대로 사용됩니다.

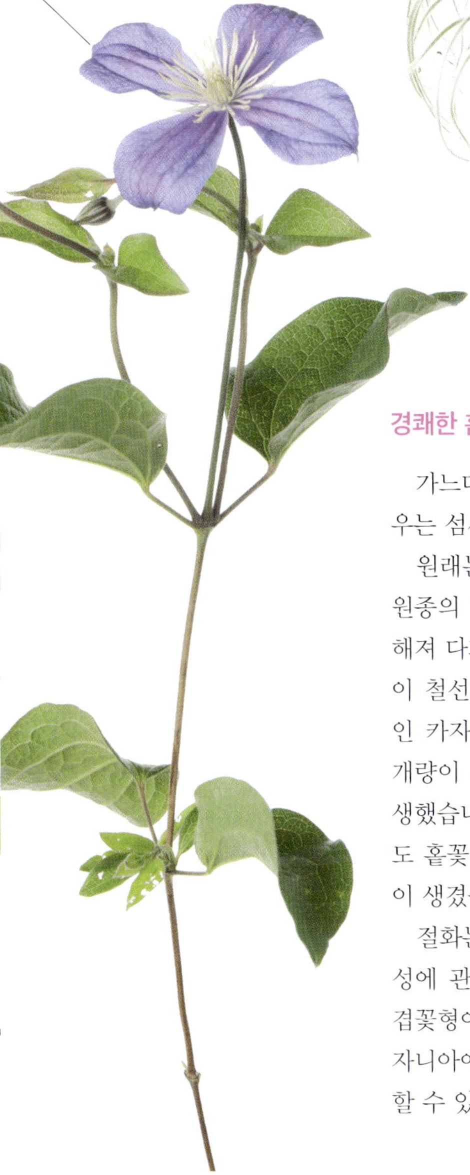

다른 타입

스타리버

어메이징 오슬로

블루 피루엣

경쾌한 홑꽃형과 사랑스러운 벨형

가느다란 줄기에 큰 꽃과 작은 꽃을 피우는 섬세함이 매력적입니다.

원래는 일본과 중국의 야생종입니다. 원종의 하나인 철선이 중국으로부터 전해져 다화, 꽃꽂이에 선호되어 왔습니다. 이 철선과 일본에 자생하는 대륜의 원종인 카자구루마가 유럽에 전해지고 품종 개량이 추가되어 많은 클레마티스가 탄생했습니다. 일본으로 다시 돌아온 후에도 홑꽃형, 겹꽃형, 벨형 등 다양한 품종이 생겼습니다.

절화는 줄기가 자립하는 목립성, 덩굴성에 관계없이 유통되며 요즘은 벨형과 겹꽃형이 많이 출하됩니다. 아프리카 탄자니아에서 수입이 시작돼 일년 내내 구할 수 있게 되었습니다.

과 미나리아재비과
속 클레마티스속
원산지 유럽·일본·중국·북아메리카
향기 ○(일부)

개화기 3~10월
영어명 Clematis
일반명 클레마티스
꽃말 마음의 아름다움·정신적인 아름다움

▼ 꽃꽂이를 하기 전에
잎을 정리하고 줄기를 자릅니다.
＊생기가 없을 때
줄기를 자릅니다. 단면을 불로 태운 다음 깊은 물에 담급니다.

▼ 어드바이스
겹꽃형의 대륜은 작품의 주역은 물론 그린과 함께 꽃 하나, 잎 하나를 작품으로 해도 근사합니다. 고개 숙인 벨형은 사랑스러운 분위기가 감돌아 작은 작품에 효과적입니다. 가는 줄기를 살려 공간에 띄우듯 상쾌하게 표현합니다.

＊ 절화 데이터
유통 시기 · 연중
▷탄자니아산이 연중 유통됩니다. 국내산의 제철은 5월.
❋ 꽃 크기 5~15cm   ❋ 유통 길이 50~100cm
❋ 관상 기간 7~10일
💧물올림 △   ❋ 드라이 ✕

143

꽃 기타

글로리오사

꽃색 —

| 과 | 백합과
| 속 | 글로리오사 속
| 원산지 | 아프리카·열대아시아
| 향기 | —
| 개화기 | 7~9월
| 영어명 | Gloriosa lily · Glory lily
| 일반명 | 글로리오사
| 꽃말 | 화려함·영광

클로즈업!

약동감 넘치는 가늘고 긴 꽃잎

꽃잎이 젖혀져 구불거리는 모습이 마치 타오르는 불꽃 같습니다. 한 가지에 꽃이 몇 송이씩 달려 있으며 고개를 숙인 봉오리도 모두 핍니다.

여름에도 오래가기 때문에 편리하게 사용할 수 있는 꽃입니다. 대표적인 빨강과 노랑의 혼합색 외에 노란색, 흰색, 녹색이 있고 소륜도 출하됩니다.

줄기 끝은 덩굴 모양이고, 주위에 휘감기기 쉬우므로 주의합니다.

* **절화 데이터**

유통 시기 : 연중   ▷초여름이 제철입니다. 유럽, 중국 등으로 수출도 이루어집니다.

❋ 꽃 크기 5~12cm   ❋ 유통 길이 50~100cm
❋ 관상 기간 7~10일   💧 물올림 ◎   ❋ 드라이 ✕

▼ **꽃꽂이를 하기 전에**

줄기를 자릅니다. 꽃잎이 꺾이기 쉬우니 조심해서 다룹니다.

* **생기가 없을 때**
줄기를 자릅니다.

▼ **어드바이스**

곧고 긴 줄기 끝에 꽃이 피기 때문에 공간을 살린 작품에 알맞습니다. 꽃의 방향에 신경 써서 꽂으면 약동감 넘치는 작품이 됩니다.

금낭화

꽃색 —

| 과 | 현호색과
| 속 | 금낭화 속
| 원산지 | 중국·한국
| 향기 | —
| 개화기 | 4~5월
| 영어명 | Bleeding heart
| 일반명 | 금낭화·며느리주머니
| 꽃말 | 당신을 따르겠습니다·연정

클로즈업!

흔들흔들 하트 모양 꽃이 나란히

윤기 있는 산뜻한 하트 모양의 꽃이 줄기에 한 송이씩 줄지어 매달린 모양이 특이합니다. 일본 이름인 화만초는 사원의 법당을 장식하는 장식품인 화만에 비유되어 붙여졌습니다.

절화는 흰색 외에 핑크색 품종이 많이 유통됩니다.

* **절화 데이터**

유통 시기 : 4~5월   ▷나가노현, 후쿠시마현 등에서 출하되며 제철은 5월입니다.

❋ 꽃 크기 2~3cm   ❋ 유통 길이 40~60cm
❋ 관상 기간 5~7일   💧 물올림 ○   ❋ 드라이 ✕

▼ **꽃꽂이를 하기 전에**

잎은 제거하고 줄기를 자릅니다.

* **생기가 없을 때**
줄기를 자른 다음 깊은 물에 담급니다.

▼ **어드바이스**

꽃이 줄지어 있으니 작품을 만들 때 모아 넣지 말고 공간을 두고 장식합니다. 아래로 매달린 귀여운 꽃 모양과 줄기의 라인을 살립니다.

기타 꽃

개연꽃

꽃색 ──○

과 수련과
속 개연꽃속
원산지 일본·한국
향기 ○

개화기 6~9월
영어명 Japanese spatterdock
일반명 개연꽃
꽃말 숭고함·숨겨진 애정

뒷면　클로즈업!

여름을 이야기해 주는 물가의 꽃

꽃꽂이에서 여름을 대표하는 꽃입니다. 연꽃이나 수련과 같이 물과 관련된 꽃이며 수반 등에 꽂습니다. 강이나 늪의 수생 식물로 일본 이름인 코우호네(강의 뼈)는 굵은 뿌리줄기가 뼈처럼 하얗게 보이는 데서 유래했습니다. 여름에는 노란 꽃이 핍니다. 최근에는 자생한 것은 보이지 않고 유통되는 것도 극히 소량입니다. 꽃집에서도 볼 수 없는 주문품이 되었습니다.

▼ **꽃꽂이를 하기 전에**
줄기를 자르고 단면에 명반수나 식초를 전용 펌프로 주입합니다.
*생기가 없을 때
위와 같이 물올림을 합니다.

▼ **어드바이스**
윤기 나는 잎과 노란색 꽃만으로도 계절감 넘치는 물가 풍경이 완성됩니다. 그릇으로 수반을 고르고 침봉을 사용해 꽃 면 물을 표현할 수 있습니다.

* **절화 데이터**
유통 시기 : 6~9월　▷지바현 등에서 소량 출하됩니다. 제철은 6~7월.
❋ 꽃 크기 약 3cm　❋ 유통 길이 20~30cm
❋ 관상 기간 3일 전후　💧물올림 △　❋ 드라이 ✕

공조팝나무

꽃색 ──○

과 장미과
속 조팝나무속
원산지 중국
향기 ―

개화기 4~5월
영어명 Reeves spirea
일반명 공조팝나무
꽃말 우아함·우정

클로즈업!　봉오리

작은 꽃이 늘어지도록 피는 꽃나무

작은 꽃이 공처럼 둥글게 모여서 핍니다. 중국 원산의 낙엽 관목이며 관상용으로 재배되어 왔습니다. 눈이 쌓인 것처럼 꽃이 새하얗게 피는 모습이 볼 만합니다.

봄의 대표적인 꽃나무의 하나로 왕버들과 비슷하지만 잎이 나온 다음 꽃이 핍니다. 겹꽃형도 있습니다.

▼ **꽃꽂이를 하기 전에**
꽃봉오리가 많은 가지로 골라 자릅니다.
*생기가 없을 때
가지 끝에 칼집을 내고 꽃과 잎을 신문지로 감싼 후 깊은 물에 담가둡니다.

▼ **어드바이스**
흰색으로 깔끔하게 정리하거나 늘어진 가지를 다이내믹하게 꽂을 수 있습니다. 꽃이 떨어지므로 장식하는 장소에 주의합니다. 꽃이 지면 그린으로 사용할 수 있습니다.

* **절화 데이터**
유통 시기 : 1~5월　▷꽃의 제철은 3월이며 그린으로 7~11월에도 출하됩니다.
❋ 꽃의 집합 약 2cm　❋ 유통 길이 50~150cm
❋ 관상 기간 7~10일　💧물올림 ○　❋ 드라이 ✕

꽃 기타

이태아 버지니카

꽃색 ○

과	이태아과
속	이태아속
원산지	북아메리카
향기	○

클로즈업!

시원한 느낌의 인기 많은 꽃나무

싱싱한 잎에 늘어진 흰색 꽃이삭이 달려 시원한 느낌이 물씬 풍기는 꽃나무입니다. 북아메리카 원산의 낙엽성 관목으로 정원수나 꽃꽂이에서 선호되었습니다. 최근에는 부케나 작품의 인기 화재로 쓰이고 있습니다. 가을에는 빨갛게 물든 단풍이 출하됩니다.

개화기	4~6월
영어명	Sweet spire
일반명	이태아 버지니카
꽃말	약간의 욕망

* 절화 데이터
유통 시기 : 4~6월
▷ 꽃의 제철은 5월. 10~11월에는 단풍이 유통됩니다.
✽ 꽃이삭 5~8cm   ✽ 유통 길이 40~150cm
✽ 관상 기간 10~14일   💧 물올림 ○   ✽ 드라이 ✕

▼ 꽃꽂이를 하기 전에
잎을 정리하고 가지를 자릅니다. 단면에 칼집을 냅니다.
* 생기가 없을 때
가지를 자릅니다.

▼ 어드바이스
많은 화재와 조화를 이룹니다. 가지를 길게 사용해서 청초한 꽃과 잎, 가지 모양을 살립니다. 싱그러운 작은 꽃을 강조하고 싶으면 길이를 짧게 잘라서 사용합니다.

시네라리아

꽃색
○
●
●
◎

청색 계열의 색이 매력 있는 사용하기 쉬운 화초

과거에는 선명한 색을 다양하게 갖춘 겨울의 대표적인 분화였습니다. 현재는 개량이 되어 사용하기 편한 절화로 유통되고 있으며 긴 줄기에 꽃이 몇 송이씩 달린 스프레이형입니다.
다른 국화과의 꽃에는 없는 이 꽃만의 맑은 푸른색과 청보라색이 매력이며 겨울부터 봄까지 꽃 배합에서 쓸 수 있는 폭을 넓혀줍니다.

과	국화과
속	페리칼리스속
원산지	카나리아 제도
향기	—

개화기	1~4월
영어명	Cineraria
일반명	시네라리아·부귀국
꽃말	항상 쾌활함·기쁨

다른 타입

티어 체리

클로즈업!

* 절화 데이터
유통 시기 : 1~5월
▷ 국내산이 유통되며 제철은 2~3월입니다.
✽ 꽃 크기 2~3cm   ✽ 유통 길이 30~60cm
✽ 관상 기간 7~10일   💧 물올림 ○   ✽ 드라이 ✕

▼ 꽃꽂이를 하기 전에
잎은 제거하고 줄기를 자릅니다.
* 생기가 없을 때
꽃을 신문지로 감싼 후 줄기를 뜨거운 물에 5초 정도 담가 열탕처리합니다.

▼ 어드바이스
나누어서 사용하면 꽃 사이를 메우기 쉽고, 볼륨감을 높이는 데도 좋습니다. 청색으로 야무지게, 연분홍이나 흰색으로는 내추럴한 봄 느낌을 살릴 수 있습니다.

기타 꽃

산데르소니아

꽃색 ──

클로즈업! 뒷면

과 백합과
속 산데르소니아속
원산지 남아프리카
향기 ―

개화기 6~7월
영어명 Christmas bells
일반명 산데르소니아
꽃말 축복·명향·기도

작은 벨 모양의 비타민 컬러

꽃의 색은 밝은 비타민 컬러입니다. 싱싱한 초록색 잎 아래에 매력적인 벨 모양의 꽃이 달립니다. 1851년에 남아프리카에서 발견되었고 일본으로 수입된 것은 1960년경입니다.

산데르소니아속에는 다른 꽃이 없어 아주 드문 1속 1종의 식물입니다. 예전에는 뉴질랜드에서 재배가 활발히 이루어지다가 현재는 대부분 국내산이 유통되고 있습니다.

▼ 꽃꽂이를 하기 전에
꽃은 선명하고 잎은 짙은 색이 좋습니다.
잎을 정리하고 줄기를 자릅니다.
*생기가 없을 때
줄기를 자릅니다.

▼ 어드바이스
날씬하고 긴 줄기 라인을 활용합니다. 잘라서 나누어 짧게 사용하며 꽃의 귀여움을 강조해도 좋습니다. 촘촘히 넣지 말고 꽃송이의 움직임을 살립니다.

*절화 데이터
유통 시기 : 연중
▷국내산이 중심이며 5~6월, 10월이 제철입니다.
❋ 꽃 크기 2~3cm ❋ 유통 길이 50~80cm
❋ 관상 기간 7~10일 💧물올림 ○ ❋ 드라이 ✕

익소라

꽃색 ──

클로즈업!

과 꼭두서니과
속 익소라속
원산지 중국·말레이시아
향기 ―

개화기 5~10월
영어명 Chinese ixora
일반명 익소라
꽃말 기쁨·근엄함

초록 잎과 오렌지색 꽃의 대비

작은 꽃이 반구 형태로 모여 볼륨감이 있는 꽃나무입니다.

선명한 오렌지색의 꽃과 초록색 잎의 선명한 대비가 아름답고 인상적입니다.

오키나와를 거쳐 일본에 전래된 것은 17세기 초기입니다. 절화 외에 분화로도 자주 눈에 띕니다. 오키나와에서는 가장 흔한 정원수의 하나입니다.

▼ 꽃꽂이를 하기 전에
잎을 정리합니다. 가지를 자릅니다.
*생기가 없을 때
가지를 자르고 칼집을 내 깊은 물에 담급니다.

▼ 어드바이스
안스리움이나 쿠르쿠마 등 남국풍의 화재와 잘 어울립니다. 해바라기 등 소박한 꽃과 조합해도 괜찮습니다. 길이를 짧게 사용하는 편이 물 부족 걱정을 덜어줍니다.

*절화 데이터
유통 시기 : 연중 ▷주로 오키나와와 후쿠오카산이 유통되며 8~9월에 제철을 맞이합니다.
❋ 꽃의 집합 약 10cm ❋ 유통 길이 50~70cm
❋ 관상 기간 5~7일 💧물올림 ○ ❋ 드라이 ✕

꽃 기타

지니아

꽃색
- ●
- ●
- ●
- ●
- ○
- ●
- ●
- ◎

별명 백일초

과 국화과
속 백일홍속
원산지 멕시코
향기 —

개화기 6~9월
영어명 Zinnia · Common zinnia
일반명 지니아 · 백일초
꽃말 헤어진 친구에 대한 그리움

뉘앙스가 있는 세련된 컬러

한여름의 땡볕에서도 색이 바래지 않고 오래도록 피어 별명이 백일초입니다. 18세기 중반 멕시코에서 발견되어 19세기 중반부터 독일과 아메리카에서 품종 개량이 진행되었습니다. 개화 기간이 길고 튼튼하며 잘 핍니다.

친숙한 둥근 꽃 모양에는 홑꽃형, 겹꽃형, 폼폰형이 있고 볼륨이 있는 대륜에서 귀여운 소륜까지 있습니다. 파랑을 제외한 거의 모든 색이 있는데, 초록색이나 갈색을 포함한 세련된 앤티크 컬러가 호평을 받고 있습니다. 미묘하게 다른 색의 변화가 다양하게 진행되고 있습니다. 더울 때는 물갈이를 부지런히 해 줍니다.

클로즈업! / 뒷면

다른 타입

킹 캐러멜

퀸 레드라임

페르시안 카펫

다채로운 대륜 품종인 바비믹스

✱ **절화 데이터**

유통 시기 : 4~12월
▷ 전국 각지에서 출하되며 6월과 9월이 피크입니다.

❋ 꽃 크기 3~8cm　❋ 유통 길이 30~80cm
❋ 관상 기간 5~10일　💧물올림 △　❋ 드라이 ✕

▼ **꽃꽂이를 하기 전에**

꽃 목이 튼튼한 것으로 골라 잎을 정리하고 줄기를 자릅니다.

✱**생기가 없을 때**
꽃과 잎을 신문지로 감싼 후 줄기의 단면을 뜨거운 물에 5초 정도 담갔다가 물에 넣습니다. 줄기를 자른 다음 장식합니다.

▼ **어드바이스**

플록스나 벨형의 클레마티스 등 모양이 다른 초화와 배합하면 둥근 꽃 모양이 돋보입니다. 향기가 없는 꽃이므로 함께 장식하는 잎으로 허브 종류를 선택하면 좋습니다.

기타 꽃

달맞이장구채

클로즈업!

꽃색 —
● ○

그린벨은 꽃받침이 벨 모양으로 불룩하게 부풀어 오릅니다.

사랑스럽고 산뜻한 꽃 모양

속명 실레네로 유통되는 것은 다음의 꽃들입니다. 하나가 실레네 아르메니아의 원예 품종인 사쿠라코마치(왼쪽, a)입니다. 줄기에 끈적끈적한 유액이 있어 '벌레잡이 패랭이꽃'이라고도 합니다. 가는 줄기에 연한 핑크색의 작은 꽃을 피우고 분위기가 우아합니다. 그 외에 꽃 모양이 비슷한 짙은 핑크색의 베니코마치가 유통됩니다.

또 하나는 불룩한 녹색의 꽃을 늘어뜨리는 통칭 그린벨(b)입니다. 정확히 말해서 실레네 불가리스입니다. 벨처럼 보이는 부분은 꽃받침이며 앞쪽 끝에 흰색이나 핑크색 꽃이 핍니다. 꽃은 금방 지고 그 다음에는 꽃받침을 즐길 수 있습니다. 가는 줄기에 고개를 숙인 듯 피어 들풀처럼 가련하고 수줍은 듯한 모습이 인기입니다.

별명 그린벨
과 석죽과
속 실레네 속
원산지 유럽
향기 —
개화기 5~8월
영어명 Garden catchfly·Bladder campionn
일반명 달맞이장구채
꽃말 미련·유혹

▼ **꽃꽂이를 하기 전에**
줄기를 자릅니다. 그린벨은 한 번 탈수되면 다시 물이 올라가기 쉽지 않으므로 물이 확실히 올라간 것을 선택합니다.

＊**생기가 없을 때**
꽃과 잎을 신문지로 감싼 후 줄기를 뜨거운 물에 5초 정도 담가 열탕처리합니다.

▼ **어드바이스**
사쿠라코마치는 작품에서 꽃과 꽃 사이를 메우는 데 요긴하게 사용합니다. 작품에 섬세함이나 부드러운 분위기를 표현해 줍니다. 그린벨은 가는 줄기를 뻗어 바람을 느끼는 자연스러운 작품으로 합니다. 둘 다 귀여운 꽃 모양을 의식적으로 활용합니다.

＊**절화 데이터** ＊ a. 사쿠라코마치 b. 그린벨
유통 시기 : (a)12~5월, (b)11~6월
▷전국 각지에서 출하됩니다. 제철은 2~3월.

✽ 꽃 크기 (a)약 2cm, (b)2~3cm
✽ 유통 길이 30~50cm
✽ 관상 기간 5~7일
💧 물올림 ○   ✽ 드라이 ✕

꽃 기타

진저

꽃색
● (빨강)
● (분홍)

열대풍의 박력 있는 색과 모양

생강과의 총칭입니다. 화려하고 진한 핑크색 꽃은 가장 많이 출하되는 레드 진저입니다. 비늘처럼 겹치는 꽃잎은 두툼하며 큰 잎과 함께 광택이 나고 대담함이 매력입니다.

진저에는 향기가 좋은 흰색 꽃도 있습니다. 이 것은 하루 만에 피었다 시드는 일일화로 다른 종류입니다. 둘 다 더운 시기에 꽃이 오래가기 때문에 요긴하게 이용됩니다.

클로즈업!

과	생강과
속	생강속
원산지	태평양 제도
향기	—
개화기	6~11월
영어명	Ginger
일반명	진저·생강
꽃말	넉넉한 마음·신뢰

✽ 절화 데이터
유통 시기 : 연중
▷ 오키나와현산 등이 유통됩니다. 제철은 7~8월.
❋ 꽃이삭 10~15cm   ❋ 유통 길이 70~110cm
❋ 관상 기간 14일 이상   💧 물올림 ○   ❋ 드라이 ✗

▼ 꽃꽂이를 하기 전에
줄기를 자릅니다.
✽ **생기가 없을 때**
줄기를 자릅니다.

▼ 어드바이스
몬스테라, 안스리움 등의 화재와 함께 열대풍 분위기로 장식합니다. 개성적인 글로리오사, 소박한 해바라기 등 여름을 연상시키는 꽃과 잘 어울립니다.

수련

꽃색
● (분홍)
● (노랑)
○ (흰색)
● (파랑)
◎

클로즈업!   옆면

빛을 받아 꽃을 여닫는 아름다운 수생 식물

꽃꽂이나 다화로 선호되는 수생 식물입니다. 아침에 꽃잎을 펼치고 저녁에 닫기를 반복하며 3일간 핍니다. 각시수련(미초)은 일본 자생종입니다. 클로드 모네가 그린 그림과 같이 수면에 피는 온대수련과 수면 위로 피는 열대수련이 있습니다.

과	수련과
속	수련속
원산지	세계의 열대와 온대
향기	○
개화기	5~10월
영어명	Water lily
일반명	수련
꽃말	청순한 마음·신앙

✽ 절화 데이터
유통 시기 : 6~1월
▷ 국내산이 약간 출하됩니다. 제철은 8~9월.
❋ 꽃 크기 5~12cm   ❋ 유통 길이 10~20cm
❋ 관상 기간 3~4일   💧 물올림 ○   ❋ 드라이 ✗

▼ 꽃꽂이를 하기 전에
전용 물올림 펌프로 물을 주입하거나 줄기를 자르고 깊은 물에 담급니다.
✽ **생기가 없을 때**
위와 같이 물올림을 반복합니다.

▼ 어드바이스
속새나 큰고랭이를 배합하거나 일종꽃으로 물을 보여주는 작품으로 하기도 합니다. 꽃은 빛을 감지해 피었다 오므렸다 하므로 밝은 장소에 장식합니다.

기타 **꽃**

스카비오사

꽃색

그린애플   타마사키스카비오사   슈테른 쿠겔

뒷면

다른 타입

핑크색 품종

흰색 품종

프티퐁 블랙

지금도 진화 중인 가련한 풀꽃

파스텔컬러의 작은 꽃이 둥글게 모여 가련한 분위기로 사랑받고 있으며 명조연으로 손꼽힙니다. 체꽃속의 식물을 통틀어 '스카비오사'라고 부르는데 원종에서부터 다양한 원예 품종까지 이 이름으로 유통됩니다.

일반적으로 유통되는 타입은 중심이 딱딱한 봉오리일 때 바깥쪽이 피기 시작하는 품종입니다. 봉오리가 모두 피기 전에 꽃은 끝나 버립니다.

최근 인기를 얻고 있는 것이 겨울에서 봄까지 출하되는 종류입니다. 중심까지 꽃이 피는 둥그런 볼 형 스카비오사입니다.

출하되는 시기에 온도가 낮기 때문에 서서히 자란 꽃봉오리가 일제히 피어 볼륨감이 좋습니다. 튼실한 줄기에 관상 기간도 길어 외국에서도 인기를 얻고 있습니다.

과	산토끼꽃과
속	체꽃속
원산지	서유럽·일본·아시아
향기	—
영어명	Sweet scabious
일반명	스카비오사·솔체꽃
꽃말	민감·무에서의 출발
개화기	6~9월

▼ **꽃꽂이를 하기 전에**

꽃 목이 튼튼한 것으로 고른 다음 줄기를 자릅니다.

* **생기가 없을 때**

열탕처리합니다. 꽃과 잎을 신문지로 감싼 후 줄기의 단면을 뜨거운 물에 5초 정도 담갔다가 건져 물에 넣습니다. 줄기를 자른 다음 장식합니다.

▼ **어드바이스**

줄기가 낭창한 파스텔 계열은 내추럴한 초화 디자인이 어울리며, 존재감이 있는 둥근 형태는 현대적인 느낌으로 디자인해도 근사합니다. 이 꽃만으로 리스를 만들어도 좋습니다. 여름에 작업할 때는 줄기 자르기와 물 갈아주기를 부지런히 합니다.

* **절화 데이터**

유통 시기 : 연중

▷여름~가을에는 주로 홋카이도산이, 겨울~봄에는 후쿠오카와 나가사키, 사가현산을 중심으로 유통되며 제철은 3~4월입니다.

✽ 꽃 크기 2~6cm   ✽ 유통 길이 30~70cm
✽ 관상 기간 3~5일   💧물올림 ○   ✽ 드라이 ✕

꽃 기타

스키미아

꽃색(봉오리) —

다른 타입

클로즈업!

붉은색 품종

과 운향과
속 스키미아속
원산지 일본·대만
향기 ○

개화기 3~5월
영어명 Skimmia
일반명 스키미아
꽃말 청순·관대함

세련되게 개량된 품종

열매처럼 보이는 봉오리는 늘푸른 잎입니다.

네덜란드 의사 지볼트에 의해 일본에서 유럽에 전해진 식물 중 하나입니다. 이것이 다시 일본으로 돌아와 절화와 분재가 되었습니다. 꽃은 많이 피지 않으며 봉오리와 잎을 주로 감상합니다.

✽ 절화 데이터
유통 시기 : 9~3월　▷크리스마스 시즌에 수입이 늘고 국내산은 겨울에만 소량 유통됩니다.
✽ 꽃의 집합(봉오리) 약 5cm　✽ 유통 길이 20~60cm
✽ 관상 기간 10일 전후　💧 물올림 ○　✽ 드라이 ✕

▼ 꽃꽂이를 하기 전에
가지를 자릅니다. 잎을 솎아내면 봉오리가 두드러집니다.
＊생기가 없을 때
가지를 자르고 칼집을 내 물에 담급니다.

▼ 어드바이스
붉은색 봉오리와 녹색 잎이 크리스마스에 딱 어울립니다. 녹색 봉오리는 모던하게도, 내추럴하게도 쓸 수 있으며 유통 길이가 짧아 아담한 작품에 좋습니다.

스트렐리치아

꽃색 —

클로즈업!

과 극락조과
속 극락조속
원산지 남아프리카
향기 —

개화기 7~10월
영어명 Bird of paradise
일반명 극락조화
꽃말 멋진 사랑·관용

극락조를 닮은 화려한 꽃

이국적인 남국의 정취가 가득한 커다란 꽃. 남아프리카 원산으로, 일반명인 극락조화는 극락조라는 새와 닮았다고 해서 붙여진 이름입니다. 15~20cm의 포엽에서 많은 꽃들이 올라오며 그 화려함과 행운이 있을 것 같은 이름이 신년 장식으로 잘 어울립니다. 추위에 약하므로 따뜻한 실내에 장식합니다.

✽ 절화 데이터
유통 시기 : 연중　▷주로 국내산이 유통되며 7, 8월과 연말이 피크입니다.
✽ 꽃의 길이 15~20cm　✽ 유통 길이 80~120cm
✽ 관상 기간 7~14일　💧 물올림 ◎　✽ 드라이 ✕

▼ 꽃꽂이를 하기 전에
줄기를 자르고 깊은 물에 담가둡니다.
＊생기가 없을 때
줄기를 자릅니다.

▼ 어드바이스
일종꽃으로 멋지게 장식합니다. 눈에 확 띄는 화형은 열대성 화재와 배합해도 뒤지지 않습니다. 소나무나 매화 등 신년 화재와도 잘 어울립니다.

기타 꽃

다른 타입

흰색 품종

클로즈업!

과 콩과
속 토끼풀속
원산지 유럽
향기 —

개화기 5~6월
영어명 Crimson clover
일반명 스트로베리 캔들·크림슨 클로버
꽃말 가슴에 등불을 켜다·비밀의 사랑

꽃색 ●●○

스트로베리 캔들

딸기를 닮은 빨간 꽃

들꽃 같은 가련한 모습이 특징입니다. 빨간 꽃이삭이 딸기로도 촛불의 불꽃으로도 보여서 이런 사랑스러운 이름이 붙여졌습니다.

빛을 향해 줄기가 휘어지기 때문에 꽃은 고개를 갸웃거리는 듯한 표정입니다. 휘어진 줄기는 신문지로 감싸 깊은 물에 담가두면 펴집니다. 여러해살이지만 고온다습한 일본에서는 일년초로 취급됩니다.

▼ **꽃꽂이를 하기 전에**
튼튼한 것으로 골라 줄기를 자릅니다.
*생기가 없을 때
줄기의 단면을 뜨거운 물에 5초 정도 담가 열탕처리합니다.

▼ **어드바이스**
구불구불 휜 줄기를 살려 꽃이삭을 악센트로 합니다. 장식 후에도 빛의 방향에 따라 꽃이 움직이므로 때때로 고쳐 꽂아서 즐겨주세요.

✳ **절화 데이터**
유통 시기 : 거의 연중 ▷국내산이 겨울부터 초여름까지 나오며 제철은 4~5월입니다.
❋ 꽃이삭 약 5cm   ❋ 유통 길이 40~60cm
❋ 관상 기간 10~15일   💧 물올림 △   ❋ 드라이 ○

과 수선화과
속 스노플레이크속
원산지 중부유럽·지중해 연안
향기 —

개화기 3~4월
영어명 Summer snowflake
일반명 스노플레이크
꽃말 순결·무구한 마음

꽃색 ○

스노플레이크

별명 은방울 수선화

흰색과 녹색이 산뜻한 이른 봄의 이슬

이슬방울 같은 청초한 꽃이 쭉 뻗은 줄기에 몇 송이씩 달려 있습니다. 꽃은 은방울꽃과, 가늘고 긴 잎은 수선화와 닮아서 은방울 수선화라고 불립니다. 꽃은 끝부분이 여섯으로 나뉘고 잎에는 녹색 반점이 있습니다. 튼튼해서 몇 년간 그냥 놔두어도 봄이 되면 꽃이 핍니다. 절화로 나오는 것은 한 송이, 한 송이가 비교적 큰 타입입니다.

봉오리

클로즈업!

▼ **꽃꽂이를 하기 전에**
줄기를 자릅니다. 부드러워 꺾이기 쉬우므로 주의해야 합니다.
*생기가 없을 때
줄기를 자릅니다.

▼ **어드바이스**
이 꽃만으로 일종꽃꽂이를 하면 매우 산뜻하고 상쾌합니다. 주위 꽃보다 줄기를 조금 길게 해서 고개 숙인 가련한 표정, 귀여운 움직임을 표현해 보세요.

✳ **절화 데이터**
유통 시기 : 1~3월 ▷지바현산 등을 중심으로 나오며 제철은 2월입니다.
❋ 꽃 크기 약 1cm   ❋ 유통 길이 30~40cm
❋ 관상 기간 5~7일   💧 물올림 ○   ❋ 드라이 ✕

꽃 기타

스모크그라스

별명 페니쿰

꽃색
● ○ ●

과 벼과
속 기장속
원산지 북아메리카
향기 —

개화기 6~8월
영어명 Witch grass
일반명 스모크그라스
꽃말 솔직함

클로즈업!

섬세한 실루엣과 광택이 인기의 비결

이삭이 뭉게뭉게 퍼지는 연기와 비슷해서 붙여진 이름입니다. 여름에 녹색 꽃을 피우는 벼과 기장속의 일년초로, 긴 꽃이삭이 빗자루 모양으로 펼쳐집니다.

섬세한 실루엣과 반짝거리는 질감 때문에 최근 작품이나 꽃다발로 큰 인기를 얻고 있습니다. 예전에는 여름에만 볼 수 있었지만 시설 재배로 연중 나올 수 있게 되었습니다.

✽ 절화 데이터
유통 시기 : 연중
▷ 국내 각지에서 유통되며 유통량이 늘고 있습니다.
✽ 꽃이삭 약 10cm   ✽ 유통 길이 40~70cm
✽ 관상 기간 14일 이상   💧 물올림 ○   ✽ 드라이 ○

▼ 꽃꽂이를 하기 전에
잎을 적당히 정리하고 줄기를 자릅니다. 속이 비어 있으니 조심스럽게 다룹니다.
✽ 생기가 없을 때
줄기를 자릅니다.

▼ 어드바이스
꽃과 꽃 사이에 꽂으면 작품 전체 인상이 부드러워지며 미풍에도 흔들리는 이삭은 상쾌함을 연출하고 싶을 때 제격입니다.

세아노서스

별명 캘리포니아 라일락

꽃색
●

과 갈매나무과
속 세아노서스속
원산지 북아메리카
향기 —

개화기 5~7월
영어명 California lilac
일반명 세아노서스
꽃말 첫사랑의 추억·온후함

클로즈업!

안개처럼 피어나는 아련하고 섬세한 꽃

'캘리포니아 라일락'이라는 이름으로 알려진 북아메리카 원산의 관목입니다.

품종에 따라서 꽃이삭의 색과 크기가 많이 다릅니다. 절화로 주로 나오는 품종은 마리사이먼(왼쪽)입니다. 작은 꽃이 안개처럼 섬세하고 포근하게 피며 꽃이 진 7월 이후에는 그린과 열매가 유통됩니다.

✽ 절화 데이터
유통 시기 : 5~10월   ▷ 꽃의 절정은 6~7월이며 열매가 붙은 가지는 7~10월에 유통됩니다.
✽ 꽃 크기 3~5cm   ✽ 유통 길이 30~60cm
✽ 관상 기간 7~14일   💧 물올림 ○   ✽ 드라이 ✕

▼ 꽃꽂이를 하기 전에
가지를 자릅니다. 꽃이 떨어지기 쉬우니 주의해서 다룹니다.
✽ 생기가 없을 때
가지를 자르고 칼집을 냅니다.

▼ 어드바이스
안개가 낀 듯 피어나는 모습이 작품 전체를 부드럽게 감쌉니다. 꽃이 다 피면 그린으로도 사용해 주세요. 꽃이 떨어지므로 장식하는 장소에 주의해야 합니다.

기타 꽃

꿩의비름

별명 변경초

꽃색

클로즈업!

그린 화재 같은 봉오리 등 쓰임이 다양한 꽃

작은 꽃이 빽빽이 모인 공 모양의 꽃. 다육 식물의 하나로 추위와 더위를 잘 견뎌 더운 계절에도 유용한 화재입니다. 독특한 질감이 주는 매력에 컬러풀한 염색과 무늬가 있는 품종 등이 나와 다양하게 쓸 수 있게 되었습니다. 그린 화재로도 보이는 딱딱한 봉오리는 꽃이 피면 핑크색과 빨간색으로 물듭니다.

과 돌나물과
속 꿩의비름속
원산지 아시아·유럽
북아메리카
향기 —
개화기 6~9월
영어명 Orpine
일반명 꿩의비름
꽃말 강한 마음·신념

▼ 꽃꽂이를 하기 전에
같은 품종이어도 봄, 가을로 색이 변하는 일이 있습니다. 줄기를 자릅니다.
*생기가 없을 때
줄기를 뜨거운 물에 담가 열탕처리합니다.

▼ 어드바이스
꽃 한 송이가 클 때는 꽃을 따서 크기를 조절합니다. 딱딱한 봉오리는 그린 화재로 작품의 볼륨을 살리는 데 사용할 수 있습니다.

✻ 절화 데이터
유통 시기 : 연중
▷노지 재배와 시설 재배가 있으며 제철은 6~7월입니다.
✿ 꽃의 집합 5~8cm   ✿ 유통 길이 30~60cm
✿ 관상 기간 7~14일   💧물올림 ○   ✳ 드라이 ✕

세린세

꽃색

고개 숙인 작은 꽃이 풍기는 정원 분위기

유연한 줄기에 보라색과 노란색의 작은 꽃이 피며 특히 정원에서 인기 있는 초화입니다. 꽃은 대롱 형태로 아래를 향하고 꽃잎 끝이 다섯 개로 나뉩니다.

꽃잎은 밀랍질이라 광택이 있고 색은 깊이가 있습니다. 두터운 잎은 녹색에 보라색이 섞여 그러데이션이 있는 것도 있지만 보통 수수하며 광택이 없는 색입니다.

과 지치과
속 세린세속
원산지 유럽
향기 —
개화기 4~5월
영어명 Cerinthe
일반명 세린세·허니워트
꽃말 우아한 아름다움

클로즈업!

▼ 꽃꽂이를 하기 전에
잎을 정리하고 줄기를 자릅니다.
*생기가 없을 때
꽃과 잎을 신문지로 감싼 후 줄기를 뜨거운 물에 5초 정도 담가 열탕처리합니다.

▼ 어드바이스
봄의 초화와 잘 어울립니다. 아래를 향해 피는 보라색 꽃을 악센트로 잎을 정리하면 꽃의 형태가 분명해집니다. 짧게 잘라서 사용해 화형을 강조해 주세요.

✻ 절화 데이터
유통 시기 : 3~5월
▷국내산이 소량 유통됩니다.
✿ 꽃 크기 1~2cm   ✿ 유통 길이 30~60cm
✿ 관상 기간 7일 전후   💧물올림 ○   ✳ 드라이 ✕

꽃 기타

소형화

꽃색 ●

클로즈업!

과	물푸레나무과
속	영춘화속
원산지	히말라야
향기	○

푸른 잎과 산뜻함을 전하는 노란색 작은 꽃

낭창한 가지 끝에 노란색 작은 꽃이 피어 산뜻함을 전하는 초여름 화목입니다. 영춘화속은 약 300종류가 있는데 재스민 정도는 아니지만 절화로 나오는 이 소형화도 향기를 지니고 있습니다. 5~6월에는 노란색 화목으로, 꽃이 진 후 가을까지는 그린, 가지류로 유통됩니다. 튼튼한 푸른 잎에는 윤기가 흐릅니다.

개화기	5~6월
영어명	Jasminum odoratissimum
일반명	소형화
꽃말	사랑스러움·가련함

❋ 절화 데이터

유통 시기 : 5~6월
▷꽃의 제철은 5월이며 9~10월은 그린으로 유통됩니다.
❋ 꽃 크기 2~2.5cm　❋ 유통 길이 60~150cm
❋ 관상 기간 5~7일　💧물올림 ○　❋ 드라이 ✕

▼ 꽃꽂이를 하기 전에
잎과 작은 가지를 적당히 정리하고 가지를 사선으로 자릅니다.
❋ 생기가 없을 때
가지를 자르고 칼집을 냅니다.

▼ 어드바이스
탄력 있는 가지의 라인을 살려 장식합니다. 길이를 활용하여 대형 작품이나 꽃다발을 만들며, 꽃이 진 후에는 그린으로 활용할 수 있습니다.

솔리다스터

꽃색 ●

클로즈업!　옆면

과	국화과
속	솔리다스터속
원산지	북아메리카
향기	—

노란 안개 같은 작은 별 모양 꽃

노란색 작은 꽃이 무수히 붙어 있어 볼륨감을 높이거나 꽃을 고정하는 데도 효과적으로 쓰입니다. 캐주얼한 작품이나 꽃다발에 빼놓을 수 없습니다.
아스타속과 솔리다고속의 교배에 의해 탄생했으며 작은 한 송이, 한 송이가 모두 별 모양입니다. 어떤 꽃과도 잘 어울려 작품 전체를 환하게 만들어 줍니다.

개화기	6~9월
영어명	Solidaster
일반명	솔리다스터
꽃말	나를 봐주세요·풍부한 지식

❋ 절화 데이터

유통 시기 : 연중　▷겨울에는 가고시마현산, 여름에는 나가노현산과 홋카이도산 등이 유통됩니다.
❋ 꽃 크기 0.5~1cm　❋ 유통 길이 50~80cm
❋ 관상 기간 7~10일　💧물올림 ○　❋ 드라이 ○

▼ 꽃꽂이를 하기 전에
잎을 정리하고 줄기를 자릅니다. 습기와 바람에 약하므로 주의가 필요합니다.
❋ 생기가 없을 때
줄기를 뜨거운 물에 담가 열탕처리합니다.

▼ 어드바이스
잘라서 나누어 사용하면 화재 사이를 메우는 데 편리하며 작품에 가벼운 움직임을 표현할 수 있습니다. 부드럽고 유연한 줄기는 꽃을 지탱하는 쿠션이 됩니다.

기타 꽃

툴바기아

꽃색 ——

- 과 백합과
- 속 툴바기아속
- 원산지 남아프리카
- 향기 ○
- 개화기 3~4월
- 영어명 Tulbaghia simmleri
- 일반명 툴바기아
- 꽃말 차분한 매력

클로즈업!

화사한 분위기와 달콤한 향기

절화로 유통되는 것은 달콤하고 품격 있는 향기를 가진 툴바기아 프라그란스입니다. 남아프리카 원산의 구근 식물로 백합과 닮은 아주 작은 별 모양 꽃이 모여 핍니다. 화사한 분위기가 매력적입니다.

잎은 뿌리에서 나오므로 꽃과 줄기만 유통되며, 튼튼하고 물올림도 좋아 서브 화재로 애용됩니다.

▼ 꽃꽂이를 하기 전에
줄기를 자릅니다.
*생기가 없을 때
줄기를 자릅니다.

▼ 어드바이스
꽃이 작으므로 눈에 잘 띄는 곳에 배치합니다. 화사한 이 꽃이 들어가면 섬세한 아름다움이 살아납니다.

*절화 데이터
유통 시기 : 11~6월
▷지바현산 등이 나오며 2~3월이 제철입니다.
❋ 꽃의 집합 약 4cm　❋ 유통 길이 30~50cm
❋ 관상 기간 10일 전후　💧물올림 ○　❋ 드라이 ✕

투구꽃

꽃색 ——

- 과 미나리아재비과
- 속 투구꽃속
- 원산지 북반구의 온대지방
- 향기 ―
- 개화기 8~9월
- 영어명 Monkshood
- 일반명 투구꽃
- 꽃말 영광 · 기사도

꽃꽂이에 애용되는 아름다운 가을의 청보라색

소박한 정취가 넘치는 청보라색 초화입니다. 꽃꽂이용으로 애용되는 한편 독초로도 알려져 있습니다. 절화 품종은 자생종보다 독성이 약합니다.

구하기 쉬운 것은 튼튼한 줄기에 많은 꽃을 피우는 중국 원산의 투구꽃과 가는 줄기에 드문드문 꽃이 피는 서양 투구꽃 등이며 소량이지만 일본 야생종도 유통됩니다.

클로즈업!

▼ 꽃꽂이를 하기 전에
꽃이 피기 시작한 것으로 고릅니다. 잎을 정리한 뒤 줄기를 자릅니다.
*생기가 없을 때
줄기를 뜨거운 물에 담가 열탕처리합니다.

▼ 어드바이스
청보라색 꽃이삭이 돋보이도록 옅은 색이나 반대색 꽃과 배합해 화려하게 완성합니다. 곡선을 그리는 분위기 있는 줄기를 살려 가을 정취를 표현하기도 합니다.

*절화 데이터
유통 시기 : 9~10월
▷주로 국내 산간 지역에서 생산되며 제철은 9월입니다.
❋ 꽃 크기 약 3cm　❋ 유통 길이 60~100cm
❋ 관상 기간 5~7일　💧물올림 ○　❋ 드라이 ✕

157

꽃 기타

트리텔레이아

꽃색 ○ ○ ● ●

다른 타입

미라비플로라

클로즈업!

과 백합과
속 트리텔레이아속
원산지 북아메리카
향기 ―

개화기 5~7월
영어명 Triteleia
일반명 트리텔레이아 · 브로디아
꽃말 받아들이는 사랑

별 모양으로 피는 귀여운 작은 꽃

꽃은 백합과 같은 별 모양으로 핍니다. 절화의 대표적 품종인 브로디아는 꽃 모양과 화사한 모습으로 '히메 아가판서스'로도 불립니다. 보라색과 흰색의 맑은 색이며 줄기는 가늘지만 튼튼합니다.

그 밖에도 자주 나오는 품종은 미라비플로라로 활짝 피는 유백색의 도톰한 꽃은 결혼식에서 인기가 많습니다.

＊ 절화 데이터

유통 시기 : 3~5월
▷주로 지바현산이 나오며 제철은 5월입니다.
❀ 꽃 크기 2~4cm　❀ 유통 길이 30~50cm
❀ 관상 기간 5~7일　💧 물올림 ○　❀ 드라이 ✕

▼ **꽃꽂이를 하기 전에**
줄기를 자릅니다.
＊**생기가 없을 때**
줄기를 자릅니다.

▼ **어드바이스**
가늘고 긴 라인을 살려 산뜻함과 섬세함을 연출합니다. 짧게 잘라서 사용해 별 모양을 강조하기도 합니다. 다 핀 꽃들을 정리하면 봉오리가 피기 쉬워집니다.

패랭이꽃

꽃색 ● ● ● ● ● ● ● ◎

별명 다이안서스

클로즈업!

다른 타입

라피네피아

테마리소

과 석죽과
속 패랭이꽃속
원산지 유럽 · 아시아 · 북아메리카 · 남아프리카
향기 ○(일부)

개화기 5~7월
영어명 Gillyflower
일반명 패랭이꽃
꽃말 순수한 사랑 · 재능 · 사모

청초한 소륜에서 녹색 이끼구슬풍까지

일반적으로 패랭이꽃은 패랭이꽃속의 식물을 가리킵니다. 수명이 길고 유통량이 많은 것은 수염패랭이꽃(왼쪽)입니다. 옅은 색에서 검은색까지 다양한 색상이 있습니다.

녹색의 꽃받침이 모인 테마리소도 근연종입니다. 최근 등장한 라피네 시리즈는 두드러진 소륜으로 들꽃 같은 분위기를 풍깁니다. 카네이션은 별종으로 취급합니다.

＊ 절화 데이터

유통 시기 : 연중　▷특히 유통이 많은 것은 테마리소이며 제철은 5~7월입니다.
❀ 꽃 크기 1~3cm　❀ 유통 길이 30~50cm
❀ 관상 기간 7~10일　💧 물올림 ○　❀ 드라이 ✕

▼ **꽃꽂이를 하기 전에**
잎을 정리하고 줄기를 자릅니다. 꺾이기 쉬우니 주의하여 얕은 물에 담급니다.
＊**생기가 없을 때**
줄기를 뜨거운 물에 담가 열탕처리합니다.

▼ **어드바이스**
홑꽃형이 모인 수염패랭이꽃은 초화 작품의 볼륨업에 편리합니다. 테마리소(그린트릭)는 김처럼 펼쳐서 다른 화재를 고정할 때 사용하기도 합니다.

기타 꽃

니겔라

꽃색
●
○
●
●

클로즈업! 봉오리

다른 타입

미스 지킬블루

이스탄불

개화 후 열리는 열매는 니겔라 열매로 불리며 유통됩니다.

베일을 겹친 듯 로맨틱한 꽃

꽃이 녹색 베일에 둘러싸인 우아한 인상의 꽃입니다. 이 때문에 '안개 속의 연인'이라는 로맨틱한 영어명을 가지고 있습니다.

꽃잎으로 보이는 것은 꽃받침으로 중심에 눈에 띄는 녹색 실 같은 것이 포엽입니다. 이 포엽이 꽃을 감싸고 있습니다. 홑꽃형과 겹꽃형 모두 꽃은 그리 오래가지 않습니다. 양쪽 다 한 줄기에 꽃과 봉오리가 몇 개씩 달리고 봉오리는 차례로 피어납니다.

새까만 씨앗이 있어 '흑종초'라고 불립니다. 씨앗에는 바닐라 같은 향기가 있습니다.

꽃이 진 후 풍선처럼 부푼 열매가 절화로 유통되어 드라이플라워로 쓰입니다.

과	미나리아재비과
속	니겔라 속
원산지	남유럽
향기	—

개화기	5~6월
영어명	Love in a mist
일반명	니겔라·흑종초
꽃말	은밀한 기쁨·미래

▼ 꽃꽂이를 하기 전에
잎을 정리하고 줄기를 자릅니다.
＊생기가 없을 때
열탕처리합니다. 꽃과 잎을 신문지로 감싼 후 줄기의 단면을 뜨거운 물에 5초 정도 담갔다가 건져 물에 넣습니다.

▼ 어드바이스
부드러운 푸른색이 필요할 때, 실처럼 가는 잎도 잘 활용하면 작품에 섬세함이 표현됩니다. 귀여운 작은 꽃을 덧붙여 개성적인 표정을 더해도 좋습니다. 특히 니겔라의 개화기인 5, 6월에 제철을 맞는 허브, 초화들과 궁합이 좋습니다. 물을 부지런히 갈아줍니다.

＊ 절화 데이터
유통 시기 : 연중
▷전국 각지에서 유통되며 제철은 4~6월입니다.

❋ 꽃 크기 약 3cm   ❋ 유통 길이 60~80cm
❋ 관상 기간 7~10일
💧 물올림 ◎   ❋ 드라이 ✕

꽃 기타

갯버들

꽃색 ●●

개화   클로즈업!

과 버드나무과
속 버드나무속
원산지 일본
향기 —

개화기 2~4월
영어명 Rose gold pussy willow
일반명 갯버들
꽃말 노력이 보상받다·친절

겨울의 붉은 가지가 은회색 꽃으로

고양이 털처럼 부드럽고 윤기 있는 꽃이삭이 봄 소식을 알려줍니다. 꽃이 피기 전의 은백색 꽃이삭에 겹쳐 피어오르는 모습이 작품 등에 애용되고 있습니다.

붉은색 꽃눈이 있는 시기에는 아카네야나기(왕버들)라 불리며 유통됩니다. 꽃눈은 겨울눈이라고도 하며 여기에서 꽃이삭이 나옵니다.

✽ 절화 데이터
유통 시기 : 12~3월 ▷이바라키현산 등이 나오고, 제철은 연말부터 초봄까지입니다.
✽ 꽃이삭 1~2cm ✽ 유통 길이 60~150cm
✽ 관상 기간 14일 이상 💧물올림 ○ ✽ 드라이 ○

▼ 꽃꽂이를 하기 전에
가지를 자릅니다. 굵은 가지는 단면에 칼집을 냅니다.
✽ 생기가 없을 때
가지를 자르고 칼집을 냅니다.

▼ 어드바이스
짧게 잘라 꽃이삭을 봄의 초화와 함께 배합하면 따뜻한 느낌의 작품이 됩니다. 직선적인 라인을 살려 큰 화기에 던져 넣듯 꽂아 감각적으로 꾸며도 좋습니다.

버질리아

꽃색(봉오리) ●●○●●

클로즈업!

다른 타입 / 갈피니

과 브루니아과
속 버질리아속
원산지 남아프리카
향기 —

개화기 4~5월
영어명 Berzelia
일반명 버질리아
꽃말 정열·작은 용기

열매류 같은 독특한 봉오리가 감상 포인트

둥근 열매 같은 꽃이 분기된 가지 끝에 휠 정도로 핍니다. 좁은 잎은 삼나무와 비슷하며, 독특한 꽃 모양은 남아프리카 원산의 야생화입니다.

딱딱한 봉오리를 즐기기 위해 꽃 상태로는 유통되지 않습니다. 녹색 봉오리를 장식해 두면 크림색 꽃이 피어나며 녹색 외에 붉은색 봉오리도 있습니다.

✽ 절화 데이터
유통 시기 : 연중
▷주로 남아프리카산으로 제철은 10~12월입니다.
✽ 꽃 크기(봉오리) 1~2cm ✽ 유통 길이 30~60cm
✽ 관상 기간 14일 이상 💧물올림 ○ ✽ 드라이 ○

▼ 꽃꽂이를 하기 전에
봉오리에 검은 빛이 없는 신선한 것으로 골라 가지를 자릅니다.
✽ 생기가 없을 때
가지를 자르고 칼집을 냅니다.

▼ 어드바이스
열매류처럼 사용해 이 꽃만의 리스를 만들어 봅시다. 침엽수 가지류와 배합하여 그린 한 가지 색만 이용한 스웨그를 만들어도 좋습니다. 습기에 주의하세요.

기타 꽃

파인애플 릴리

꽃색 ○ ● ●

클로즈업!

과 백합과
속 유코미스속
원산지 남아프리카·중앙아프리카
개화기 7~8월
영어명 Pineapple lily
일반명 파인애플 릴리
꽃말 완벽·완전

독특한 모양과 긴 관상 기간이 자랑

밝은 초록색의 산뜻한 남국의 꽃. 꽃이삭 위에 잎처럼 화포가 붙은 모습은 마치 파인애플을 보는 듯합니다. 이 형태와 별 모양의 꽃이 피는 것에서 이름이 붙여졌습니다. 가드닝에서 자주 사용되는 튼튼한 구근화로, 꽃은 아래에서 위로 피어오릅니다. 아프리카가 원산지이며 더운 시기에 나옵니다.

▼ **꽃꽂이를 하기 전에**
줄기를 자릅니다. 얕은 물에 담그고 꽃 무게에 주의하세요.
＊생기가 없을 때
줄기를 자릅니다.

▼ **어드바이스**
유니크한 모습이 한 줄기만으로도 강한 임팩트를 줍니다. 꽃이 피면 느낌이 완전히 바뀝니다. 꽃이 무게가 있으므로 피어나면 짧게 잘라 장식하세요.

＊**절화 데이터**
유통 시기 : 6~10월
▷국내산만 유통되며 제철은 7~9월입니다.
❋ 꽃 크기 0.5~1cm ❋ 유통 길이 20~80cm
❋ 관상 기간 10일 전후 💧 물올림 ○ ❋ 드라이 ✕

패모

꽃색 ● ◎

뒷면　클로즈업!

과 백합과
속 패모속
원산지 중국
향기 —
개화기 4~5월
영어명 Fritillaria thunbergii
일반명 패모
꽃말 위엄·경건한 마음

별명 패모백합

이른 봄에 피는 들꽃 같은 분위기

가련한 줄기에 고개 숙여 피는 꽃은 이른 봄 들꽃의 정취를 느끼게 해줍니다. 한 줄기에 몇 송이씩 붙어 아래에서 순서대로 벌어지며 옅은 녹색 꽃잎 안쪽에는 그물 무늬가 있습니다. 잎의 끝부분은 덩굴처럼 휘감기는 모양새입니다. 중국에서 한방약의 원료로 전해졌으며 꽃 모양이 쓸쓸해 보여 다화나 꽃꽂이에서 선호하게 되었습니다.

▼ **꽃꽂이를 하기 전에**
줄기를 자릅니다.
＊생기가 없을 때
꽃과 잎을 신문지로 감싼 후 줄기를 뜨거운 물에 5초 정도 담가 열탕처리합니다.

▼ **어드바이스**
담백한 색채는 성장하는 이른 봄의 이미지입니다. 작은 화재들과 함께 이른 봄의 움트는 싹을 표현해도 좋습니다. 독특하지만 의외로 어떤 꽃과도 잘 어울립니다.

＊**절화 데이터**
유통 시기 : 1~4월
▷국내산이 나오며 제철은 3월입니다.
❋ 꽃 크기 1~3cm ❋ 유통 길이 20~50cm
❋ 관상 기간 10일 전후 💧 물올림 ○ ❋ 드라이 ✕

꽃 기타

연꽃

꽃색 ── ○

청정함의 상징인 꽃을 봉오리로 즐기기

연못 속 진흙에서 피어오르는 연꽃은 청정함의 상징으로 이야기됩니다.

꽃은 이른 아침에 피어 점심때가 지나면 오므라드는데 3~4일간 이 과정을 되풀이합니다. 절화는 꽃잎이 펼쳐지기 어렵기 때문에 관상하는 것은 대부분 봉오리이며 꽃꽂이에서는 전용 펌프를 사용해 물올림을 합니다.

가을 이후에는 마른 열매가 유통됩니다.

과 연꽃과
속 연꽃속
원산지 열대아시아~온대아시아
향기 ○

개화기 7~8월
영어명 Lotus
일반명 연꽃·연
꽃말 맑은 마음·웅변

※ 절화 데이터
유통 시기 : 7~11월 ▷봉오리와 잎은 7~8월, 열매는 8~11월에 주로 유통됩니다.
❀ 꽃 5~7cm(봉오리), 10cm(개화) ❀ 유통 길이 40~80cm
❀ 관상 기간 3~5일 ♠ 물올림 △ ❀ 드라이 ✕

▼ 꽃꽂이를 하기 전에
신선한 것으로 골라 줄기를 자릅니다.
＊생기가 없을 때
전용 펌프를 줄기에 넣어 수분을 공급하거나 줄기를 자르고 깊은 물에 담급니다.

▼ 어드바이스
수반에 잎을 띄우고 봉오리를 침봉에 꽂아 물가에 핀 청량한 풍경을 연출합니다. 양치류 등의 그린과 함께 화기에 넣어 모던한 느낌으로도 표현할 수 있습니다.

설악초

꽃색 ── ○

별명 초설초

클로즈업!

상쾌함이 감도는 흰색과 녹색의 하모니

북아메리카 원산의 일년초입니다. 줄기 아래에 붙은 잎은 녹색이지만 위쪽에 붙은 잎은 녹색에 흰색 테두리가 둘러져 있습니다. 그 아름다운 모습에 별명을 '초설초'라고 지었으며 여름에는 작고 하얀 꽃이 핍니다.

그린으로 취급되는 경우도 많으며 청량감을 주는 꽃 덕분에 더운 계절에 선호되고는 합니다.

과 대극과
속 유포르비아속
원산지 북아메리카
향기 ―

개화기 7~10월
영어명 Snow on the mountain
일반명 설악초
꽃말 호기심·축복

※ 절화 데이터
유통 시기 : 연중 ▷꽃이 피는 여름 이외에도 그린 화재로 국내산이 유통됩니다.
❀ 꽃 크기 약 0.5cm ❀ 유통 길이 40~60cm
❀ 관상 기간 5~7일 ♠ 물올림 ○ ❀ 드라이 ✕

▼ 꽃꽂이를 하기 전에
줄기를 자릅니다.
＊생기가 없을 때
줄기를 자른 다음 단면을 불로 태워 깊은 물에 담급니다.

▼ 어드바이스
곁들이는 화재의 종류와 색감을 조절하면 이 꽃의 개성적인 색과 형태, 질감을 강조할 수 있습니다. 한 송이만 추가해도 작품에 시원한 느낌이 더해집니다.

기타 꽃

파피오페딜럼

꽃색 ●●●○●●●◎

과	난초과
속	파피오페딜럼속
원산지	열대아시아·중국
향기	—
개화기	12~6월
영어명	Lady's slipper
일반명	파피오페딜럼
꽃말	경쾌함·사려 깊음

뒷면   옆면

다른 타입

갈색 품종

유니크한 표정과 기품 있는 모습

그리스어로 '여신의 실내화'라는 뜻의 이름을 가진 독특한 난입니다. 식충식물을 닮은 애교 있는 표정에 매끄러운 광택과 솜털이 있습니다.
독특한 질감과 기품 있는 모습이 난 중에서도 특히 개성적인 꽃입니다. 절화는 스트라이프가 아름다운 녹색과 흰색의 혼합색이며 갈색의 일륜형이 주류입니다.

▼ **꽃꽂이를 하기 전에**
꽃잎에 상처가 없는 것으로 골라 줄기를 자릅니다.
* **생기가 없을 때**
줄기를 자릅니다.

▼ **어드바이스**
개성이 뚜렷한 한 송이 꽃아주는 것만으로도 세련된 작품이 됩니다. 녹색과 흰색의 혼합형은 곁들이는 꽃을 특별히 고를 필요가 없어 쓰기 편합니다.

* **절화 데이터**
유통 시기 : 연중   ▷국내산과 함께 대만산, 태국산이 유통되며 제철은 2월입니다.
❄ 꽃 크기 4~8cm   ❄ 유통 길이 15~50cm
❄ 관상 기간 10~14일   💧 물올림 ○   ❄ 드라이 ✕

비부르눔 오플러스

꽃색 ○●

별명 스노볼트리

과	인동과(연복초과)
속	산분꽃나무속
원산지	유럽·북아메리카
향기	—
개화기	4~6월
영어명	Snowball tree
일반명	비부르눔 오플러스·백당나무
꽃말	큰 기대·나를 봐 주세요

클로즈업!

주위의 꽃을 돋보이게 해주는 밝은 명조연

수국을 작게 줄인 듯한 둥근 공 모양 꽃은 어떤 꽃과도 잘 어울려 인기가 높습니다. 황록색은 주위의 꽃을 돋보이게 하고 작품을 환하게 만들어 주는 명조연입니다.
최근에는 절화로 나오는 비부르눔의 동료들이 많아져 '스노볼'이라는 이름으로 많이 불립니다. 꽃은 시간이 지나면 흰색으로 변합니다.

▼ **꽃꽂이를 하기 전에**
굵은 가지를 자르고 칼집을 냅니다. 가느다란 가지는 사선으로 자릅니다.
* **생기가 없을 때**
껍질을 깎아내 수분 흡수 면을 늘립니다.

▼ **어드바이스**
특히 핑크 계열 장미와 잘 어울리며 달콤한 색조를 상쾌하게 완성합니다. 다알리아 등 송이가 큰 꽃들을 돋보이게 하고, 초화와도 잘 어울리는 멋진 조연입니다.

* **절화 데이터**
유통 시기 : 연중   ▷국내산의 제철은 5월, 네덜란드산은 연중 소량 유통됩니다.
❄ 꽃의 집합 4~6cm   ❄ 유통 길이 40~120cm
❄ 관상 기간 5~10일   💧 물올림 △   ❄ 드라이 ✕

163

꽃 기타

일행물나무

별명 작은잎 히어리

꽃색 —

과 조록나무과
속 히어리속
원산지 일본
향기 —

클로즈업!

잎보다 먼저 피는 노란 봄꽃

긴키 지방에서만 자생하는 낙엽 관목입니다. 잎이 아직 나지 않은 가지에 노란색의 작은 꽃이 매달리듯 핍니다.

봉오리 상태에서 꽃을 피워 실내에서 보온한 것이 12월에서 3월까지 유통됩니다. 이후 새순이 달린 것, 잎이 있는 것 순서로 유통됩니다. 잎이 작아서 취급이 간편해 인기 있는 가지류입니다.

개화기 3~4월
영어명 Buttercup winter hazel
일반명 일행물나무·좀히어리
꽃말 배려·동정심

✽ 절화 데이터
유통 시기 : 12~3월
▷꽃의 제철은 3월이며 3~11월에 잎이 유통됩니다.
❋ 꽃 크기 1~2cm   ❋ 유통 길이 40~120cm
❋ 관상 기간 7~14일   💧 물올림 ○   ❋ 드라이 ✕

▼ 꽃꽂이를 하기 전에
가지를 자릅니다. 굵은 가지는 단면에 칼집을 냅니다.
✽ 생기가 없을 때
가지를 자른 다음 칼집을 냅니다.

▼ 어드바이스
옅은 색조의 신선한 분위기를 살려 초봄의 초화와 함께 장식합니다. 가늘고 유연한 가지는 구부리기 쉬워 리스의 기초가 됩니다.

부바르디아

별명 부바리아

꽃색 —

과 꼭두서니과
속 부바르디아속
원산지 멕시코·열대아메리카
향기 —

핑크색 품종

클로즈업!

희고 빨간 송이가 모여 피는 청초한 꽃

네 장의 잎을 가진 작은 꽃이 모여 피는 청초한 분위기가 인기이며, 예전에는 대표적인 결혼식의 꽃이었습니다. 사랑스러운 작은 꽃은 풀꽃처럼 보이지만 멕시코와 중앙아메리카 원산의 관목입니다.

품종 개량과 약품 등의 효과로 전보다 물올림, 관상 기간이 많이 개선되었으며 볼륨감 있는 겹꽃형 품종도 유통되고 있습니다.

개화기 5~6월
영어명 Bouvardia
일반명 부바르디아
꽃말 교제·꿈·선망

✽ 절화 데이터
유통 시기 : 연중   ▷이즈오섬과 후쿠오카현 등이 주산지이며 제철은 5~6월입니다.
❋ 꽃 크기 1~2cm   ❋ 유통 길이 30~70cm
❋ 관상 기간 7일 전후   💧 물올림 ○   ❋ 드라이 ✕

▼ 꽃꽂이를 하기 전에
잎을 정리하고 가지를 자릅니다. 선도 유지제가 효과적입니다.
✽ 생기가 없을 때
물속에서 가지를 꺾는 물속 꺾기를 합니다.

▼ 어드바이스
소륜을 그룹으로 모은 듯한 꽃은 색과 모양을 강조할 수 있습니다. 장식해 두면 수액 때문에 물이 흐려져 물올림이 나빠지므로 물을 자주 갈아주어야 합니다.

기타 꽃

부플리움

꽃색 ●

클로즈업!   옆면

과	미나리과
속	시호속
원산지	유럽
향기	—
개화기	6~8월
영어명	Thorough wax
일반명	부플리움·시호·등대시호
꽃말	첫 키스

밝은 녹색과 유연한 줄기가 매력

별 모양으로 보이는 것은 중심의 아주 작은 꽃과 이를 둘러싼 녹색의 포엽입니다. 둥근 잎을 관통하는 줄기와 가늘고 유연한 줄기의 밝은 색이 경쾌한 인상을 줍니다.

많은 화재들과 잘 어울리며 작품에 입체감을 주고 꽃이라기보다 그린에 가깝다고 할 수 있습니다. 가지를 잘라서 나눠 사용하면 작은 작품에도 생동감을 줄 수 있습니다.

▼ 꽃꽂이를 하기 전에
잎을 정리하고 줄기를 자릅니다.
＊생기가 없을 때
꽃과 잎을 신문지로 감싼 후 줄기를 뜨거운 물에 5초 정도 담가 열탕처리합니다.

▼ 어드바이스
분위기가 화사해 작은 작품에서 생동감을 표현하기 좋은 화재입니다. 물올림은 나쁘지 않지만 수분이 부족해지기 쉬우므로 가지 절단과 물길이를 자주 해줍니다.

＊절화 데이터
유통 시기 : 연중
▷전국 각지에서 유통되며 5~7월이 제철입니다.
❋ 꽃 크기 1~2cm   ❋ 유통 길이 40~90cm
❋ 관상 기간 7~10일   💧물올림 ○   ❋ 드라이 ✕

플란넬 플라워

꽃색 ○

과	미나리과
속	액티노투스속
원산지	오스트레일리아
향기	—
개화기	5~6월
영어명	Flannel flower
일반명	플란넬 플라워
꽃말	고결

플란넬 같은 질감에 따뜻한 느낌을 주는 흰색 꽃

꽃잎으로 보이는 포엽이 뒤집혀서 피는 귀여운 홑꽃형. 꽃 전체가 플란넬 천처럼 하얀 털에 싸여 있어 이 이름이 지어졌습니다.

꽃은 흰색이며 꽃의 중심과 잎, 줄기는 은색 계열입니다. 이 자연스럽고 부드러운 색과 질감이 결혼식이나 겨울 작품에서 인기를 모으고 있습니다.

뒷면

▼ 꽃꽂이를 하기 전에
선도가 좋은 것으로 골라 줄기를 자릅니다.
＊생기가 없을 때
줄기를 뜨거운 물에 담가 열탕처리, 또는 탄화처리합니다.

▼ 어드바이스
낭창낭창한 줄기가 보이게 사용하면 생동감 있는 꽃의 표정이 살아납니다. 다른 흰 꽃과 함께 자연 줄기를 이용한 내추럴스템 부케로 매치하는 방법도 추천합니다.

＊절화 데이터
유통 시기 : 연중
▷기후현산이 연중 유통되며 수입산도 있습니다.
❋ 꽃 크기 약 4cm   ❋ 유통 길이 15~35cm
❋ 관상 기간 7일 전후   💧물올림 △   ❋ 드라이 ✕

꽃 기타

프리틸라리아

꽃색
○○○○●◎

클로즈업! 옆면

과	백합과
속	패모속
원산지	유럽·서아시아
향기	○(일부)

우아하게 고개 숙인 종 모양의 꽃

청초하게 고개 숙인 종 모양의 꽃은 다화나 꽃꽂이에서 많이 쓰이는 패모와 같은 속입니다.

절화로 흔히 나오는 것은 유럽에서 서아시아에 이르는 지역 원산의 품종인 메레아그리스입니다. 꽃잎 한 장, 한 장에 있는 개성적인 바둑판 무늬가 특징입니다. 그 밖에도 오렌지색 꽃이 모여 피는 것, 검붉은 꽃이 겹쳐 피는 것 등이 있습니다.

개화기	3~6월
영어명	Fritillaria
일반명	프리틸라리아
꽃말	재능·기쁨을 주다

▼ 절화 데이터
유통 시기 : 1~5월   ▷국내산과 네덜란드산이 유통되며 구근이 붙은 것은 도야마현에서 출하됩니다. 제철은 1~3월.
* 꽃 크기 1~8cm   * 유통 길이 20~70cm
* 관상 기간 7~14일   ♦ 물올림 ○   * 드라이 ✕

▼ 꽃꽂이를 하기 전에
줄기를 자릅니다.
* 생기가 없을 때
줄기를 자릅니다.

▼ 어드바이스
한 송이 덧붙이기만 해도 개성이 살아나거나 섬세함이 생겨납니다. 흔들리는 듯한 모습을 살리려면 많이 넣지 말고 여유 있게 장식합니다.

블루 레이스 플라워

꽃색
○○○

봉오리 클로즈업!

과	산형과
속	트라키메네속
원산지	오스트레일리아
향기	—

레이스 뜨개와 같은 고상하고 섬세한 모습

작은 꽃들이 모여 삿갓 모양으로 피는 모습이 레이스 뜨개처럼 가련합니다. 구불구불 굽은 가는 줄기는 적절히 분기되어 가지 끝에 몇 개의 화방이 생깁니다. 꽃은 바깥쪽부터 피어 다 피고 나면 우수수 떨어지므로 장식하는 장소에 주의할 필요가 있습니다.

분위기가 비슷한 레이스 플라워는 다른 품종으로 꽃의 크기나 구조가 다릅니다.

개화기	5~6월
영어명	Blue lace flower
일반명	블루 레이스 플라워·디디스커스
꽃말	우아한 행동·말없는 사랑

▼ 절화 데이터
유통 시기 : 연중
▷전국 각지에서 유통되며 4~5월이 제철입니다.
* 꽃의 집합 3~5cm   * 유통 길이 30~70cm
* 관상 기간 7일 전후   ♦ 물올림 ○   * 드라이 ✕

▼ 꽃꽂이를 하기 전에
줄기를 자릅니다. 장식할 때는 얕은 물에 꽂습니다.
* 생기가 없을 때
줄기를 자릅니다.

▼ 어드바이스
꽃이 작고 사랑스러워 다정하고 상냥한 느낌이므로 부드러운 색의 꽃과 배합합니다. 줄기의 움직임을 살려 장식하면 경쾌함을 표현할 수 있습니다.

기타 꽃

블루스타

꽃색

부드럽고 따뜻한 느낌의 푸른 별 모양 꽃

결혼식에서 인기 높은 물빛의 작은 꽃입니다. 이름은 꽃의 색과 모양에서 왔는데 귀여운 별 모양을 덧붙이고 싶을 때 애용됩니다. 흰색 솜털로 싸여 있는 부드러운 질감의 꽃잎과 잎, 줄기도 특징입니다. 가장 인기 있는 품종은 퓨어블루(오른쪽)로 꽃잎이 둥글고 크게 개량된 품종입니다.

꽃의 색은 물색 외에 핑크색과 흰색이 있어 각각 핑크스타, 화이트스타로 불립니다. 겹꽃형 품종이 늘어나는 한편, 최근에는 새빨간 품종이 등장했습니다.

원래는 덩굴성 식물이지만 튼튼한 줄기와 긴 길이로 개량되어 사용하기 편한 꽃이 되었습니다. 다른 꽃에서는 볼 수 없는 광택 없는 색조와 꽃의 형태가 선물용으로 특히 인기입니다.

클로즈업!

다른 타입
잉카레드
화이트스타

겹꽃형 러블리 핑크. 작은 꽃잎이 사랑스럽습니다.

별명 옥시페탈룸

과	박주가리과
속	트위디아 속
원산지	브라질·우루과이
향기	—

개화기	5~10월
영어명	Blue milkweed
일반명	블루스타
꽃말	행복한 사랑·서로 믿는 마음

▼ **꽃꽂이를 하기 전에**

줄기를 물속 자르기합니다. 단면에서 나오는 하얀 유액은 물올림을 나쁘게 하므로 잘 씻어낸 후 사용합니다.

＊**생기가 없을 때**

열탕처리합니다. 신문지로 감싼 후 줄기를 뜨거운 물에 10초 정도 담갔다가 물에 넣습니다. 줄기를 자른 다음 장식합니다.

▼ **어드바이스**

사랑스러운 꽃 모양을 강조하려면 잎을 제거하고 사용해야 합니다. 잎을 떼어내면 유액이 나오므로 닦아내고 나서 꽂습니다. 블루 품종은 신부의 행복을 기원하는 성싱 블루의 꽃으로 부케나 축하의 꽃에 들어가기도 합니다.

＊ **절화 데이터**

유통 시기 : 연중

▷주산지인 고치현은 오리지널 품종을 다수 생산해 유럽, 아메리카와 중국으로의 수출도 왕성하며 제철은 5월과 10월입니다.

❋ 꽃 크기 약 2cm　❋ 유통 길이 30~50cm
❋ 관상 기간 5~10일　💧물올림 ○　❋ 드라이 ✗

브루니아

꽃색 (봉오리)

클로즈업!

과	브루니아과
속	브루니아속
원산지	남아프리카
향기	○
개화기	4~5월
영어명	Brunia
일반명	브루니아
꽃말	정열·멋쟁이

크리스마스에 쓰고 싶은 스모키 컬러

삼나무 잎 같은 잎이 달린 가지 끝에 광택 없는 은회색의 둥근 꽃이 달립니다. 버질리아와 매우 닮았지만 브루니아 꽃이 더 큽니다.

겨울에 많이 나오며 '실버 브루니아'라고 불리는 회색 타입이 주류입니다. 건조한 환경에 강해 드라이플라워로 해도 모양이 변하지 않습니다.

❋ **절화 데이터**
유통 시기 : 연중
▷남아프리카산이 가을부터 크리스마스 전까지 유통됩니다.
❋ 꽃 크기 약 2cm　❋ 유통 길이 30~50cm
❋ 관상 기간 14일 이상　💧물올림 ○　❋ 드라이 ○

▼ **꽃꽂이를 하기 전에**
꽃에 검게 변색된 부분, 얼룩 등이 없는 것으로 골라 가지를 자릅니다.
＊**생기가 없을 때**
가지를 자르고 칼집을 냅니다.

▼ **어드바이스**
리스와 스웨그용 화재로 매우 좋습니다. 광택이 없는 색조가 붉은 꽃과 열매류를 돋보이게 합니다. 작게 나누어 미니 작품의 악센트로도 사용합니다.

플록스

꽃색

과	꽃고비과
속	풀협죽도속
원산지	북아메리카·시베리아
향기	—
개화기	6~8월
영어명	Fall phlox·Garden phlox
일반명	플록스
꽃말	온화함

클로즈업!

화려함을 더한 소박한 홑꽃형

쭉 뻗은 줄기 끝에 작은 꽃들이 모여 핍니다. 대표적인 흰색을 비롯해 짙은 핑크색, 빨간색, 혼합색 등 미묘하게 다른 풍부한 색들이 있습니다. 꽃은 바깥쪽부터 중심을 향해 핍니다. 원래는 하루만 피는 꽃이었지만 생산 단계에서의 처리 방법을 연구해 해소되었습니다. 작은 꽃이 계속 피어 오래가고, 사용이 간편한 절화가 되었습니다.

❋ **절화 데이터**
유통 시기 : 6~9월　▷초여름부터 나오고 명절(양력 8월 15일)용 꽃으로 전성기를 맞습니다.
❋ 꽃 크기 1~2cm　❋ 유통 길이 40~60cm
❋ 관상 기간 7~10일　💧물올림 ○　❋ 드라이 ✕

▼ **꽃꽂이를 하기 전에**
잎을 제거하고 줄기를 자릅니다.
＊**생기가 없을 때**
꽃과 잎을 신문지로 감싼 후 줄기를 뜨거운 물에 5초 정도 담가 열탕처리합니다.

▼ **어드바이스**
내추럴한 작품의 서브 화재로 좋습니다. 꽃잎이 갈라져 있는 타입과 별 모양 타입은 작은 작품에 사랑스러운 표정을 만들어 줍니다.

기타 꽃

헬리코니아

꽃색
●
●
●
◎

과 헬리코니아과
속 헬리코니아속
원산지 열대아메리카·남태평양제도
향기 —
개화기 6~11월
영어명 Hanging lobster claw
일반명 헬리코니아
꽃말 주목·각광

클로즈업!

붉은색과 녹색이 깊은 인상을 주는 남국풍 꽃

남국을 연상시키는 붉은색과 녹색의 선명한 대비가 인상적입니다. 꽃과 잎 모두 단단하고, 더운 계절에도 오래 감상할 수 있습니다. 여름 평균기온의 상승과 함께 해마다 주목을 받고 있습니다.

바다가재 발톱 같은 꽃 모양에 날렵한 타입입니다. 몇몇 꽃들은 늘어진 타입 등 개성적인 종류들이 있습니다.

▼ **꽃꽂이를 하기 전에**
줄기를 자릅니다. 얕은 물에 장식합니다.
* **생기가 없을 때**
줄기를 자릅니다.

▼ **어드바이스**
큰 화기에 넣어 남국 리조트풍 분위기로 만들어 봅니다. 꽃이 무거우므로 안정된 화기를 고릅니다. 추위에 약하니 13℃ 이상인 실내에 장식해 주세요.

* **절화 데이터**
유통 시기 : 연중 ▷여름 중심의 오키나와산과 태국산, 말레이시아산이 유통됩니다.
❋ 꽃의 길이 10~20cm   ❋ 유통 길이 50~120cm
❋ 관상 기간 10~14일   ♦물올림 ○   ❋ 드라이 ×

베로니카

꽃색
●
○
●
●

과 현삼과
속 개불알풀속
원산지 북반구
향기 —
개화기 6~8월
영어명 Speedwell
일반명 베로니카·꾸리풀
꽃말 항상 미소 지어요·명예

시원한 느낌의 색과 모양, 관상 기간이 긴 것이 특징

청자색의 작은 꽃이 밀집한 쭉 뻗은 꽃이삭이 청량감이 있습니다. 꽃이삭이 호랑이 꼬리처럼 보인다 하여 '호랑이 꼬리'라는 의미가 있습니다. 더운 계절에도 오래 감상할 수 있어 여름 작품으로 좋습니다.

절화로는 일본과 유럽의 자생종에서 탄생한 원예 품종이 유통됩니다. 이삭 끝이 맨드라미처럼 넓어지는 종류도 있습니다.

다른 타입

핑크색 품종

클로즈업!

▼ **꽃꽂이를 하기 전에**
잎을 정리하고 줄기를 자릅니다. 선도 유지제가 효과적입니다.
* **생기가 없을 때**
줄기를 자릅니다.

▼ **어드바이스**
초화를 모은 내추럴 디자인으로, 모던한 작품의 악센트로 유연하게 활약합니다. 바람에 흔들리는 듯한 꽃이삭의 라인을 살립니다.

* **절화 데이터**
유통 시기 : 연중
▷국내산 외에도 에티오피아산이 연중 유통됩니다.
❋ 꽃이삭 5~10cm   ❋ 유통 길이 30~60cm
❋ 관상 기간 7~10일   ♦물올림 ○   ❋ 드라이 ○

꽃 기타

헬레보루스

꽃색
●
○
●
●
●
◎

별명 크리스마스 로즈
향기 —
원산지 유럽·지중해 연안
속 헬레보루스속
과 미나리아재비과
개화기 12~4월
영어명 Hellebore·Lenten rose
일반명 헬레보루스
꽃말 위로·편안한 마음

고개 숙여 피는 가련함, 섬세한 분위기가 인기

가드닝에서 인기가 많은 사랑스러운 이 꽃을 작품이나 꽃다발에 사용하면 섬세한 느낌을 줄 수 있습니다. 별명인 크리스마스 로즈는 원래 크리스마스 즈음에 피는 원종 니겔의 애칭입니다. 그러나 일본에서는 모든 원종, 교배종을 포함한 헬레보루스 전체를 이 이름으로 부릅니다.

홑꽃형과 겹꽃형, 파스텔 계열 색조와 무늬가 섞인 모양 등 다채로운 품종이 있습니다. 최근에는 연중 유통되는 품종도 등장해 화제입니다. 줄기가 길고 꽃이 많이 달리며 관상 기간이 긴 페티다스라는 원종은 대형 작품에 어울립니다.

봉오리 뒷면

줄기가 긴 페티다스. 꽃이 많고 볼 가치가 충분합니다.

다른 타입

니겔   홑꽃형 품종   겹꽃형 품종

✽ 절화 데이터

유통 시기 : 연중
▷국내산이 중심이며 니겔, 오리엔탈리스와 그 원예 품종이 유통되고 1월부터 페티다스 등이 등장합니다. 제철은 2~3월입니다.

✽ 꽃 크기 2~6cm   ✽ 유통 길이 15~60cm
✽ 관상 기간 5~15일   💧 물올림 △   ✽ 드라이 ○

▼ 꽃꽂이를 하기 전에

구입할 때는 꽃가루가 떨어지고 개화가 진행된 것으로 고릅니다. 40℃의 물에 담가 식을 때까지 그대로 둡니다.

✽생기가 없을 때
줄기를 자른 다음 단면을 불로 태워 깊은 물에 담급니다.

▼ 어드바이스

가련하고 섬세한 분위기를 연출하고 싶을 때 요긴하게 사용됩니다. 시크함과 고급스러운 느낌을 더해줍니다. 아래로 향한 꽃은 자칫하면 수분이 부족한 것처럼 보이므로 다른 꽃이나 잎 사이에 꽂아 지탱하게 하면 좋습니다.

기타 꽃

벨로페로네

꽃색 ●●◎

별명 새우풀

과 쥐꼬리망초과
속 쥐꼬리망초속
원산지 멕시코
향기 —

개화기 5~10월
영어명 Shrimp plant
일반명 벨로페로네
꽃말 말괄량이·풍부한 기지

클로즈업!

새우처럼 생긴 포엽

꽃처럼 보이는 포엽이 비늘 형태로 붉게 겹쳐진 모습이 새우와 닮았다 하여 '새우풀'이라고도 합니다. 본래 꽃은 흰색인데 포엽 안에 있어 눈에 잘 띄지 않습니다. 포엽은 녹색으로, 끝부분이 아래로 처지며 차츰 붉은색으로 변합니다. 질감은 전체적으로 부드러우며 검게 변한 잎을 제거하면 오래 즐길 수 있습니다.

▼ 꽃꽂이를 하기 전에
잎을 정리하고 줄기를 자릅니다.
＊생기가 없을 때
줄기를 자른 다음 단면을 불로 태워 깊은 물에 담급니다.

▼ 어드바이스
잎을 제거하고 사용하면 독특한 포엽의 표정이 선명해집니다. 아래로 처지는 포엽 끝에서 움직임을 표현합니다. 줄기가 꺾이기 쉬우니 주의해서 다룹니다.

＊절화 데이터
유통 시기 : 7~10월
▷국내산이 중심이며 9~10월이 제철입니다.
✽ 꽃이삭 5~7cm   ✽ 유통 길이 50~60cm
✽ 관상 기간 5일 전후   💧물올림 ○   ✽ 드라이 ✕

뻐꾹나리

꽃색 ●○●◎

과 백합과
속 뻐꾹나리속
원산지 일본·동아시아
향기 —

개화기 8~9월
영어명 Toad lily
일반명 뻐꾹나리
꽃말 감춰진 의지

클로즈업! 뒷면

색과 모양이 개성적인 가을의 산야초

가는 가지에 꽃을 피운, 가을 정취를 물씬 풍기는 산야초입니다. 흰 바탕에 붉은 자주색 점무늬가 있는 꽃잎이 뻐꾸기의 가슴털 무늬를 닮아서 이름 붙여졌다고 합니다.

동아시아에 약 20종이 자생하고 10여 종이 일본의 고유종입니다. 한편, 절화로 유통되는 것은 대만 뻐꾹나리로 일본 자생종과의 교배종입니다.

▼ 꽃꽂이를 하기 전에
가지를 자릅니다.
＊생기가 없을 때
꽃과 잎을 신문지로 감싼 후 줄기를 뜨거운 물에 5초 정도 담가 열탕처리합니다.

▼ 어드바이스
초화를 믹스한 내추럴한 꽃다발로 잘 어울립니다. 색과 모양이 섬세하므로 주위 꽃들에 뒤섞이지 않게 배치합니다. 줄기가 꺾이기 쉬우니 주의해서 다룹니다.

＊절화 데이터
유통 시기 : 8~11월   ▷중산간지의 노지 재배가 많으며 제철은 8~9월입니다.
✽ 꽃 크기 약 2cm   ✽ 유통 길이 40~60cm
✽ 관상 기간 7~10일   💧물올림 ○   ✽ 드라이 ✕

꽃 기타

마트리카리아

꽃색 ○

별명 피버퓨

과 국화과
속 쑥국화속
원산지 남유럽
향기 —

개화기 5~7월
영어명 Feverfew
일반명 마트리카리아
꽃말 집결된 기쁨

작고 소박한 꽃은 쓰기 편한 명조연

마거리트를 작게 줄인 듯한 소박한 꽃. 흰색 홑꽃형인 싱글 페그모는 들꽃의 정취를 풍깁니다. 작은 국화를 닮은 흰 꽃은 여름에 피어서 '여름국화'로도 불립니다. 해열, 소염 효과가 있어 허브계에서는 열을 내린다는 의미의 '피버퓨'라는 이름으로 알려져 있습니다. 일본에 전해진 것은 19세기이며 현재는 쑥국화속이지만 당시의 속명인 마트리카리아가 그대로 이름이 되었습니다.

현재 겹꽃형과 폼폰형 등 화형이 미묘하게 다른 다양한 품종이 나와 있습니다. 핑크색과 노란색의 혼합인 다마고핑크를 비롯해 살구색, 민트그린 등 파스텔컬러가 호평을 받고 있습니다.

다른 타입
옐로 페그모
다마고핑크
클로즈업!
뒷면
산뜻하고 품격 있는 겹꽃형 더블라테

✽ 절화 데이터

유통 시기 : 연중
▷제철은 3~5월이며 주산지는 나가사키현과 지바현입니다.
✽ 꽃 크기 약 1.5cm   ✽ 유통 길이 30~60cm
✽ 관상 기간 7일 전후   ♦ 물올림 ○   ✽ 드라이 ✕

▼ 꽃꽂이를 하기 전에

잎이 시들기 쉬우니 정리합니다. 아래쪽 잎은 제거하고 줄기를 자릅니다.

✽ 생기가 없을 때
열탕처리합니다. 꽃과 잎을 신문지로 감싼 후 줄기의 단면을 뜨거운 물에 5초 정도 담갔다가 건져 물에 넣습니다. 줄기를 자른 다음 장식합니다.

▼ 어드바이스

들꽃처럼 몇 줄기를 그대로 유리 용기에 꽂아도 좋습니다. 가지가 많이 갈라지므로 조금씩 잘라서 나누어 사용합니다. 꽃을 단단히 모으면 귀여운 표정을 강조할 수 있지만 물러지기 쉬우니 너무 빽빽이 꽂지 않도록 주의하세요. 물갈이와 줄기 자르기를 부지런히 해줍니다.

기타 꽃

마거리트

꽃색
●
○

과 국화과
속 쑥갓속
원산지 카나리아 제도
향기 —
개화기 3~4월
영어명 Paris daisy·Marguerite
일반명 마거리트
꽃말 마음에 간직한 사랑·진실한 우정

클로즈업!

청초한 분위기로 사랑받는 꽃

가늘고 깊게 갈라진 잎 사이에 청초한 홑꽃형 꽃을 피웁니다. 원산지는 카나리아 제도이고, 17세기 프랑스에서 활발히 개량되어 '파리 데이지'라고도 불립니다.

뿌리 부분이 목질화되며 잎의 형태가 쑥갓을 닮았습니다. 흰색 꽃 품종이 굳건한 인기를 유지하고 있습니다.

▼ 꽃꽂이를 하기 전에
잎을 정리하고 줄기를 자릅니다.
*생기가 없을 때
꽃과 잎을 신문지로 감싼 후 줄기를 뜨거운 물에 5초 정도 담가 열탕처리합니다.

▼ 어드바이스
잎을 정리하면 꽃의 청초함과 귀여움이 돋보입니다. 줄기는 상하기 쉬우니 줄기 자르기와 물갈이를 부지런히 해줍니다.

✻ 절화 데이터
유통 시기 : 11~5월 ▷일조량이 많고 온난한 시즈오카현, 가가와현 등이 주산지입니다.
✽ 꽃 크기 3~5cm   ✽ 유통 길이 40~60cm
✽ 관상 기간 7~10일   💧물올림 ○   ✽ 드라이 ✕

미야코와스레

꽃색
●
○
●

과 국화과
속 미야마요메나속
원산지 일본
향기 —
개화기 4~6월
영어명 Gymnaster
일반명 미야코와스레
꽃말 잠시의 위안·짧은 사랑

청초한 매력을 지닌 홑꽃

청초한 홑꽃형으로 꽃꽂이와 다화에서 사랑을 받아 왔습니다.

'봄의 들국화'로 불리는 미야마요메나의 원예종으로 일본에 자생하는 들국화 종류로는 드물게 봄에 핍니다.

절화는 초봄부터 유통되고 정원에서는 봄부터 초여름에 걸쳐 핍니다.

클로즈업!

▼ 꽃꽂이를 하기 전에
잎을 정리하고 줄기를 자릅니다.
*생기가 없을 때
열탕처리합니다. 줄기의 단면을 뜨거운 물에 5초 정도 담갔다가 물에 넣습니다.

▼ 어드바이스
작은 홑꽃형은 초화를 믹스한 작품으로 알맞습니다. 꽃다발은 일종꽃으로 인상적으로 완성하면 좋습니다. 더위에 약하므로 시원한 장소에 장식합니다.

✻ 절화 데이터
유통 시기 : 2~5월
▷각지에서 소량 생산되고 있으며 제철은 3월입니다.
✽ 꽃 크기 2~3cm   ✽ 유통 길이 20~50cm
✽ 관상 기간 7~10일   💧물올림 ○   ✽ 드라이 ✕

꽃 기타

무스카리

꽃색 ○ ● ●

다른 타입

진한 보라색 품종   클로즈업!

과	백합과
속	무스카리속
원산지	지중해 연안·서아시아
향기	○
개화기	3~5월
영어명	Grape hyacinth
일반명	무스카리
꽃말	관대한 사랑

포도를 연상시키는 산뜻한 향기의 구근화

작고 파란 포도송이가 거꾸로 매달린 듯한 사랑스러운 모습이며 히아신스를 축소한 것처럼 보이기도 합니다. 따뜻한 색이 많은 봄철 구근화 중에서 청량감 있는 이 파란색은 귀중합니다.

줄기와 잎이 처지기 쉬워 길이가 짧은 것이 유통되며 코를 가까이 대면 상쾌한 향기가 납니다. 구근이 붙은 것도 유통됩니다.

* **절화 데이터**
유통 시기 : 11~4월 ▷제철인 1~3월은 국내산, 그 이외에는 네덜란드산이 유통됩니다.
* 꽃이삭 3~4cm   * 유통 길이 15~25cm
* 관상 기간 10일 전후   ▲물올림 ○   * 드라이 ×

▼ **꽃꽂이를 하기 전에**
줄기를 자르고, 구근은 부패하기 쉬우므로 뿌리만 물에 잠기게 합니다.
*생기가 없을 때
줄기를 자릅니다.

▼ **어드바이스**
작은 작품의 악센트로 사용합니다. 파란색 꽃은 큰 꽃의 조연 역할을 합니다. 구근이 붙은 것은 유리 화기 등에 장식하여 구근과 뿌리도 활용합니다.

모나르다

꽃색 ● ● ●

별명 베르가못

불꽃처럼 피어나는 산뜻한 향기의 허브

꽃잎처럼 보이는 포엽이 불꽃처럼 퍼지고 꽃술이 튀어나온 독특한 꽃입니다. 포엽이 불꽃처럼 보여 '햇불화'라고도 합니다.

더위에 강하고 핑크, 보라 등 색깔이 선명합니다. 운향과의 베르가못과 매우 닮은 감귤계의 향기를 지녀 허브계에서는 베르가못이라는 이름으로 알려져 있습니다.

과	꿀풀과
속	수레박하속
원산지	북아메리카·멕시코
향기	○
개화기	6~9월
영어명	Bee balm·Oswego tea
일반명	모나르다
꽃말	풍부한 감수성·평온

클로즈업!

* **절화 데이터**
유통 시기 : 6~8월
▷국내산이 소량 유통되며 제철은 7월입니다.
* 꽃 크기 3~4cm   * 유통 길이 50~70cm
* 관상 기간 7일 전후   ▲물올림 ○   * 드라이 ○

▼ **꽃꽂이를 하기 전에**
꽃이 만개하기 전 상태인 것으로 골라 줄기를 자릅니다.
*생기가 없을 때
줄기를 뜨거운 물에 담가 열탕처리합니다.

▼ **어드바이스**
꽃받침과 잎까지 그대로 살리고 싶은 아름다운 녹색입니다. 돌출된 꽃술은 초화를 믹스한 작품의 악센트가 됩니다.

기타 꽃

모루셀라

꽃색 ●

과	꿀풀과
속	모루셀라속
원산지	지중해 연안·서아시아
향기	○
개화기	6~7월
영어명	Bell of Ireland
일반명	모루셀라·조개꽃
꽃말	감사·희망

클로즈업!

힘차게 넘실거리는 그린처럼 보이는 개성파

　꽃받침이 조개껍데기 같아서 '조개껍데기 샐비어'라고도 불립니다. 잎을 제거하고 녹색 꽃받침만 겹쳐진 것이 절화로 유통됩니다. 줄기는 빛을 향해 힘차게 물결치고, 꽃이라기보다 그린으로 사용되는 일이 많은 화재이며 꽃받침 중심에는 작은 하얀 꽃이 피어 있습니다. 민트 향이 납니다.

■ 꽃꽂이를 하기 전에
꽃턱잎 둘레에 작은 가시가 있으니 줄기를 자를 때 주의합니다.
＊생기가 없을 때
줄기를 뜨거운 물에 담가 열탕처리합니다.

▼ 어드바이스
양감이 있는 야생화와 잘 어울립니다. 개성 있는 형태를 살려 스타일리시하게 디자인할 수 있습니다.

＊절화 데이터
유통 시기 : 거의 연중
▷국내산이 나오며 제철은 3~5월입니다.
❋ 꽃 크기 3~5cm　❋ 유통 길이 40~80cm
❋ 관상 기간 7일 전후　💧물올림 ○　❋ 드라이 ○

수레국화

꽃색 ●●○●●●

별명 센토레아

과	국화과
속	수레국화속
원산지	유럽·서남아시아
향기	○ (일부)
개화기	4~6월
영어명	Cornflower
일반명	수레국화
꽃말	행운·행복·신뢰

부드러운 잎과 줄기, 맑은 파랑의 아름다움

　깊게 갈라진 꽃잎, 솜털로 싸인 희끄무레한 잎과 줄기가 부드러운 인상을 줍니다. 줄기들이 갈라져 많은 꽃이 차례로 피어나므로 갓 피어나기 시작한 것으로 고릅니다.
　고대 이집트 투탕카멘의 묘에서도 발견되었다고 하는 꽃입니다. 유럽에서는 밀밭의 잡초였는데 19세기 독일 황제가 국화로 정했다고 합니다.

다른 타입
여러해살이 타입

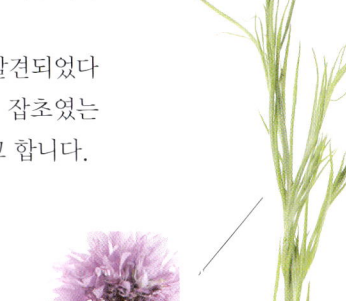
클로즈업!

■ 꽃꽂이를 하기 전에
잎을 정리하고 줄기를 자릅니다. 꽃 목이 꺾이기 쉬우니 주의하세요.
＊생기가 없을 때
줄기를 뜨거운 물에 담가 열탕처리합니다.

▼ 어드바이스
메인이 되는 꽃에 곁들여져 부드러운 분위기를 더해줍니다. 맑은 푸른색은 악센트가 되기도 합니다. 귀여운 작은 꽃들을 모은 꽃다발에서는 주역이 되어도 좋습니다.

＊절화 데이터
유통 시기 : 12~5월　▷겨울에서 봄에 걸쳐 국내에서 생산되며 제철은 4월입니다.
❋ 꽃 크기 3~4cm　❋ 유통 길이 30~50cm
❋ 관상 기간 5~10일　💧물올림 ○　❋ 드라이 ✕

꽃 기타

황매화

꽃색 —

클로즈업! 봉오리

과 장미과
속 황매화속
원산지 일본·중국
향기 —

황록색 새싹이 달린 화려한 노란색 꽃나무

유연하게 늘어진 가지에 노란색 꽃이 피는 꽃나무입니다. 황록색 새싹이 밝은 인상을 줍니다. 일본에 자생하며〈만엽집〉,〈겐지모노가타리〉에도 등장하고, 10가지나 되는 원에 품종이 탄생했습니다.

야마부키색(황금색)의 유래가 된 짙은 노란색 꽃으로 청초한 홑꽃형과 겹꽃형이 있습니다.

개화기 4~5월
영어명 Japanese kerria
일반명 황매화
꽃말 기품·숭고함

* **절화 데이터**

유통 시기 : 2~4월
▷벚꽃의 유통이 끝난 4월 상순에 제철을 맞습니다.
❋ 꽃 크기 2~3cm   ❋ 유통 길이 50~100cm
❋ 관상 기간 5~10일   💧 물올림 ○   ❋ 드라이 ✕

▼ **꽃꽂이를 하기 전에**
굵은 가지는 잘라 단면에 칼집을 냅니다.
＊생기가 없을 때
가지를 자르고 칼집을 내 깊은 물에 담급니다.

▼ **어드바이스**
가지가 늘어지도록 꽃이 피는 모습을 살립니다. 많은 봄꽃들과 잘 어울리는 밝은 색입니다. 꽃잎이 우수수 떨어지므로 장식하는 장소에 주의해야 합니다.

트라켈리움

꽃색 —
○
●(분홍)
●(녹)

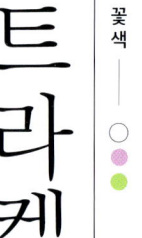

클로즈업!

과 초롱꽃과
속 트라켈리움속
원산지 남유럽·북아프리카
향기 —

작은 꽃들이 알알이 맺혀 여름 작품으로 대활약

여름이 제철이라 더운 시기의 작품에 요긴하게 쓰이는 화재입니다. 2mm 정도의 작은 꽃들이 모여 커다란 꽃송이가 됩니다. 푸근하게 피는 모습이 저녁안개 같아 '저녁안개풀'이라고도 합니다.

많이 출하되는 보라색은 화려함이, 녹색은 그린 화재 같은 시원함이 있습니다. 양쪽 다 양감을 연출하는 데도 사용합니다.

개화기 5~6월
영어명 Throat wort
일반명 트라켈리움·석무초
꽃말 상냥한 애정·덧없는 사랑

* **절화 데이터**

유통 시기 : 연중   ▷국내산의 제철은 5~6월이며 네덜란드산이 연중 유통됩니다.
❋ 작은 꽃의 집합 5~10cm   ❋ 유통 길이 30~60cm
❋ 관상 기간 7~10일   💧 물올림 ○   ❋ 드라이 ✕

▼ **꽃꽂이를 하기 전에**
잎을 정리하고 줄기를 자릅니다.
＊생기가 없을 때
줄기를 자른 다음 단면을 불로 태워 깊은 물에 담급니다.

▼ **어드바이스**
안개꽃, 스모크트리에 이어 부드러운 느낌으로 인기입니다. 동양식, 서양식 어느 쪽으로나 쓸 수 있어 좋습니다.

기타 꽃

조팝나무

꽃색 — ●○

- 과 장미과
- 속 조팝나무속
- 원산지 일본·중국
- 향기 —
- 개화기 4월
- 영어명 Thunberg spirea
- 일반명 조팝나무
- 꽃말 애교·사랑스러움

홍엽　클로즈업!

가지에 흰 꽃을 가득 피우는 낙엽 관목

벚꽃이 질 무렵, 눈에 잘 띄지 않던 나무가 눈이 내려 쌓인 것처럼 새하얗게 변합니다. 새싹을 틔우면서 자그마한 홑꽃이 핍니다.

꽃이 눈을 닮고 늘어진 가지가 버드나무를 닮아 '눈버드나무'라고도 합니다. 초여름에는 녹색 가지가, 가을에는 붉은 잎이 유통됩니다.

▼ 꽃꽂이를 하기 전에
굵은 가지는 잘라 단면에 칼집을 냅니다. 가는 가지는 사선으로 자릅니다.
＊생기가 없을 때
가지를 자르고 칼집을 내 물에 담급니다.

▼ 어드바이스
아래로 늘어지는 가지의 특성을 살려줍니다. 가느다란 가지를 모아 주위의 화재를 감싸면 안개꽃과 같은 효과가 있어 아련한 풍경을 연출할 수 있습니다.

＊절화 데이터
유통 시기 : 12~4월　▷꽃의 제철은 2~3월이며 잎은 새싹이 돋는 5~7월을 제외하고 연중 유통됩니다.
❋ 꽃 크기 0.5~0.8cm　❋ 유통 길이 60~120cm
❋ 관상 기간 7~10일　💧물올림 ○　❋ 드라이 ✕

락스퍼

꽃색 — ●○●●

- 과 미나리아재비과
- 속 델피니움속
- 원산지 남유럽·중앙아시아
- 향기 —
- 개화기 5~6월
- 영어명 Larkspur
- 일반명 락스퍼
- 꽃말 신뢰·경쾌함

가는 줄기에 작은 꽃이 겹쳐 피는 유연한 초화

시원스럽게 쭉 뻗은 가지에 꾸깃꾸깃한 질감의 꽃이 겹쳐 피는 이삭형과 스프레이형이 있습니다. 델피니움과 비슷하지만 락스퍼 쪽이 더 작고 화사합니다.

내추럴한 꽃다발과 꽃꽂이 작품에 빠뜨릴 수 없는 가느다란 줄기의 경쾌한 꽃입니다.

봉오리　클로즈업!

▼ 꽃꽂이를 하기 전에
잎은 되도록이면 제거하고 줄기를 자릅니다.
＊생기가 없을 때
줄기를 뜨거운 물에 담가 열탕처리합니다.

▼ 어드바이스
이삭처럼 피는 타입은 작품의 아웃라인으로 사용합니다. 줄기가 가는 스프레이형은 꽃과 꽃 사이를 메우는 용도로 편리합니다. 여름에는 물갈이를 자주 해줍니다.

＊절화 데이터
유통 시기 : 연중
▷일정량이 항상 유통되며 5~6월에 제철을 맞이합니다.
❋ 꽃 크기 약 2cm　❋ 유통 길이 60~80cm
❋ 관상 기간 5~7일　💧물올림 ○　❋ 드라이 ✕

꽃 기타

라케날리아

별명 아프리칸 히아신스

꽃색 ●●●○●●●◎

과 백합과
속 라케날리아속
원산지 남아프리카
향기 ○

다른 타입

클로즈업!   맑은 청색 품종

개화기 2~4월
영어명 Cape cowslips
일반명 라케날리아
꽃말 지속되는 사랑

보석 같은 투명한 색깔의 꽃

투명감 있는 윤기 있는 색깔과 부드러운 질감이 특징입니다. 원종이 100종 이상 되며 에메랄드그린, 노란색과 오렌지색의 그러데이션 등 컬러풀한 색들도 있습니다. 원통형 꽃이 겹쳐 피는데, 잎 없이 꽃과 줄기만으로 유통됩니다. 그중에는 향기가 강한 품종도 있습니다. 유통량은 많지 않으며 제철은 2월입니다.

✻ 절화 데이터
유통 시기 : 12~4월   ▷온실 재배로 겨울에서 봄까지 일정량이 유통되며 제철은 2월입니다.
✻ 꽃의 길이 약 2cm   ✻ 유통 길이 10~30cm
✻ 관상 기간 10~14일   💧물올림 ○   ✻ 드라이 ✕

▼ 꽃꽂이를 하기 전에
줄기를 자른 다음 부드러운 줄기가 꺾이지 않도록 주의해서 얕은 물에 장식합니다.
*생기가 없을 때
줄기를 자릅니다.

▼ 어드바이스
유통 길이가 짧아서 작은 작품이나 꽃다발에 알맞습니다. 조금만 배합해도 섬세함이 생겨나며 강한 빛을 좋아하므로 창가에 장식합니다.

리코리스

꽃색 ●●●●●◎

과 상사화과
속 수선화속
원산지 일본·중국
향기 —

클로즈업!

개화기 7~10월
영어명 Spider lily
일반명 리코리스·석산
꽃말 건강한 마음·추억

긴 줄기에 피는 백합을 닮은 꽃

'피안화'로 불리는 석산도 리코리스의 한 종류이며 꽃의 색은 노란색과 흰색도 있습니다. 백합을 닮은 꽃이 사방을 향해 피어나는 화려한 구근화이며 길게 뻗은 줄기 끝에 꽃을 피웁니다.

여름에서 가을에 걸쳐 소량 유통되며 제철은 추분 전입니다. 꽃의 색깔은 풍부하지만 주로 유통되는 것은 노란색의 오레아(오른쪽)와 붉은색, 흰색 종류입니다.

✻ 절화 데이터
유통 시기 : 7~10월
▷국내산이 나오며 추분 전에 제철을 맞이합니다.
✻ 꽃 크기 4~6cm   ✻ 유통 길이 40~50cm
✻ 관상 기간 약 5일   💧물올림 ○   ✻ 드라이 ✕

▼ 꽃꽂이를 하기 전에
줄기를 자르고 얕은 물에 꽂습니다. 선도 유지제가 효과적입니다.
*생기가 없을 때
줄기를 자릅니다.

▼ 어드바이스
뒤로 젖혀진 꽃잎의 생동감, 꽃술의 섬세함을 표현하려면 작품의 높이나 각도에 변화를 줍니다. 동그란 꽃 사이에 꽂아 작품에 움직임을 주기도 합니다.

기타 꽃

레우코리네

꽃색
―

뒷면

다른 타입

나르시스 오이데스

과	백합과
속	레우코리네속
원산지	칠레
향기	○

개화기	3~4월
영어명	Glory of the sun
일반명	레우코리네
꽃말	따뜻한 마음

꽃잎이 우아하게 춤추는 구근화

맑고 산뜻한 색과 가볍고 우아한 모습의 꽃이 매력적입니다. 곧게 뻗은 가는 줄기 끝에 윤기 있는 별 모양의 꽃이 대여섯 송이씩 달립니다.

색과 모양이 다른 다양한 품종이 유통되고 있으며 품종에 따라 바닐라 같은 달콤한 향기와 알싸한 향기가 납니다.

▼ 꽃꽂이를 하기 전에
어느 정도 개화된 것으로 골라 줄기를 자릅니다.
*생기가 없을 때
줄기를 자릅니다.

▼ 어드바이스
날개 같은 꽃잎이 춤추는 듯이 작품에 경쾌함을 연출합니다. 줄기가 가늘어 다루기 쉬우며 보라색 계열의 부케에 빼놓을 수 없는 꽃입니다.

*절화 데이터
유통 시기 : 연중
▷제철인 2~4월 이후 소량 유통됩니다.
✻ 꽃 크기 2~4cm　✻ 유통 길이 30~60cm
✻ 관상 기간 7~14일　💧 물올림 ○　✻ 드라이 ✕

루피너스

꽃색
―

다른 타입

노랑루피너스

클로즈업!

과	콩과
속	루피너스속
원산지	지중해 연안·남북아메리카·남아프리카
향기	

개화기	5~6월
영어명	Lupine
일반명	루피너스
꽃말	많은 동료들·모성애

빛을 향해 넘실거리는 내추럴한 모습

등나무 꽃을 거꾸로 한 것 같은 꽃입니다. 콩을 닮은 작은 꽃이 아래쪽부터 피어 올라갑니다.

줄기가 유연한 타입으로는 푸른빛이 도는 보라색의 블루보넷(오른쪽) 외에 노란색과 흰색이 유통됩니다. 큰 꽃이삭이 달리며 줄기가 굵고 긴 종류도 있습니다. 장식한 후에도 꽃이삭은 생장을 계속합니다. 흔들리는 줄기의 내추럴한 느낌을 즐길 수 있습니다.

▼ 꽃꽂이를 하기 전에
잎을 정리하고 줄기를 자릅니다.
*생기가 없을 때
줄기를 뜨거운 물에 담가 열탕처리합니다.

▼ 어드바이스
사진에 나와 있는 블루보넷은 결혼의 행복을 기원하는 풍습인 섬싱포의 섬싱 블루로 사용됩니다. 구부러진 줄기를 잘 살려 풍부한 표정을 연출해 보세요.

*절화 데이터
유통 시기 : 1~5월
▷제철은 3월이며 그 후에는 아주 소량만 유통됩니다.
✻ 꽃이삭 3~8cm　✻ 유통 길이 30~60cm
✻ 관상 기간 5~10일　💧 물올림 ○　✻ 드라이 ✕

꽃 기타

레이스 플라워

별명 화이트 레이스 플라워

꽃색 ○ ●

많은 꽃들을 돋보이게 하는 화재

섬세한 작은 꽃들이 모여 있는 모습이 마치 흰 레이스 같습니다. 안개가 낀 듯 로맨틱한 분위기가 감도는 화재입니다. 지름 2cm 정도의 꽃 40여 개가 모여 원을 그리고, 이들이 더 모여 삿갓 모양으로 넓어집니다.

가는 줄기는 적당한 탄력이 있어 다루기 쉽고 많은 꽃들과 잘 어울리며 꽃은 경쾌하면서도 큰 볼륨감이 매력적입니다. 작품에서는 공간을 메우는 용도로 활약하며 흰색 꽃 외에 엷은 녹색, 작은 열매가 밀집한 종자로 유통되고 있습니다.

갈색 다우커스는 많이 닮았지만 근연종인 당근의 꽃이며 블루 레이스 플라워는 속이 다른 별종입니다. 이들과 구별하기 위해 '화이트 레이스 플라워'라고 부르기도 합니다.

뒷면 클로즈업!

과 산형과
속 아미 속
원산지 지중해 지역·서아시아
향기 —
개화기 5~6월
영어명 Queen Anne's lace
일반명 레이스 플라워
꽃말 우아한 몸가짐

다른 타입

그린 미스트

프레시 그린

다우커스

양감 있는 레이스 플라워종도 유통됩니다.

✽ 절화 데이터

유통 시기 : 연중
▷제철은 3~5월이며 그린 미스트 품종의 유통량이 늘고 있습니다.

✽ 꽃의 집합 7~12cm   ✽ 유통 길이 30~70cm
✽ 관상 기간 5~10일   ▲ 물올림 ○   ✽ 드라이 ○

▼ 꽃꽂이를 하기 전에

잎과 새순을 제거하고 줄기를 지릅니다.
*생기가 없을 때
줄기를 자릅니다.

▼ 어드바이스

가는 줄기를 살려 꽃을 공간에 띄우듯 배치하면 작품에 베일을 쓴 듯한 다정함이 생겨납니다. 꽃과 꽃 사이에 채울 때는 메인 꽃보다 낮게 배치하는 것이 비결이며 꽃잎이 떨어지기 쉬우니 조심스럽게 다룹니다.

기타 꽃

개나리

꽃색 — ●

클로즈업!

과	물푸레나무과
속	개나리속
원산지	중국
향기	—
개화기	3~4월
영어명	Forsythia
일반명	개나리
꽃말	기대·희망

봄의 꽃나무 중에서 특히 선명한 노란색

봄을 화사하게 밝혀주는 낙엽 관목. 잎의 새 순에 앞서 가지 가득 피는 선명한 노란색 꽃과 분방하게 뻗은 가지가 특징입니다. 꽃은 4장의 꽃잎이 아래로 붙습니다. 꽃이 핀 후에는 그린 화재로 신록과 홍엽이 유통됩니다.

열매에는 항균, 소염 등의 효과가 있어 오래 전부터 한방 약재로 이용되고 있습니다.

▼ **꽃꽂이를 하기 전에**
가지를 자른 다음 단면에 칼집을 냅니다. 가지는 속이 비어 있지만 튼튼합니다.
＊**생기가 없을 때**
가지를 자르고 칼집을 냅니다.

▼ **어드바이스**
큼직한 가지로 꽃의 선명한 색과 평온함을 표현합니다. 짧게 사용해 활짝 핀 작은 꽃을 강조해도 좋습니다. 꽃이 모두 진 후에는 새순을 즐깁니다.

＊**절화 데이터**
유통 시기 : 2~4월 ▷꽃의 제철은 3월이며 5~10월에는 신록과 홍엽이 유통됩니다.
❋ 꽃 크기 3~4cm   ❋ 유통 길이 80~120cm
❋ 관상 기간 7~10일   💧물올림 ○   ❋ 드라이 ✕

물망초

꽃색 — ●○●●

과	지치과
속	개꽃마리속
원산지	유럽·아시아
향기	—
개화기	3~6월
영어명	Forget me not
일반명	물망초
꽃말	나를 잊지 말아요

가련한 푸른 꽃과 인상적인 이름

봄철에 귀한 푸른 꽃입니다. 중심의 노란색과 푸른색 꽃잎의 대비가 인상적이며 작품과 꽃다발의 악센트로 유용하게 쓰입니다.

꽃에 얽힌 안타까운 이야기가 있습니다. 연인을 위해 꽃을 따려던 청년이 도나우강에 휩쓸려 마지막 남긴 말이 영어명인 'Forget me not'이라고 합니다. 세계 각지에 약 50종이 분포되어 있습니다.

클로즈업!

▼ **꽃꽂이를 하기 전에**
잎을 정리하고 줄기를 자릅니다.
＊**생기가 없을 때**
꽃과 잎을 신문지로 감싼 후 줄기를 뜨거운 물에 5초 정도 담가 열탕처리합니다.

▼ **어드바이스**
꽃이 혼동되지 않도록 악센트나 포인트 컬러로 효과적입니다. 온도가 낮으면 탈수되기 쉬우니 주의해야 합니다.

＊**절화 데이터**
유통 시기 : 2~6월
▷각지에서 소량 유통되며 4~5월이 제철입니다.
❋ 꽃 크기 약 1.5cm   ❋ 유통 길이 40~50cm
❋ 관상 기간 5일 전후   💧물올림 ○   ❋ 드라이 ✕

왁스플라워

꽃색 ● ● ● ● ○ ◎

다른 타입

레벨레이션 　레이　 클로즈업!

과 도금양과
속 카멜라우키움속
원산지 오스트레일리아
향기 —

개화기 3~5월
영어명 Waxflower
일반명 왁스플라워
꽃말 귀여움

사용하기 쉬운 밀랍 같은 느낌의 꽃

밀랍처럼 광택이 있는 꽃잎의 질감에서 이름이 유래되었습니다. 매화를 닮은 꽃은 청초하고 귀여우며 오래 감상할 수 있습니다. 봉오리까지 확실히 피어나며 가지가 잘게 나누어지므로 조금씩 나눠 쓰기 편한 것도 인기의 비결 중 하나입니다.

물색과 노란색, 중간색 등 다양한 색의 꽃이 있습니다.

＊절화 데이터
유통 시기 : 연중
▷대부분 오스트레일리아산이며 국내산이 소량 유통됩니다.
❋ 꽃 크기 1~2cm　❋ 유통 길이 50~70cm
❋ 관상 기간 14일 이상　💧물올림 ○　❋ 드라이 ○

▼ 꽃꽂이를 하기 전에
꽃잎이 우수수 떨어지지 않는 신선한 것으로 골라 가지를 자릅니다.
＊생기가 없을 때
가지를 물에 담가 물속 꺾기를 합니다.

▼ 어드바이스
조금씩 나누어 꽃이 핀 가지 끝을 모아 사용하면 볼륨감이 있습니다. 잎이 많은 경우에는 조금 솎아내면 산뜻해져서 꽃이 돋보입니다.

왓소니아

꽃색 ● ● ○

클로즈업!

과 붓꽃과
속 왓소니아속
원산지 남아프리카
향기 —

개화기 4~5월
영어명 Bugle lily
일반명 왓소니아
꽃말 풍요로운 마음

쭉 뻗은 가는 줄기에 꽃이 피어 올라가는 구근화

가는 줄기에 꽃이 피어오르는 날씬한 자태가 이 꽃의 특징입니다. 형태는 글라디올러스를 작게 줄인 듯하며 꽃은 6장의 꽃잎이 붙은 깔때기 모양으로 사랑스럽습니다. 줄기에서 목을 길게 빼고 옆을 향해 핍니다.

다른 구근화와 마찬가지로 꽃과 줄기 모두 튼튼하며 줄기 윗부분의 봉오리까지 활짝 핍니다.

＊절화 데이터
유통 시기 : 3~5월
▷국내산이 소량 유통되며 제철은 유통 시기와 같습니다.
❋ 꽃 크기 약 2cm　❋ 유통 길이 50~80cm
❋ 관상 기간 7일 전후　💧물올림 ○　❋ 드라이 ✕

▼ 꽃꽂이를 하기 전에
줄기를 자릅니다.
＊생기가 없을 때
줄기를 자릅니다.

▼ 어드바이스
줄기가 길고 가는 이 꽃을 큰 작품에 배치하면 섬세함을 표현할 수 있습니다. 휘어지는 꽃이삭을 활용해 움직임이나 흐름이 있는 작품으로 만듭니다.

Basic Knowledge — 3

물올림 *1

꽃이 생기가 없어졌을 때 알아두면 도움이 되는 물올림 방법을 정리해 보았습니다.

칼집 내기

가지 끝부분에 칼집을 내서 흡수면을 넓히는 방법의 하나입니다. 주로 딱딱하고 굵은 가지에 이용하며 곁가지가 많은 종류도 이 처리를 하면 가지 끝까지 수분이 도달합니다. 가는 가지는 나무망치 등으로 두드려도 같은 효과가 있습니다.

\ 방법 /
가위로 칼집을 깊게 냅니다

❶ 가윗날을 힘 있게 비틀면서 칼집을 냅니다. 가지의 굵기에 따라 가는 가지는 세로로 한 번, 굵은 가지는 십자 모양으로 칼집을 냅니다.
❷ 칼집을 낸 후 깊은 물에 담가 갈라진 부분을 적셔줍니다.

Point
칼집 낸 부분을 벌려주는 게 중요합니다

물을 빨아들이는 세포는 표피 아래에 위치. 칼집만으로는 50%의 효과밖에 볼 수 없으므로 칼집 낸 부분을 벌려주는 것이 중요합니다.

물속 자르기

줄기를 물에 넣은 채 가위로 자르는 방법입니다. 물속에서 이루어지므로 단면에 공기막이 생기지 않고 자른 순간 수압으로 물이 올라갑니다. 대부분의 화재에 이 방법이 효과가 있습니다. 화재가 여러 종류일 때는 함께 모아 잘라도 괜찮습니다.

\ 방법 /
물속에서 자르기만 하면 OK

❶ 깊은 용기에 물을 채우고 줄기를 담근 채 가위로 자릅니다. 위치는 끝에서 3cm 이상이며 사선으로 자릅니다.
❷ 자른 순간 물이 오르므로 2초 이상은 물에 넣은 채 둡니다. 잎이 잠기지 않을 정도의 물에 재빨리 옮겨 넣고 1시간 이상 두면 완성입니다.

Point
줄기의 단면은 사선으로 길게 해줍니다

이렇게 함으로써 흡수 면이 넓어지고 화재는 보다 많은 물을 빨아올립니다. 단면은 가능한 한 길게 해줍니다.

물속 꺾기

줄기를 물속에 넣은 채 손으로 꺾는 방법입니다. 꺾인 부분은 잘게 쪼개져 물을 빨아들이기 쉬워집니다. 가지류를 비롯해 줄기가 딱딱해 꺾이기 쉬운 국화와 용담, 가위 같은 금속류를 싫어하는 클레마티스 등은 이 방법을 쓰는 것이 좋습니다.

\ 방법 /
손톱 끝으로 단숨에 꺾어줍니다

❶ 되도록 깊은 용기에 물을 채워 줄기를 물속에 담급니다. 가지 끝에서 약 5cm 위치를 양쪽 엄지손톱을 이용해 꺾습니다. 꺾은 후에는 물속에 그대로 둡니다.
❷ 다른 용기에 옮길 경우 잎이 잠기지 않을 정도의 물에 재빨리 옮겨 1시간 이상 둡니다.

Point
잘게 갈라져 있는 만큼 물올림이 좋아집니다

줄기의 섬유가 드러날수록 물과 접하는 표면적이 늘어 흡수력이 높아집니다.

꽃을 구입하면 해두어야 할 일

Before

After

아래쪽 잎과 불필요한 가지 정리

잎이 많으면 수분 증발과 에너지 소모가 진행됩니다. 꽃꽂이를 할 때 물에 잠기는 잎을 제거합니다.

피지 않는 봉오리는 제거할 것

작품에 반영되지 않는 봉오리와 딱딱해서 피지 않는 봉오리는 제거합니다. 개화를 위해 사용하는 에너지를 주위 꽃들에게 가도록 해야 합니다.

줄기 자르기

꽃꽂이를 하기 전에 먼저 줄기와 기지를 그대로 지릅니다. 단면이 새로워짐으로써 식물이 물을 빨아들이기 쉬워집니다.

물올림

절화에 물을 충분히 공급하기 위한 작업입니다. 물속 자르기나 물속 꺾기 등 꽃에 따라 알맞은 방법이 있습니다. 여름에 오랜 시간 두었던 꽃다발이 걱정될 때나 약해진 꽃을 회복시키고 싶을 때 효과적입니다.

Part 4

그린

꽃을 더욱 돋보이게 해주는 그린.
그린을 어떻게 활용하느냐가 작품의 고수가 되는 비결입니다.
그린 각각의 특징을 파악해 작품에 센스를 발휘해 보세요.
실버계, 허브, 덩굴류 등 많이 사용하는 그린부터 소개하겠습니다.

Green

유칼립투스

그린 실버계

잎색

클로즈업!

유연한 가지에서 흔들리는 광택 없는 은회색 잎

'실버 리프'라고 불리는 수수한 녹색과 상쾌한 허브향이 인상적인 가지류입니다. 향기에 진정 효과가 있다고 하며 아로마 오일을 비롯해 허브티, 화장품 등에 이용되고 있습니다. 오스트레일리아 원산의 상록 교목으로 건조한 환경에 강하고 생장이 빨라 아프리카에서는 건재로도 사용되고 있으며 그중 몇몇 종류를 코알라가 식용하고 있습니다.

1,000종이라 알려진 많은 종류의 유칼립투스 중에 절엽용으로 이용되는 것은 약 40종입니다. 광택 없는 은회색과 독특한 질감이 꽃을 우아하게 강조해 주므로 그린 화재 중에서도 인기가 많습니다. 종류에 따라 잎의 크기와 형태, 가지 모양이 다양하며 작은 봉오리가 달린 인기 있는 유칼립투스 포플러(187p 왼쪽) 외에 큰 봉오리가 달린 종류도 있습니다.

주목할 만한 품종은 유칼립투스 구니로, 잎이 작고 취급이 쉬워 좋은 평을 받고 있으며 매달아 두기만 해도 간단하게 드라이플라워가 되므로 리스나 스웨그 재료로 유용합니다.

과	도금양과
속	유칼립투스속
원산지	오스트레일리아 · 동남아시아 · 미크로네시아
영어명	Eucalyptus
일반명	유칼립투스 · 유칼리

＊절엽 데이터

유통 시기 : 연중
▷국내산, 오스트레일리아산 외에 이탈리아, 멕시코 등에서도 수입되며 10~12월이 제철입니다.

✽ 유통 길이 30~180cm
✽ 관상 기간 14일 이상
💧 물올림 ○   ✽ 드라이 ○

▼ 잎을 장식하기 전에

잎이 촘촘히 붙어 있는 것으로 골라 곁가지를 잘라서 나눠 사용합니다.

＊**생기가 없을 때**
가지를 자른 다음 단면에 칼집을 냅니다.

▼ 어드바이스

유연한 가지 라인을 살려 장식합니다. 경쾌한 잎은 좋은 악센트가 됩니다. 색이 우아한 실버 그린이므로 엷은 핑크색이나 노란색 등 파스텔컬러의 꽃과 잘 어울립니다. 향기가 강한 품종은 사용량에 주의가 필요합니다.

실버계 그린

기본에서 인기 품종까지

열매

클로즈업!

유칼립투스 구니

실버 달라

베이비 블루

은세계

그린 실버계

러시안 올리브

별명 버들잎보리수

잎색 —

가지　뒷면

과	보리수나무과
속	보리수나무속
원산지	중앙아시아
영어명	Russian olive
일반명	러시안 올리브

주목도 상승 중! 건조한 환경에 강한 타입

중앙아시아의 건조한 지대에 분포되어 있으며 건조한 환경에 강해 사막의 세 영웅(식물) 중 하나로 꼽힙니다. 잎의 형태와 색이 올리브를 닮아 이름 붙여졌지만 실제로는 보리수나무의 일종입니다.

자른 가지는 이제 막 유통되기 시작했습니다. 수분이 잘 마르지 않고 잎이 단단히 붙어 있어서 취급이 쉬워 순식간에 주목받는 그린이 되었습니다.

✻ 절엽 데이터
유통 시기 : 연중　▷국내산만 유통되며 새순이 돋는 시기를 제외하고 연중 유통됩니다.
✽ 유통 길이 60~100cm
✽ 관상 기간 14일 이상　💧물올림 ○　✽ 드라이 ○

▼ 꽃꽂이를 하기 전에
가지를 자릅니다.
✻ 생기가 없을 때
가지를 자른 다음 단면에 칼집을 냅니다.

▼ 어드바이스
섬세한 잎과 유연한 가지의 특징을 살리려면 길이를 어느 정도 길게 사용합니다. 짧게 꽂으면 특색을 살릴 수 없습니다.

더스티 밀러

별명 백묘국

잎색 —

클로즈업!

과	국화과
속	금방망이 속
원산지	지중해 연안
영어명	Dusty miller
일반명	더스티 밀러

흰 솜털에 싸인 벨벳의 질감

줄기와 잎 전체가 흰색 솜털로 뒤덮여 있어 질감이 벨벳 같습니다. 색뿐만 아니라 작게 갈라진 잎의 모양도 부드러운 인상입니다. 같은 이름으로 유통되고 있는 다른 속 식물도 있지만 잎의 모양이 다릅니다.

잎이 덜 갈라지고 둥그스름한 종류는 결혼식 등에 많이 쓰입니다.

✻ 절엽 데이터
유통 시기 : 연중
▷늦가을부터 크리스마스 시즌 전에 유통량이 늘어납니다.
✽ 유통 길이 20~60cm
✽ 관상 기간 5~7일　💧물올림 ○　✽ 드라이 ✕

▼ 꽃꽂이를 하기 전에
줄기가 단단한 것으로 골라 자릅니다. 습기에 약하므로 물의 양은 적게 합니다.
✻ 생기가 없을 때
줄기를 뜨거운 물에 담가 열탕처리합니다.

▼ 어드바이스
색과 질감이 부드러워 연한 색 꽃을 달콤하게 완성시키고 싶을 때 활약하는 반면, 푸른색이나 보라색 꽃에 곁들이면 쿨한 인상을 자아내기도 합니다.

실버계 그린

램스이어

과 꿀풀과
속 석잠풀속
원산지 서아시아
영어명 Lamb's ear
일반명 램스이어

잎색 ●●

도톰하고 부드러운 잎

좁고 긴 모양에 약간 두툼하면서도 부드러운 잎이 보송보송한 회백색 솜털로 싸여 있습니다. 잎은 부드럽고 타원형이며 늘어지듯 붙어 있는 모습이 양의 귀(Lamb's ear)라는 이름에 딱 어울립니다. 은은하고 달콤한 향기가 있으며 초여름에 핑크색과 보라색 꽃이 핍니다.

클로즈업!

▼ **꽃꽂이를 하기 전에**
잎이 상하지 않은 것으로 고릅니다. 줄기는 자르고 얕은 물에 꽂아줍니다.

▼ **어드바이스**
탄력이 없으므로 꽃과 꽃 사이에 끼우거나 몇 줄기를 모아 사용하면 좋습니다.

＊ 절엽 데이터
유통 시기 : 연중 ▷국내산이 유통되며 가을이 되면 유통량이 급증합니다.
❋ 유통 길이 20~40cm ❋ 관상 기간 5~7일
💧 물올림 ○ ❋ 드라이 ×

실버레이스

과 국화과
속 쑥국화속
원산지 지중해 연안
영어명 Silver lace
일반명 실버레이스

잎색 ●●

레이스처럼 사랑스러운 모습

더스티 밀러와 혼동하기 쉽지만 속이 다릅니다. 회색의 특이한 잎은 두께감이 없고 잎의 갈라짐도 더 섬세하며 실루엣이 레이스나 눈의 결정을 연상시킵니다. 모아심기로도 인기가 있으며 5~6월에 피는 하얀색 꽃도 귀엽습니다.

클로즈업!

▼ **꽃꽂이를 하기 전에**
줄기를 자릅니다. 여름, 겨울에는 수분이 마르기 쉬우니 주의합니다.

▼ **어드바이스**
청초한 분위기를 풍기는 그린이라 귀여운 꽃에 배합하면 사랑스럽습니다.

＊ 절엽 데이터
유통 시기 : 연중 ▷가을 초입부터 많이 나오며 제철은 9~11월입니다.
❋ 유통 길이 20~40cm ❋ 관상 기간 5~7일
💧 물올림 △ ❋ 드라이 ×

코키아

과 명아주과
속 마이레아나속
원산지 오스트레일리아·지중해 연안
영어명 Pearl blue bush
일반명 코키아

잎색 ●

설경을 떠올리게 하는 그린

죽 뻗은 가지에 다육질의 가는 잎이 다닥다닥 붙어 있는데 전체적으로는 가늘고 긴 원추형입니다. 잎도 가지도 눈으로 화장을 한 듯 아름다운 은회색이어서 크리스마스 시즌에 대활약을 합니다. 잎이 상하기 쉬우니 장식할 때는 얕은 물에 꽂아주세요.

클로즈업!

▼ **꽃꽂이를 하기 전에**
가지를 자르고 칼집을 냅니다. 잎이 떨어지기 쉬우니 사용 전에 가볍게 흔들어 줍니다.

▼ **어드바이스**
눈으로 덮인 크리스마스트리와 닮아 겨울 작품에 잘 어울립니다.

＊ 절엽 데이터
유통 시기 : 11~1월 ▷수입품만 유통되며 이스라엘산이 중심입니다.
❋ 유통 길이 40~60cm ❋ 관상 기간 14일 전후
💧 물올림 ○ ❋ 드라이 ×

그린 허브

센티드 제라늄

잎색 ●◎

별명 허브 제라늄
과 쥐손이풀과
속 펠라고니움속
원산지 남아프리카
영어명 Scented geranium
일반명 센티드 제라늄

장미와 과일 등 다채로운 향기를 즐길 수 있습니다

향기가 있는 제라늄의 총칭으로 '허브 제라늄'이라고 불리기도 합니다. 그린으로 꽃다발이나 작품에 사용되는 한편 향기가 강해 아로마 오일, 과자류의 향료, 향수 원료 등에도 이용됩니다. 손가락으로 잎을 가볍게 문지르면 더 강한 향기가 나며 말려서 포푸리로 만들어도 좋습니다.

장미 향기가 나는 로즈 제라늄을 비롯해 애플, 레몬, 페퍼민트 등 다양한 향기가 있고 갈색이나 흰색 얼룩무늬가 박힌 것도 있습니다. 잎의 생김새와 질감도 종류에 따라 다양해 잎만으로 구성한 작품도 근사합니다. 화분에 키워 잘라 사용하며 봄에서 초여름에는 꽃도 곁들일 수 있습니다.

다른 타입
클로버잎 제라늄
스노플레이크 제라늄
로즈 제라늄
초코와플 제라늄
꽃 / 클로즈업!

✻ 절엽 데이터

유통 시기 : 연중
▷ 온난한 지역에서 나며 제철은 4~5월입니다. 여름에는 출하량이 감소합니다.

✻ 유통 길이 20~40cm
✻ 관상 기간 7일 전후
💧 물올림 ○   ✻ 드라이 ✕

▼ 꽃꽂이를 하기 전에

줄기를 자릅니다. 습기에 약해서 잎이 노랗게 변하므로 아래쪽 잎을 확실히 제거합니다.

✻ 생기가 없을 때
열탕처리합니다. 신문지로 감싼 후 줄기를 뜨거운 물에 5초 정도 담갔다가 건져 물에 넣습니다. 줄기를 자른 다음 장식합니다.

▼ 어드바이스

양이 많으면 상쾌한 향기가 너무 강할 수 있으니 두는 장소에 따라 사용하는 잎의 종류와 양에 변화를 줍니다. 식탁에서는 소량의 잎을 향신료처럼 숨겨두고, 현관이나 화장실 등에서는 탈취제 대용으로 작품에 몇 줄기씩 섞어 장식해도 좋습니다.

허브 그린

로즈메리

잎색 — ●

청량감과 넘치는 자연의 흥취

뾰족뾰족 가느다란 녹색 잎이 이어지는 가지류입니다. 강하고 청량감 있는 향기가 인기인 허브이며 요리에서도 고기나 생선의 비린내를 잡아주는 데 사용됩니다. 가지가 곧게 자라는 타입과 옆이나 아래로 뻗는 타입이 있으므로 용도별로 선택합니다.

- 과 : 꿀풀과
- 속 : 샐비어속
- 원산지 : 지중해 연안
- 영어명 : Rosemary
- 일반명 : 로즈메리

꽃

❋ **절엽 데이터**
유통 시기 : 연중 ▷생산량은 많지 않지만 연중 유통됩니다. 제철은 5~6월.
❋ 유통 길이 15~30cm ❋ 관상 기간 7~14일
💧 물올림 ○ ❋ 드라이 ○

▼ **꽃꽂이를 하기 전에**
가지를 자릅니다. 건조하면 잎이 떨어지기 쉬우니 습도에 주의합니다.

▼ **어드바이스**
소박한 정취를 풍기므로 들꽃들과 함께 꾸미는 캐주얼한 작품이 좋습니다.

오레가노

잎색 — ● ◎

잎의 색이 아름다운 관상용

향신료로 알려져 있지만 절엽류로도 나오며 시기에 따라 꽃이 달린 것도 유통됩니다. 가는 줄기에 달걀형의 작은 잎이 순서대로 붙어 있습니다. 라임 색에서 짙은 녹색까지 여러 품종의 색이 있고 그러데이션이 아름다운 품종도 있습니다.

- 과 : 꿀풀과
- 속 : 꽃박하속
- 원산지 : 지중해 연안·중앙아시아
- 영어명 : Oregano·Wildmarjoram
- 일반명 : 오레가노

❋ **절엽 데이터**
유통 시기 : 연중 ▷분화류 유통이 많아 화분에서 잘라 이용해도 좋습니다.
❋ 유통 길이 20~40cm ❋ 관상 기간 7일 전후
💧 물올림 ○ ❋ 드라이 ○

▼ **꽃꽂이를 하기 전에**
꽃과 잎을 신문지로 감싼 후 줄기를 뜨거운 물에 5초 정도 담가 열탕처리합니다.

▼ **어드바이스**
초여름에는 귀여운 꽃이 달린 채 나오기도 합니다. 소박한 초화류와 배합하면 좋습니다.

바질

잎색 — ● ● ●

윤기 있는 잎과 향기가 매력

산뜻한 향기가 특징인 허브이며 잎은 식용으로 이용됩니다. 절엽은 윤기 있는 색깔과 향기가 매력이며 녹색인 스위트 바질 외에 흑자색의 잎을 가진 바질도 나옵니다. 여름에는 흰색과 보라색 꽃이 핀 채 유통되기도 합니다.

- 과 : 꿀풀과
- 속 : 바질속
- 원산지 : 아시아·아프리카 등
- 영어명 : Basil
- 일반명 : 바질

❋ **절엽 데이터**
유통 시기 : 연중 ▷국내산이 유통되며 제철인 9~10월 이후에는 소량 유통.
❋ 유통 길이 20~60cm ❋ 관상 기간 4~5일
💧 물올림 ○ ❋ 드라이 ✕

▼ **꽃꽂이를 하기 전에**
줄기를 자릅니다. 수분 증발이 심해 탈수되기 쉬우니 잎을 반 정도 솎아냅니다.

▼ **어드바이스**
계절에 맞추어 녹색과 검붉은 색 잎을 나누어 써도 좋습니다. 꽃이삭이 악센트가 됩니다.

그린 허브

민트

잎색
●
◎

클로즈업!

다른 타입

애플민트

시트러스그린민트

스피어민트

과 꿀풀과
속 박하속
원산지 유럽·아프리카·아시아·북아메리카·오세아니아
영어명 Mint
일반명 민트·박하

상쾌한 향기와 밝고 깨끗한 색에 주목

친근한 허브 중 하나로 청량감 있는 상쾌한 향기와 민트그린이라고 불리는 프레시한 잎의 색이 인기입니다. 작품에는 물론 과자나 요리, 허브티, 칵테일 등에 다양하게 사용할 수 있어서 화분에 키우면 편리합니다.

민트는 성경과 그리스 신화에 등장할 정도로 예전부터 사랑받아 왔습니다. 심신을 상쾌하게 해주는 효과와 방충 효과 등이 있고 종류도 풍부합니다. 유통되는 절엽만 보아도 대표적인 스피어민트와 페퍼민트 외에 달콤한 향기의 애플민트, 잎에 흰 반점이 있는 파인애플민트, 추위지면 보라색 반점이 생기는 그레이프프루트민트 등 다채롭습니다. 잎의 모양과 질감도 품종에 따라 제각각입니다.

잎이 물든 그레이프프루트민트(오른쪽)와 물들기 전의 모습

✲ 절엽 데이터

유통 시기 : 연중
▷국내산이 유통되며 제철은 4~5월입니다. 겨울에는 온실에서 재배한 것이 유통됩니다.

✲ 유통 길이 20~50cm
✲ 관상 기간 5~7일
💧 물올림 ○   ✲ 드라이 ✕

▼ 꽃꽂이를 하기 전에

잎이 변색된 것은 피하고 잎 끝부분까지 수분이 잘 올라와 있는 것으로 고릅니다. 줄기와 잎을 신문지로 감싼 후 줄기를 뜨거운 물에 5초 정도 담갔다가 건져 물에 넣습니다. 줄기를 자른 다음 장식합니다.

＊생기가 없을 때
열탕처리한 다음 깊은 물에 담급니다.

▼ 어드바이스

절엽으로 나오는 것은 길이가 긴 편이지만 다른 그린보다는 짧은 편이어서 작은 작품에 알맞습니다. 잎이 작고 색은 선명한 녹색이어서 작은 꽃을 메인으로 한 내추럴한 작품에 어울립니다. 다른 허브류와 배합해 작은 꽃다발로 만들어도 좋습니다.

덩굴류 그린

아이비

잎색 ◎ ●

별명 헤데라

과 두릅나무과
속 송악속
원산지 유럽·북아프리카
지역 아시아

영어명 Ivy · English ivy
일반명 아이비 · 서양송악

다른 타입

반점 있는 품종

다양한 용도로 쓸 수 있는 편리한 화재

관엽 식물로도 알려져 있는 덩굴성 식물로, 화분으로도 많이 나옵니다. 크기와 잎이 미묘하게 다른 것, 반점이 있는 것 등 원예 품종이 수백 종이나 되고 절엽으로는 10종 이상이 유통됩니다.

그린 중에서는 관상 기간이 압도적으로 길고 잎의 크기도 적당해 덩굴째 쓰거나 잘라 나누어 쓸 수도 있어 편리합니다.

▼ 꽃꽂이를 하기 전에
잎의 색이 선명하고 덩굴 끝까지 잎이 있는 것으로 고릅니다.
*생기가 없을 때
줄기를 자른 다음 단면을 두드립니다.

▼ 어드바이스
꽃에 감거나 잘라서 나누어 아래쪽을 메우거나 리스로 만듭니다. 여러 가지 사용법이 있으며 잘 상하지 않아 물속에 넣어 꽃을 고정하는 역할로 쓸 수도 있습니다.

＊절엽 데이터
유통 시기 : 연중
▷국내산과 수입산이 유통되며 제철은 5월입니다.
❋ 유통 길이 40~80cm   ❋ 관상 기간 14일 이상
💧 물올림 ○   ❋ 드라이 ✕

학재스민

잎색 ●

과 물푸레나무과
속 영춘화속
원산지 중국

영어명 Pink jasmine
일반명 학재스민 · 핑그재스민

봄에는 흰 꽃이 가득한 부드러운 덩굴

중국 윈난성 원산의 반상록 덩굴성 식물입니다. 가늘고 길며 단단한 진녹색 잎이 간격을 두고 달립니다. 끝부분에 움직임이 있어 경쾌한 인상을 줍니다.

3~5월에는 향기로운 꽃이 핀 채 출하되기도 합니다. 날개옷을 걸친 듯 하얀 꽃이 나무 전체를 뒤덮는 데서 이름이 유래했습니다.

꽃   클로즈업!

▼ 꽃꽂이를 하기 전에
잎이 갈색으로 변하지 않은 것으로 고른 다음 줄기를 자릅니다.
*생기가 없을 때
줄기를 자르고 단면을 두드립니다.

▼ 어드바이스
덩굴 끝의 구불구불한 곡선을 살리려면 화기에서 길게 늘어뜨리거나 다른 화재에 감아주는 방법이 있습니다. 꽃이 핀 것은 작품의 메인으로도 훌륭합니다.

＊절엽 데이터
유통 시기 : 연중
▷국내산만 유통되며 3~5월에는 꽃이 핀 것이 나옵니다.
❋ 유통 길이 30~60cm
❋ 관상 기간 7~14일   💧 물올림 ○   ❋ 드라이 ✕

그린 덩굴류

그린 네클리스

잎색 ●

클로즈업!

과	국화과
속	금방망이속
원산지	남아프리카

영어명 String of beads senecio
일반명 그린 네클리스

녹색 구슬이 동글동글 이어진 다육 식물

끈 모양의 가는 덩굴에 둥근 구슬 같은 잎이 다닥다닥 이어져 있는 다육 식물입니다. 모양이 꼭 목걸이처럼 보여 '네클리스'라는 이름이 붙여졌습니다.

독특한 모양과 부드러운 덩굴을 살리면 작품에 움직임을 줄 수 있습니다. 관엽 식물로 키우며 잘라 사용하는 것도 좋습니다. 잎이 초승달 모양인 것도 있습니다.

❋ 절엽 데이터

유통 시기 : 연중　▷온실재배한 국내산이 결혼 시즌을 중심으로 유통됩니다.

❋ 유통 길이 40cm 전후　❋ 관상 기간 7~14일
💧 물올림 ○　❋ 드라이 ✕

▼ 꽃꽂이를 하기 전에

아름다운 둥근 잎이 풍성하게 달린 것으로 골라 덩굴을 자릅니다.

＊생기가 없을 때
덩굴을 자른 다음 두드립니다.

▼ 어드바이스

덩굴이 매우 유연하므로 다른 꽃과 화기에 감기게 하거나 높이가 있는 화기에서 길게 늘어뜨리는 방법으로 사용합니다. 꽃병에 감아 모양을 만들기도 합니다.

스마일락스

잎색 ●

클로즈업!

과	백합과
속	비짜루속
원산지	남아프리카

영어명 Smilax asparagus
일반명 스마일락스

길이를 살려 대형 작품에도 이용

가는 덩굴에 밝은 녹색의 달걀형 잎이 풍성하게 달려 있습니다. 아스파라거스와 같은 종류로 작고 얇은 잎이 경쾌해 보여 어떤 꽃과도 잘 어울리며 절엽에서 길이가 1m 이상인 것도 매력입니다.

덩굴의 라인이 우아해서 웨딩부케나 행사장의 장식용 등 크고 화려한 작품에도 자주 쓰입니다.

❋ 절엽 데이터

유통 시기 : 연중　▷제철은 초여름과 결혼 시즌이며 온실재배로 안정적인 유통이 가능합니다.

❋ 유통 길이 80~150cm　❋ 관상 기간 7~10일
💧 물올림 ○　❋ 드라이 ✕

▼ 꽃꽂이를 하기 전에

덩굴을 자릅니다. 잎이 상하기 쉬우니 주의해서 다룹니다.

＊생기가 없을 때
덩굴을 자른 다음 단면을 두드립니다.

▼ 어드바이스

길이와 라인의 아름다움을 살려 역동적인 작품으로 만들면 근사합니다. 잘라서 나누면 느낌이 부드러워져 작은 꽃과 배합해도 좋습니다.

덩굴류 그린

와이어 플랜츠

잎색 ●

- 과 여뀌과
- 속 뮤렌베키아속
- 원산지 뉴질랜드
- 영어명 Creeping wire vine
- 일반명 와이어 플랜츠

클로즈업!

경쾌함을 더해주는 작고 둥근 잎

와이어처럼 가늘고 단단한 덩굴이 특징입니다. 약간 붉은 덩굴은 매우 가늘며 녹색의 둥글고 도톰한 잎이 불규칙하게 달려 있습니다.

잎이 작아 작품에 경쾌함을 표현할 때 효과적입니다. 절엽으로도 유통되지만 건조한 환경에 매우 약하므로 화분에서 잘라 쓰고 분무기로 자주 물을 뿌려줍니다.

▼ **꽃꽂이를 하기 전에**
잎이 많이 달리고 마르지 않은 것으로 골라 덩굴을 자릅니다.
* **생기가 없을 때**
덩굴을 자른 다음 단면을 두드립니다.

▼ **어드바이스**
덩굴이 가늘어 섬세한 작품에 어울립니다. 여유 있게 꽃에 감아도 좋고 아래로 늘어뜨려도 덩굴의 라인이 아름답습니다.

* **절엽 데이터**
유통 시기 : 연중
▷ 특히 봄과 가을 결혼 시즌에 유통량이 늘어납니다.
❋ 유통 길이 40~60cm   ❋ 관상 기간 10일 전후
💧 물올림 ○   ❋ 드라이 ○

러브체인

잎색 ◉

- 과 박주가리과
- 속 케로페기아속
- 원산지 남아프리카 동남부
- 영어명 Rosary vine · String of the hearts
- 일반명 러브체인

클로즈업!   뒷면

흔들리는 하트 모양의 귀여운 잎

덩굴성 다육 식물로 덩굴 좌우에 하트형 잎이 달려 있습니다. 잎은 짙은 녹색으로 잎과 잎의 간격이 넓은 편이며 잎맥에 은백색 반점이 있고 뒤쪽은 적자색입니다. 핑크색 반점이 있는 품종과 단풍이 든 것은 더욱 하트형에 가깝습니다.

생장에 따라 잎이 두터워지며 분화로도 나오므로 잘라 써도 좋습니다.

▼ **꽃꽂이를 하기 전에**
덩굴이 가늘어 엉키기 쉬우므로 조심스럽게 다루어 덩굴을 자릅니다.
* **생기가 없을 때**
덩굴을 자른 다음 단면을 두드립니다.

▼ **어드바이스**
사랑스러운 모양이 돋보이도록 작은 작품에 쓰면 좋습니다. 색이 세련되어서 안정적인 배합이나 스모키 컬러의 꽃과 어울립니다.

* **절엽 데이터**
유통 시기 : 연중
▷ 분화로 구입해 잘라서 사용해도 좋습니다.
❋ 유통 길이 40~50cm   ❋ 관상 기간 7~14일
💧 물올림 ○   ❋ 드라이 ✕

그린 기타

아카시아

잎색
- 🟠
- 🟡
- 🟢
- ◎

다채로운 잎이 주는 즐거움

뾰족하고 작은 톱니 같은 잎이 달린 가지류입니다. 유통되는 품종은 은엽 아카시아, 펄아카시아, 적엽 아카시아 등으로 잎의 색과 모양도 각각 다릅니다.

꽃이 달린 것은 미모사라 불리며 인기가 높습니다.

클로즈업!

과 콩과
속 아카시아속
원산지 오스트레일리아 외
영어명 Acacia
일반명 아카시아 · 미모사

▼ **꽃꽂이를 하기 전에**
가지를 자릅니다.

▼ **어드바이스**
잎이 가늘고 긴 품종과 깃털형 품종을 조합하면 표정이 풍부해집니다.

✽ **절엽 데이터**
유통 시기 : 연중 ▷국내산만 유통되며 수요가 많은 가을에서 겨울까지가 전성기입니다.
✽ 유통 길이 30~120cm   ✽ 관상 기간 14일 이상
💧 물올림 ○   ✽ 드라이 ○

아디안텀

잎색
- 🟢

빽빽하게 난 섬세한 작은 잎

클로즈업!

상록의 양치식물로 가늘고 유연한 줄기와 작고 부드러운 잎이 살랑거리는 모습이 섬세한 인상을 줍니다. 절엽으로서의 유통이 많지 않으므로 분화를 잘라 사용하는 것을 추천합니다. 건조한 환경에 약하기 때문에 분무기로 부지런히 수분 보충을 해줘야 합니다.

과 고사리과
속 공작고사리속
원산지 세계의 온대 · 열대
영어명 Maidenhair fern
일반명 아디안텀

▼ **꽃꽂이를 하기 전에**
잎이 촘촘히 달려 있는 것으로 골라 줄기를 자릅니다.

▼ **어드바이스**
밝은 녹색을 살려 선명한 색상의 꽃과 배합하면 이국적인 느낌이 납니다.

✽ **절엽 데이터**
유통 시기 : 연중 ▷유통량이 적어 분화를 잘라 사용하기도 합니다.
✽ 유통 길이 20~40cm   ✽ 관상 기간 5~7일
💧 물올림 ○   ✽ 드라이 ✗

마취목

잎색
- 🟢

광택이 있는 아름다운 녹색

윤기 있고 탄력 있는 진녹색 잎을 가진 상록 관목입니다. 길이가 1.5~2m인 것도 나옵니다. 마취목이라는 이름은 독성분이 있는 잎이나 가지를 먹은 말이 취한 것처럼 중독되는 것에서 유래했습니다. 잎이나 가지는 먹지만 않으면 해가 없습니다.

클로즈업!

과 진달래과
속 마취목속
원산지 동아시아 · 히말라야
영어명 Japanese pieris
일반명 마취목

▼ **꽃꽂이를 하기 전에**
잎의 색이 선명하고 벌레 먹은 데가 없는 것으로 골라 가지를 자릅니다.

▼ **어드바이스**
작품의 기초가 되는 그린으로 사용이 편리하고 생명력이 강합니다.

✽ **절엽 데이터**
유통 시기 : 연중 ▷노지 재배된 국내산이 나옵니다.
✽ 유통 길이 70~200cm   ✽ 관상 기간 14일 이상
💧 물올림 ○   ✽ 드라이 ✗

기타 그린

아스파라거스

잎색 —

진녹색이며 관엽 식물로 인기 있는 미리오클라두스

다른 타입

스프렝게리

클로즈업!

과	백합과
속	비짜루속
원산지	남아프리카·유라시아 대륙
영어명	Asparagus
일반명	아스파라거스

갈라져 나온 줄기에 달린 가는 헛잎

비칠 듯한 섬세함이 장점인 그린입니다. 원종은 300종 정도이며 채소로 먹는 아스파라거스도 같은 종류입니다. 그린으로 작품에 이용되는 것은 관상용 품종이며 바늘처럼 가늘고 잎으로 보이는 부분은 가지가 변화한 헛잎(가엽)입니다. 잎은 헛잎과는 별도로 줄기에 붙어 있지만 가시나 비늘 모양으로 되어 있는 등 퇴화했습니다.

절엽으로 나오는 것에는 가는 줄기에 촘촘히 잎이 나는 타입과 덩굴성 줄기에 봉긋하게 퍼지는 타입이 있으며 품종은 부드러운 헛잎이 새의 깃털처럼 달리는 플루모서스나나스(오른쪽), 짧고 단단한 헛잎이 뭉쳐서 달리는 미리오클라두스, 줄기가 길고 가지가 치지는 스프렝게리 등이 있습니다. 잎이 떨어지기 쉬운 품종도 있으니 주의해야 합니다.

▼ 꽃꽂이를 하기 전에
물에 잠기는 잎을 제거하고 줄기를 자릅니다.
＊생기가 없을 때
줄기를 자른 다음 단면을 두드립니다.

▼ 어드바이스
가늘고 섬세한 잎에 색도 진하지 않아 어떤 꽃과도 잘 어울리고 사용하기 편한 그린입니다. 가는 잎은 악센트가 됩니다. 플루모서스나나스 등 줄기가 곧게 뻗지 않는 타입은 꽃 사이에 넣거나 대형 작품에 넣어 작품을 확장시킵니다.

＊절엽 데이터
유통 시기 : 연중(한여름 제외)
▷국내의 온난한 지역에서 나오고 초여름과 봄가을 결혼 시즌이 제철입니다. 한여름에는 탈수되기 쉬워 출하량이 줄어듭니다.
＊ 유통 길이 30~80cm ＊ 관상 기간 5~7일
💧 물올림 ○   ＊ 드라이 ×

그린 기타

아레카야자

잎색 —

열대 분위기가 물씬 풍기는 아름다움

남국의 분위기를 느끼게 해주는 야자의 일종입니다. 큰 잎을 잘게 찢은 듯한 모습이 야자 중에서도 특히 아름답습니다. 50~120cm로 다양한 크기가 유통되며 잎에서 수증기를 발산하는 증산효과가 높아 관엽 식물로도 인기입니다.

과 야자나무과
속 딥시스속
원산지 마다가스카르섬
영어명 Areca palm · Butterfly palm
일반명 아레카야자

▼ **꽃꽂이를 하기 전에**
줄기를 자릅니다. 수분이 부족하면 잎 끝이 처지므로 깊은 물에 담가둡니다.

▼ **어드바이스**
난초 등 열대성 꽃과 잘 어울립니다. 잎의 끝부분만 꽃다발에 사용해도 좋습니다.

✽ **절엽 데이터**
유통 시기 : 연중
▷국내산은 주로 여름에 오키나와현, 수입산은 열대지역에서 유통됩니다.
❋ 잎 크기 대   ❋ 관상 기간 7~10일   💧 물올림 ○   ❋ 드라이 ○

알로카시아

잎색 —

광택 있는 두툼한 잎

타원형이나 화살촉 모양을 한 진녹색 잎은 두툼하고 광택이 있습니다. 그중에는 금속질의 광택이 있는 것도 있습니다. 유통량은 적은 편이지만 개성적인 작품에 애용되며 테두리와 잎맥이 흰색인 아마조니카와 크기가 좀 작은 쿠쿠라타 등이 유통됩니다.

과 천남성과
속 알로카시아속
원산지 동남아시아
영어명 Giant elephant's ear
일반명 알로카시아

▼ **꽃꽂이를 하기 전에**
좌우 균형이 맞고 얼룩이 없는 깨끗한 것으로 골라 줄기를 자릅니다.

▼ **어드바이스**
곁들이는 꽃에 따라 동양풍 또는 모던한 이미지를 표현할 수 있습니다.

✽ **절엽 데이터**
유통 시기 : 연중   ▷국내산과 수입산이 있으며 소량 유통됩니다.
❋ 잎 크기 중·대   ❋ 관상 기간 10~14일
💧 물올림 ○   ❋ 드라이 ✕

안스리움

잎색 —

꽃과 닮은 하트형

'안스리움잎'으로 불리며 꽃과는 별도로 잎만 유통됩니다. 꽃과 닮은 하트형이며 진한 녹색입니다. 그물 모양의 잎맥이 있고 표면은 매끄러우며 두껍습니다. 테두리가 구불구불한 것, 노란 빛 또는 붉은 빛이 도는 것 등이 있습니다.

과 천남성과
속 안스리움속
원산지 열대아메리카
영어명 Anthurium
일반명 안스리움

▼ **꽃꽂이를 하기 전에**
줄기를 자릅니다.

▼ **어드바이스**
크고 임팩트가 강한 꽃과 배합하여 모던한 분위기를 연출합니다.

✽ **절엽 데이터**
유통 시기 : 연중
▷국내산과 수입산이 있으며 꽃을 재배하는 산지에서 유통됩니다.
❋ 잎 크기 중   ❋ 관상 기간 14일 이상   💧 물올림 ○   ❋ 드라이 ✕

기타 그린

엄브렐라 펀

잎색 —●

큰 우산을 펼친 듯한 모습

마치 줄고사리를 사방으로 펼친 듯한 독특한 형태입니다. 오스트레일리아의 원생림 아래 자생하는 양치식물이며 우산 같은 모습에서 이름이 유래되었습니다. 약간 건조하지만 유연성이 있어 매우 다루기 쉬운 그린입니다.

과 풀고사리과
속 벌풀고사리속
원산지 오스트레일리아
영어명 Umbrella fern
일반명 엄브렐라 펀

클로즈업!

▼ 꽃꽂이를 하기 전에
줄기를 자릅니다.

▼ 어드바이스
크기에 맞추어 잘라서 나누어 사용합니다. 마르기 쉬우며 스웨그에도 사용됩니다.

***절엽 데이터**
유통 시기 : 연중 ▷오스트레일리아산이 연중 일정량 유통됩니다.
❋ 유통 길이 30~40cm　❋ 관상 기간 14일 이상
💧 물올림 ○　❋ 드라이 ○

이탈리안 루스쿠스

잎색 —●

스마트한 아름다움

윤기 있는 좁고 긴 잎이 꽃다발이나 작은 작품에서 활약합니다. 조릿대의 잎과 비슷해 '조릿대잎 루스쿠스'로도 불립니다. 잎으로 보이는 부분은 줄기가 변해 헛잎 상태가 된 것이며 많이 닮은 루스쿠스는 잎이 좀더 큰 다른 종입니다.

과 백합과
속 다나에속
원산지 서아시아
영어명 Alexandrian laurel
일반명 이탈리안 루스쿠스

클로즈업!

▼ 꽃꽂이를 하기 전에
아래쪽까지 잎이 붙어 있는 것으로 골라 줄기를 자릅니다.

▼ 어드바이스
다량 사용해도 과한 느낌이 없고 메인 꽃을 생생하게 강조해줍니다.

***절엽 데이터**
유통 시기 : 연중 ▷수입산이 주류지만 국내산도 일부 있습니다.
❋ 유통 길이 40~70cm　❋ 관상 기간 10~14일
💧 물올림 ○　❋ 드라이 ✕

사이프러스

잎색 —●
　　　—●

정원수로도, 절엽으로도 활약

상록 침엽수 중 하나로 정원수 등으로 이용됩니다. 절엽으로 자주 나오는 품종은 블루 아이스입니다. 잘게 나누어진 잎은 푸른 기가 도는 은색이며 시원한 느낌을 줍니다. 독특한 향기도 있습니다.

과 측백나무과
속 쿠프레서스속
원산지 북반구
영어명 Cypress
일반명 사이프러스

클로즈업!

▼ 꽃꽂이를 하기 전에
잎과 가지를 정리한 다음 가지를 자릅니다.

▼ 어드바이스
너무 많으면 가는 잎의 섬세함이 살아나지 않으니 공간을 두고 꽂아주세요.

***절엽 데이터**
유통 시기 : 연중 ▷크리스마스 화재로 활발히 유통되는 연말이 절정입니다.
❋ 유통 길이 30~100cm　❋ 관상 기간 14일 이상
💧 물올림 ○　❋ 드라이 ○

그린 기타

울리부시

잎색 ─ ●

다루기 쉬운 편안한 부드러움

스모키 컬러의 잎과 부드러운 질감이 특징으로, 솔잎을 닮은 실처럼 가늘고 긴 잎은 복슬복슬 감촉이 좋고 부드럽습니다. 수명이 매우 길며 가지는 탄력이 있어 다루기 쉬운 그린입니다. 드라이플라워로도 인기가 있습니다.

클로즈업!

과	프로테아과
속	아데난토스속
원산지	오스트레일리아 서부
영어명	Wooly bush
일반명	울리부시

▼ **꽃꽂이를 하기 전에**
불필요한 잎은 정리하고 가지를 자릅니다.

▼ **어드바이스**
잘라 나누어 볼륨업에 사용하거나 날렵한 라인을 살려도 좋습니다.

✱ **절엽 데이터**
유통 시기 : 연중 ▷오스트레일리아산이며 최근 유통량이 늘고 있습니다.
❋ 유통 길이 40~50cm   ❋ 관상 기간 14일 이상
💧 물올림 ○   ❋ 드라이 ○

에뮤 펀

잎색 ─ ◎

별명 에뮤페더

깃털처럼 가벼운 그린

덥수룩한 모습의 독특한 실루엣을 가지고 있습니다. 새의 깃털처럼 가뿐해서 별명은 '에뮤 페더'입니다. 가늘고 긴 라인 형태의 그린으로 녹색에 붉은 갈색 줄무늬가 있습니다. 드라이플라워가 돼도 윤곽이 거의 변하지 않습니다.

클로즈업!

과	사초과
속	사초속
원산지	오스트레일리아
영어명	Emu fern
일반명	에뮤 펀

▼ **꽃꽂이를 하기 전에**
줄기를 자릅니다.

▼ **어드바이스**
깃털 같은 형태로 경쾌한 움직임을 표현할 수 있습니다.

✱ **절엽 데이터**
유통 시기 : 연중 ▷오스트레일리아산이 연중 일정량 유통됩니다.
❋ 유통 길이 60~80cm   ❋ 관상 기간 14일 이상
💧 물올림 ○   ❋ 드라이 ○

오크롤레우카

잎색 ─ ●

라인이 멋진 잎

아이리스와 같은 붓꽃속이며 칼처럼 좁고 긴 잎은 길이가 1m 가까이 됩니다. 선명한 연둣빛이 잎의 끝부분을 향해 농담의 변화를 보여줍니다. 봄에는 제비붓꽃과 많이 닮은 보라색 꽃이 피어 유통되기도 합니다.

과	붓꽃과
속	붓꽃속
원산지	터키
영어명	Iris ochroleuca
일반명	오크롤레우카

▼ **꽃꽂이를 하기 전에**
꺾이기 쉬우므로 다룰 때 조심해야 합니다. 잎이 붙어 있는 부분을 자릅니다.

▼ **어드바이스**
작품을 모던한 스타일로 만들고 싶을 때, 날렵함을 표현하고 싶을 때 편리합니다.

✱ **절엽 데이터**
유통 시기 : 연중 ▷주로 오키나와산이 유통되며 제철은 4~6월입니다.
❋ 잎 크기 대   ❋ 관상 기간 7~10일
💧 물올림 ○   ❋ 드라이 ✕

기타 그린

올리브

잎색 ●

과 물푸레나무과
속 올리브속
원산지 지중해 연안

영어명 Olive
일반명 올리브

클로즈업!

스모키한 색깔의 아름다운 잎

유연성 있는 가지에 가늘고 긴 잎이 달립니다. 잎 표면은 광택이 있는 녹색이며 뒤쪽은 흰색으로, 바람에 잎이 뒤집히면 반짝반짝 아름답게 빛납니다.

절엽은 연중 유통되지만 여름에는 잎이 유연하고 겨울에는 뻣뻣합니다. 과실은 피클로 만들거나 기름을 짜는 용도로 이용됩니다.

▼ **꽃꽂이를 하기 전에**
가지를 자른 다음 굵은 가지는 단면에 칼집을 냅니다.

▼ **어드바이스**
가지를 둥글게 구부리기만 해도 귀여운 리스가 됩니다. 그대로 드라이플라워로 만들 수도 있습니다.

✱ **절엽 데이터**
유통 시기 : 연중　▷대부분 국내산이며 일부 수입품도 유통됩니다. 활발히 유통되는 시기는 9~11월입니다.
❋ 유통 길이 20~60cm　❋ 관상 기간 7일 전후
💧 물올림 ○　❋ 드라이 ○

나무딸기

잎색 ●●●

과 장미과
속 산딸기속
원산지 일본·북아메리카

영어명 Bramble
일반명 나무딸기

별명 거문딸기

홍엽

계절마다 달라지는 표정

잎은 작은 손바닥 같은 모양으로 선명한 녹색입니다. 이른 봄에는 새싹과 꽃가지, 그 후에는 그린이 유통됩니다. 점차 잎이 커지고 가을이 되면 노란색에서 붉은색으로 단풍이 듭니다.

절엽으로서의 유통은 나무딸기속 중에서도 가시가 없는 거문딸기가 주류입니다.

▼ **꽃꽂이를 하기 전에**
잎을 정리합니다. 가지를 자른 다음 단면에 칼집을 냅니다.

▼ **어드바이스**
새싹이 난 가지는 초봄의 꽃들과 잘 어울립니다. 잘라서 나누어 사용하면 작품의 볼륨감을 높일 수 있습니다.

✱ **절엽 데이터**
유통 시기 : 연중　▷새싹부터 단풍까지 국내산이 유통되며 제철은 5~9월입니다.
❋ 유통 길이 40~150cm　❋ 관상 기간 10~14일
💧 물올림 ○　❋ 드라이 ✕

그린 기타

옥잠화

잎색
○
●
◎

색상마다 모던한 잎

달걀형의 잎은 뿌리에서 끝을 향해 세로로 잎맥이 있습니다. 색은 일반적인 진녹색 외에 황록색과 반점이 있는 것 등이 있습니다. 길이는 10~50cm로 다양하며 7~8월에는 백합을 닮은 이삭 형태의 꽃이 피고 이 또한 유통됩니다.

과 백합과
속 옥잠화속
원산지 일본·중국
영어명 Plantain lily
일반명 옥잠화

▼ 꽃꽂이를 하기 전에
줄기를 자릅니다. 부드러우니 꺾이지 않도록 주의해서 다룹니다.

▼ 어드바이스
반점이 있는 잎은 분위기가 모던합니다.

＊ 절엽 데이터
유통 시기 : 연중
▷국내산이 출하되며 제철은 4~6월입니다. 8월에는 꽃이 나옵니다.
✽ 잎 크기 중   ✽ 관상 기간 7~10일   💧 물올림 ○   ✽ 드라이 ✕

은매화

잎색
●

문지르면 풍기는 강한 향기

광택 있는 가죽을 연상시키는 타원형의 잎. 유칼리와 비슷한 향기를 가진 상록 관목으로 요리나 술의 향미를 높이는 데 사용됩니다. 매화를 닮은 흰색 꽃은 유럽에서 결혼식의 장식이나 부케에 쓰이며 머틀(True myrtle)이라는 이름의 허브로도 알려져 있습니다.

클로즈업!

과 도금양과
속 은매화속
원산지 지중해 연안
영어명 Myrtle
일반명 은매화

▼ 꽃꽂이를 하기 전에
잎을 정리하고 가지를 자릅니다. 굵은 가지에는 칼집을 냅니다.

▼ 어드바이스
가지류 중에서는 수수한 편이라 잎을 잘라 나누어 폭넓게 사용할 수 있습니다.

＊ 절엽 데이터
유통 시기 : 연중   ▷국내산이 유통되며 봄에는 꽃이, 가을에는 열매가 붙은 채 유통됩니다.   ✽ 유통 길이 50~80cm   ✽ 관상 기간 14일 이상
💧 물올림 ○   ✽ 드라이 ✕

쿠커버러

잎색
●

깃털 모양의 관엽 식물

열대 식물답게 임팩트가 있는 그린입니다. 두터운 잎은 깊게 갈라져 깃털 같은 모양입니다. 손으로 구부릴 수 있을 정도로 줄기가 부드러워 작품에 표정을 만들 수 있습니다.

과 천남성과
속 필로덴드론속
원산지 중앙아메리카·남아메리카
영어명 Philodendron kookaburra
일반명 쿠커버러

▼ 꽃꽂이를 하기 전에
잎에 상처가 나면 눈에 띄기 쉬우므로 상처가 없는 것으로 골라 줄기를 자릅니다.

▼ 어드바이스
모양이 매우 개성 있어 1~2장을 사용합니다. 여러 장 사용할 때는 크기에 변화를 줍니다.

＊ 절엽 데이터
유통 시기 : 연중   ▷국내산과 수입산이 유통되며 제철은 7~8월입니다.
✽ 잎 크기 중   ✽ 관상 기간 14일 전후
💧 물올림 ○   ✽ 드라이 ✕

기타 그린

보리수나무

잎색 —

잎의 뒷면은 은색

보리수나무는 세계적으로 약 60종이 있으며 절엽으로 유통되는 것은 주로 왕보리수나무 품종입니다. 밝은 녹색의 잎은 뒤쪽에 '인상모'라 불리는 고운 털이 있어 은색으로 보이며 '은엽 보리수나무'라는 이름으로 유통되기도 합니다.

과 보리수나무과
속 보리수나무속
원산지 아시아·유럽·북아메리카
영어명 Silverberry
일반명 보리수나무

보리수 열매

✽ **절엽 데이터**
유통 시기 : 연중 ▷국내산이 나며 싹이 돋는 시기를 피해 유통, 제철은 9~12월.
❋ 유통 길이 50~100cm　❋ 관상 기간 14일 이상
💧 물올림 ○　　드라이 ✕

▼ **꽃꽂이를 하기 전에**
가지를 자릅니다. 단면에 칼집을 내 깊은 물에 담급니다. 가시가 있으니 주의합니다.

▼ **어드바이스**
전체적으로 경쾌하게 보이고 싶을 때는 잎 뒷면의 은색을 효과적으로 사용합니다.

선모

잎색 —

줄무늬 같은 잎맥

폭이 제법 넓은 길쭉한 잎은 윤기가 나며 잎맥이 힘줄처럼 도드라져 줄무늬를 만듭니다. 작품에서는 그 아름다운 모습을 강조합니다. 줄기는 짧지만 잎이 1m 가까이 되는 것도 있어 다이내믹한 배합에 잘 어울립니다.

과 수선화과
속 선모속
원산지 열대아시아·오스트레일리아
영어명 Palm grass
일반명 선모

✽ **절엽 데이터**
유통 시기 : 연중
▷오키나와현 등 온난한 지역에서 재배되며 수요가 많은 여름이 제철입니다.
❋ 잎 크기 대　❋ 관상 기간 14일 이상　💧 물올림 ○　　드라이 ✕

▼ **꽃꽂이를 하기 전에**
줄기를 자릅니다. 잎이 세로로 찢어지기 쉬우니 손이 많이 가는 작업을 할 때 주의합니다.

▼ **어드바이스**
잎을 접거나 말거나 화기 아래에 까는 등 여러 가지 사용법이 있습니다.

그레빌레아

잎색 —

변하지 않는 황금색 잎

오스트레일리아 등이 원산지인 상록 관목입니다. 주로 유통되는 품종은 앞뒤로 쓸 수 있는 잎을 가진 골드와 유연한 라인이 아름다운 스프레니프입니다. 골드는 잎 앞면이 녹색이고 뒷면은 황금색이며 드라이플라워로 해도 색이 변하지 않습니다.

과 프로테아과
속 그레빌레아속
원산지 오스트레일리아·뉴칼레도니아
영어명 Grevillea
일반명 그레빌레아

✽ **절엽 데이터**
유통 시기 : 연중 ▷수입산을 중심으로 품종이 조금씩 바뀌면서 유통됩니다.
❋ 유통 길이 20~60cm　❋ 잎의 크기 중　❋ 관상 기간 14일 이상
💧 물올림 ○　　드라이 ○

▼ **꽃꽂이를 하기 전에**
가지를 자릅니다.

▼ **어드바이스**
변하지 않는 잎의 색을 살린 리스와 스웨그를 추천합니다.

크로톤

잎색
- 🟠
- 🟡
- 🟢
- ◎

다채롭고 컬러풀한 모양

노란색, 붉은색, 보라색 등의 무늬가 다채로운 잎이 인상적입니다. 모양은 선형, 나선형, 타원형 등 다양하며 크기도 제각각입니다. 잎은 광택과 윤기가 있어 한 장으로도 존재감이 충분합니다. 작품의 포인트나 악센트가 됩니다.

과	대극과
속	크로톤속
원산지	말레이시아·오세아니아
영어명	Garden croton
일반명	크로톤·변엽목

■ 꽃꽂이를 하기 전에
상처가 나기 쉬워 조심스럽게 다루어야 합니다. 잎을 깨끗이 닦고 줄기를 자릅니다.

▼ 어드바이스
흔하지 않은 색깔의 잎이 개성을 살리고 싶은 꽃다발이나 작품에 잘 맞습니다.

✱ 절엽 데이터
유통 시기 : 연중
▷ 오키나와산과 동남아시아 수입산이 있으며 제철은 7~8월입니다.
❋ 잎 크기 중　❋ 관상 기간 7~14일　💧 물올림 ○　❋ 드라이 ✕

게이락스

잎색
- 🟢

뾰족뾰족한 하트형

둥그스름한 하트형이 귀엽습니다. 잎의 테두리는 뾰족뾰족한 톱니형이고 표면에는 광택이 있습니다. 색은 진한 녹색이며 가을에는 붉은 빛을 띤 것도 나옵니다. 유연하고 탄력이 있어 사용이 편리하고, 잘라 나누어진 잎이 묶음으로 유통됩니다.

과	암매과
속	게이락스속
원산지	북아메리카 동부
영어명	Beetleweed
일반명	게이락스

■ 꽃꽂이를 하기 전에
광택이 나는 깨끗한 것으로 고릅니다. 줄기를 자릅니다.

▼ 어드바이스
유연해서 가늘게 말거나 플로랄폼에 붙여 쓰기도 합니다.

✱ 절엽 데이터
유통 시기 : 연중
▷ 미국산이 정기적으로 나옵니다.
❋ 잎 크기 소　❋ 관상 기간 1개월 전후　💧 물올림 ○　❋ 드라이 ✕

케일

잎색
- 🟢
- 🟣

나풀거리는 테두리가 개성적

양배추와 가까운 종류로, 녹즙 원료로 많이 알려져 있습니다. 잎 테두리의 오글오글 파도치는 듯한 모양이 재미있고 한 장으로도 볼륨감을 낼 수 있어 최근 인기가 높아지고 있습니다. 보라색 타입은 더욱 개성적입니다.

과	십자화과
속	배추속
원산지	지중해 연안
영어명	Kale
일반명	케일

■ 꽃꽂이를 하기 전에
색이 선명한 것으로 고릅니다. 줄기를 자릅니다.

▼ 어드바이스
모양이 독특해 존재감 있는 꽃과 심플하게 배치하는 게 좋습니다.

✱ 절엽 데이터
유통 시기 : 연중
▷ 오래 유지될 수 있는 서늘한 시기를 중심으로 국내산이 유통됩니다.
❋ 잎 크기 중　❋ 관상 기간 5~10일　💧 물올림 ○　❋ 드라이 ✕

기타 그린

코르딜리네

잎색

빨간색, 갈색, 줄무늬 등 컬러풀한 잎의 색

윤기가 있는 컬러풀한 잎이 특징이며 생명력이 대단히 긴 그린입니다. 관상 식물로도 인기가 있습니다. 큰 작품에는 잎이 겹치는 가지를 그대로 사용하고, 작은 작품에는 잎을 한 장씩 사용할 수 있어 쓰기 편하다고 할 수 있습니다.

레드, 카푸치노, 스노화이트 등 잎의 색을 연상시키는 품종을 비롯해 세로 줄무늬가 들어간 그린 스트라이프, 골드 스트라이프 등 미묘하게 다른 색과 모양이 많습니다. 계절에 관계없이 안정적으로 유통됩니다. 질감 등이 많이 닮아서 '드라세나'라고 유통되는 경우도 있는데 드라세나와는 속이 다릅니다. 뿌리 모양이 명백하게 차이나는데 뿌리줄기가 있는 쪽이 코르딜리네입니다.

다른 타입

클로즈업!

레드

레몬레드엣지

골드 스트라이프   세로 줄무늬가 아름다운 실버 스트라이프

과 용설란과
속 코르딜리네속
원산지 동남아시아·오스트레일리아

영어명 Good luck plant
일반명 코르딜리네

▼ **꽃꽂이를 하기 전에**
가지를 자릅니다.
＊생기가 없을 때
가지를 자릅니다.

▼ **어드바이스**
달콤한 핑크색 꽃에 갈색 잎을 배합하면 성숙하고 모던한 분위기가 됩니다. 광택이 있어 고급스러운 느낌이 강합니다. 흰 반점이 있는 것을 쓰면 작품이 산뜻하고 밝은 느낌으로 완성됩니다. 완성품의 이미지에 따라 잎의 색을 선택합니다.

＊ **절엽 데이터**
유통 시기 : 연중
▷동남아시아 각국의 수입산을 중심으로 대량 유통됩니다. 국내산도 있으며 싹이 나는 시기에는 탈수되기 쉬워 양이 약간 줄어듭니다.
❋ 유통 길이 40~80cm   ❋ 관상 기간 14일 이상
💧 물올림 ◎   ❋ 드라이 ✕

그린 | 기타

코알라 펀

잎색

폭신폭신 깃털 같은 잎

잎이 새의 깃털과 같습니다. 부드럽고 가는 잎이 모여서 겹쳐지며 녹색 줄기에는 군데군데 갈색 무늬가 있습니다. 오스트레일리아 고유 식물로 해안 근처 건조지대에 자생. 전량 수입이지만 안정적으로 유통되고 있습니다.

클로즈업!

과 금방동사니과
속 금방동사니속
원산지 오스트레일리아
영어명 Koala fern
일반명 코알라 펀

▼ 꽃꽂이를 하기 전에
줄기를 자릅니다.
*생기가 없을 때
줄기의 단면을 두드립니다.

▼ 어드바이스
잎의 가벼운 느낌을 살려 너무 빽빽하지 않도록 다른 화재와 가볍게 배합합니다.

*절엽 데이터
유통 시기 : 연중   ▷오스트레일리아산이 나오며 안정적으로 유통됩니다.
❋ 유통 길이 60~80cm   ❋ 관상 기간 10~14일
💧 물올림 ○   ❋ 드라이 ○

시스타 펀

잎색

클로즈업!

물이 없어도 사용 가능한 그린

우산 형태로 퍼지는 잎이 특징입니다. 오스트레일리아 원생림 아래 퍼져 있는 양치식물로, 불가사리와 윤곽이 비슷해서 이름이 유래되었다고 합니다. 좁은 잎은 생명력이 길어 물이 없어도 이용이 가능합니다. 작품 위에 감아놓는 등 독특한 사용법도 있습니다.

과 풀고사리과
속 풀고사리속
원산지 오스트레일리아
영어명 Seastar fern
일반명 시스타 펀

▼ 꽃꽂이를 하기 전에
줄기를 자릅니다.
*생기가 없을 때
줄기의 단면을 두드립니다.

▼ 어드바이스
잎을 통해 꽃이 보이는 디자인으로 합니다. 잘라서 나누어 사용해도 좋습니다.

*절엽 데이터
유통 시기 : 연중   ▷오스트레일리아산이 나오며 일정량이 연중 유통됩니다.
❋ 유통 길이 50cm   ❋ 관상 기간 10~14일
💧 물올림 ○   ❋ 드라이 ○

스틸그라스

잎색

단단한 질감에 가늘고 긴 모양

끝이 뾰족한 매우 가늘고 긴 그린입니다. 길이가 1~2m나 됩니다. 이름 그대로 쇠를 연상시키는 딱딱한 질감에 큰 작품의 라인을 만드는 화재로 자주 이용됩니다. 너무 구부리면 부러지니 주의하세요.

과 크산토로이아과
속 크산토로이아속
원산지 오스트레일리아
영어명 Grass tree · Blackboy
일반명 스틸그라스

▼ 꽃꽂이를 하기 전에
끝이 뾰족하고 단단하므로 주의해서 다룹니다. 줄기를 자릅니다.

▼ 어드바이스
수직으로 세우거나 다발로 꽂고 끝을 흐트러뜨려 부채꼴 라인을 만들어도 좋습니다.

*절엽 데이터
유통 시기 : 연중   ▷오스트레일리아산만 일정량이 유통됩니다.
❋ 유통 길이 80~110cm   ❋ 관상 기간 14일 이상
💧 물올림 ○   ❋ 드라이 ○

기타 그린

파초일엽

잎색 ●

다양한 연출이 가능한 튼튼한 잎

광택이 있는 두터운 잎을 가진 양치식물입니다. 끝이 뾰족하고 테두리에 물결치듯 웨이브가 있습니다. 잘 부패되지 않고 튼튼해 접거나 구부리거나 자유자재로 이용합니다. 투명한 화기 안에 넣어 플로랄폼을 숨길 수도 있습니다.

- 과 꼬리고사리과
- 속 꼬리고사리속
- 원산지 일본·대만
- 영어명 Spleenwort
- 일반명 파초일엽

❋ 절엽 데이터
유통 시기 : 연중 ▷국내의 온난한 지역에서 생산되며 여름에 유통량이 증가.
❋ 잎 크기 중·대   ❋ 관상 기간 14일 이상
💧 물올림 ○   ❋ 드라이 ✕

▼ 꽃꽂이를 하기 전에
녹색이 선명하고 생기가 있는 것으로 고릅니다. 줄기를 자릅니다.

▼ 어드바이스
둘둘 말아 둥그렇게 하거나 접거나 잘게 찢어 사용하는 등 여러 가지로 쓸 수 있습니다.

다발리아 펀

잎색 ●

섬세한 레이스 같은 화재

잘게 갈라진 잎이 삼각형으로 늘어섭니다. 레이스 같은 투명감이 있어 분위기가 섬세하고 고상합니다. 튀지도 않고 줄기는 유연해 어떤 꽃과도 잘 어울리며 사용하기 좋은 화재입니다. 색은 뚜렷한 녹색입니다.

- 과 넉줄고사리과
- 속 넉줄고사리속
- 원산지 말레이시아
- 영어명 Hare's foot fern
- 일반명 다발리아 펀·넉줄고사리

❋ 절엽 데이터
유통 시기 : 연중 ▷말레이시아산 등이 일정량 유통됩니다.
❋ 유통 길이 15~25cm   ❋ 관상 기간 10~14일
💧 물올림 ○   ❋ 드라이 ✕

▼ 꽃꽂이를 하기 전에
줄기를 자릅니다. 건조한 환경에 약하므로 장식할 곳의 습도에 신경 써야 합니다.

▼ 어드바이스
투명감을 살린 차가운 색 계통의 꽃과 배합해 압화로 만들어도 예쁩니다.

래더 펀

잎색 ●

들쭉날쭉 독특한 윤곽

밝은 녹색의 좁고 긴 잎이 양쪽에 들쭉날쭉 겹쳐져 한 장의 잎이 됩니다. 표면에는 약간의 광택도 있습니다. 잎 모양과 대조되는 넓은 꽃과 궁합이 잘 맞습니다.

잎 끝에 붙은 새싹은 상하기 쉬우니 제거하고 사용합니다.

- 과 넉줄고사리과
- 속 루모라속
- 원산지 열대·아열대 각지
- 영어명 Ladder fern·Sword fern
- 일반명 래더 펀·줄고사리

❋ 절엽 데이터
유통 시기 : 연중 ▷국내의 온난한 지역에서 일정량이 출하됩니다.
❋ 유통 길이 약 30cm   ❋ 관상 기간 5~10일
💧 물올림 ○   ❋ 드라이 ✕

▼ 꽃꽂이를 하기 전에
물올림이 좋고 사용하기 쉽습니다. 줄기를 자릅니다.

▼ 어드바이스
여러 장을 모아 개성적인 꽃과 배합하면 모던한 분위기가 납니다.

정향풀

잎색 — ● ●

가을 단풍에 주목

유연한 가지에 붉은 잎이 다닥다닥 달려 있습니다. 단풍 드는 풀이 그리 많지 않아 인기 화재의 하나가 되었습니다. 봄에는 귀여운 작은 꽃으로, 여름에는 그린 화재로 유통됩니다.

일본 각지에 자생하는 들풀로 현재 나오는 것은 같은 속의 북아메리카 원산종입니다.

클로즈업!

과	협죽도과
속	정향풀속
원산지	일본·북아메리카·소아시아
영어명	Bluestar
일반명	정향풀

▼ **꽃꽂이를 하기 전에**
줄기를 자릅니다. 물올림이 좋은 화재입니다.

▼ **어드바이스**
잘라서 나누어 쓸 수 있고 작품의 쿠션, 꽃다발의 볼륨업에 쓰입니다.

✽ **절엽 데이터**
유통 시기 : 9~11월(총엽) ▷5월은 꽃, 이어서 그린과 단풍이 유통됩니다.
✽ 유통 길이 40~50cm   ✽ 관상 기간 7~10일
💧 물올림 ○   ✽ 드라이 ○

틸란드시아

잎색 — ● ●

흙이 필요 없는 공중 식물

대부분 나무나 바위에 착생하여 잎으로 수분을 흡수하는 에어플랜트(공중 식물)입니다. 물을 줄 필요가 없어 장식용으로 자주 이용됩니다. 작품에 주로 쓰이는 우스네오이데스(왼쪽)는 부드러운 질감을 가지고 있습니다. 공기가 잘 통하는 곳에 두고 분무기로 수분을 보충해 주면 잘 자랍니다.

클로즈업!

과	파인애플과
속	틸란드시아속
원산지	북아메리카·남아메리카
영어명	Tillandsia·Airplants
일반명	틸란드시아

▼ **꽃꽂이를 하기 전에**
수분 보충은 필요하지 않지만 정기적으로 분무기로 물을 뿌려주세요.

▼ **어드바이스**
직사광선이 비치지 않고 통기성이 좋은 곳에 장식합니다.

✽ **절엽 데이터**
유통 시기 : 연중 ▷대부분 필리핀 등의 수입산이며 일부 국내산도 있습니다.
✽ 유통 길이 10~80cm   ✽ 관상 기간 14일 이상
💧 물올림 불필요   ✽ 드라이 ○

회양목

잎색 — ● ●

광택 있는 잎이 가득

가지는 잘게 나뉘어 있고 가죽처럼 윤기 있는 잎이 조밀하게 붙어 있습니다. 가지 하나에도 볼륨이 상당합니다. 잎이 갈색인 종류도 있으며 드라이플라워로도 잘 어울리는 화재입니다. 목질이 치밀해 빗을 만드는 재료로도 이용됩니다.

클로즈업!

과	회양목과
속	회양목속
원산지	지중해 연안·일본 등
영어명	Boxwood
일반명	회양목

▼ **꽃꽂이를 하기 전에**
가지를 자릅니다. 굵은 가지는 단면에 칼집을 냅니다.

▼ **어드바이스**
잎이 빽빽이 달려 있어 잘라서 나누어도 풍성하게 사용할 수 있습니다.

✽ **절엽 데이터**
유통 시기 : 연중 ▷제철은 11~12월이고, 거의 크리스마스 시즌에 나옵니다.
✽ 유통 길이 40~70cm   ✽ 관상 기간 14일 이상
💧 물올림 ○   ✽ 드라이 ○

기타 그린

산국수나무

과 장미과
속 산국수나무속
원산지 북아메리카
영어명 Ninebark
일반명 산국수나무

잎색 ●●●●

아름다운 빨간색과 노란색 잎

조팝나무를 닮은 꽃이 피는 낙엽 관목이며 잎의 색이 풍부해 인기입니다. 잘 나오는 품종은 구리색 잎이 가을에는 진한 붉은색이 되는 디아블로입니다. 또 어린 잎의 선명한 노란색이 황록색이 되고 나중에는 녹색으로 변하는 루테우스가 있습니다.

클로즈업!

✻ 절엽 데이터
유통 시기 : 5~11월 ▷국내산만 초여름에서 늦가을까지 유통됩니다.
❋ 유통 길이 50~100cm ❋ 관상 기간 5~7일
💧 물올림 ○   ❋ 드라이 ✕

▼ 꽃꽂이를 하기 전에
가지를 자릅니다. 수분을 많이 흡수하므로 화기에 물을 충분히 담아주세요.

▼ 어드바이스
빨간색, 노란색 등 다른 색 품종을 조합하면 서로 돋보입니다.

속새

과 속새과
속 속새속
원산지 북반구의 온대지방
영어명 Scouring rush
일반명 속새

잎색 ●

쇠뜨기를 연상시키는 양치식물

생김새가 커다란 쇠뜨기 같습니다. 곧게 뻗은 진녹색 줄기 중간 중간에 검은 마디가 있습니다. 표면은 딱딱하고 거슬거슬한 느낌입니다.

줄기 속이 비어서 쉽게 구부릴 수 있어 다양한 형태로 만들 수 있는 것도 매력입니다.

클로즈업!

✻ 절엽 데이터
유통 시기 : 연중 ▷국내산이 주로 분화로 유통되며 제철은 6~10월입니다.
❋ 유통 길이 50~70cm ❋ 관상 기간 7~10일
💧 물올림 ○   ❋ 드라이 ✕

▼ 꽃꽂이를 하기 전에
줄기가 튼튼한 것으로 고릅니다. 줄기를 자릅니다.

▼ 어드바이스
같은 길이로 잘라 플로랄폼을 둘러싸면 동양풍 화기에도 잘 어울립니다.

드라세나

과 백합과
속 드라세나속
원산지 열대아시아·아프리카
영어명 Dracaena·Dragon tree
일반명 드라세나

잎색 ●●●◐

아름답고 다양한 색상의 잎

잎에 줄무늬가 있는 타입이 많고 그 아름다움 때문에 관엽 식물로 인기입니다. 절엽도 좋은 잎부터 타원형까지 종류가 다양합니다. 주로 나오는 것은 신데리아나(오른쪽), 갓세피아나 등의 품종입니다.

✻ 절엽 데이터
유통 시기 : 연중 ▷국내산, 수입산 다양하게 재배돼 안정적으로 유통됩니다.
❋ 유통 길이 40~80cm ❋ 관상 기간 14일 이상
💧 물올림 ○   ❋ 드라이 ✕

▼ 꽃꽂이를 하기 전에
줄기를 자릅니다.

▼ 어드바이스
반점이 있는 것은 많이 사용해도 괜찮습니다. 일종꽂이에 곁들이면 모던한 느낌입니다.

그린 기타

단풍철쭉

잎색 ——
●
●

신록과 단풍이 선명한 인기 만점 가지류

작은 꽃이 달리고 라인이 아름다우며 사용이 편리한 가지류입니다. 자잘하게 나누어진 가지는 그대로 장식해도 아름답습니다. 꽃병에 슬쩍 꽂아도 관엽 식물에는 없는 상쾌함이 살아나 세련된 그린 인테리어가 됩니다.

단풍철쭉은 정원수나 가로수로 흔히 쓰입니다. 바큇살 모양의 타원형 잎은 봄부터 여름에는 산뜻한 녹색이, 가을에는 선명한 단풍이 든 가지가 출하됩니다.

새순이 돋는 시기에는 꽃이 달린 가지가 나오기도 합니다. 은방울꽃과 닮은 종 모양의 작은 꽃이 가지 가득 피어납니다. 꽃 한 송이가 제법 크고 꽃잎에 붉은 줄무늬가 있는 방울철쭉도 나옵니다.

원산지 일본
속 등대꽃속
과 진달래과

영어명 White enkianthus
일반명 단풍철쭉·등대꽃나무

붉은 꽃이 귀엽고 인상적인 방울철쭉

클로즈업!

홍엽

❋ 절엽 데이터

유통 시기 : 3~11월
▷국내산만 유통되며 새순부터 가을 단풍까지 유통됩니다. 최근 중국 등에 수출이 늘어나고 있습니다.

❋ 유통 길이 60~250cm
❋ 관상 기간 7~14일
💧 물올림 ○   ❋ 드라이 ✕

▼ 꽃꽂이를 하기 전에

가지의 모양이 좋고 잎의 색이 선명한 것으로 고릅니다. 잎을 정리하고 가지를 자른 다음 단면에 칼집을 냅니다.

*생기가 없을 때
가지를 자른 다음 단면에 칼집을 내거나 두드려서 섬유질을 풀어줍니다.

▼ 어드바이스

가지 모양을 살려 크기 그대로 꽃의 배경으로 꽂아도, 잎 부분만 잘라 작은 꽃다발에 배합해도 근사합니다. 가지가 유연하고 잘 분기되어 있어 적당히 구부리거나 하면 적은 화재를 깔끔하게 고정할 수 있습니다.

기타 그린

진황정

과	백합과
속	둥굴레속
원산지	일본
영어명	Solomon's seal
일반명	진황정

별명 진황정백합

잎색 ●◎

산과 들의 공기를 전해주는 싱싱한 잎

활 모양으로 휘는 줄기에 조릿대 같은 싱싱한 잎이 달립니다.

잎은 타원형으로 얼룩무늬가 있는 것이 일반적입니다. 사실 절엽으로 나오는 것은 같은 속의 무늬둥굴레입니다. 습기에 약하므로 주의합니다.

✻ 절엽 데이터
유통 시기 : 2~10월 ▷국내 산지에서 유통되며 제철은 5~7월입니다.
❋ 유통 길이 30~60cm ❋ 관상 기간 7~14일
💧 물올림 ○   ❋ 드라이 ✕

■ **꽃꽂이를 하기 전에**
얼룩무늬가 아름답게 들어간 것으로 고릅니다. 누런 잎은 제거하고 가지를 자릅니다.

▼ **어드바이스**
서양 꽃에 곁들여도 잘 어울립니다. 얼룩무늬와 같은 색의 꽃과 배합합니다.

신서란

과	백합과
속	신서란속
원산지	뉴질랜드
영어명	New Zealand flax
일반명	신서란

잎색 ●◎

칼처럼 날카로운 모양

끝이 뾰족한 좁고 긴 잎은 딱딱해서 마치 칼 같습니다. 잎에 질긴 섬유질이 많아 직물이나 망 등으로 이용됩니다.

세로 잎맥이 있어 쉽게 찢어집니다. 잎은 밝은 녹색 외에 빨간색이나 흰색 세로 줄무늬도 있습니다.

✻ 절엽 데이터
유통 시기 : 연중 ▷국내산이 유통됩니다.
❋ 잎 크기 대 ❋ 관상 기간 10~14일
💧 물올림 ○   ❋ 드라이 ✕

■ **꽃꽂이를 하기 전에**
줄기를 자릅니다. 잎이 날카롭고 단단하므로 손을 베지 않도록 주의합니다.

▼ **어드바이스**
세워서 배경으로 사용하는 것 외에 세로로 찢거나 말거나 엮어서 사용할 수도 있습니다.

파초

과	파초과
속	파초속
원산지	중국
영어명	Japanese fiber banana
일반명	파초

잎색 ●

바나나와 닮은 커다란 잎

밝은 녹색의 매우 큰 잎입니다. 길이 1m 정도 되는 것이 많이 유통되며 2m 이상인 것도 있습니다.

크기를 살려 다이내믹하게 배치합니다. 형태가 매우 비슷한 바나나의 잎이 파초 이름으로 유통되는 일도 있습니다.

✻ 절엽 데이터
유통 시기 : 6~10월
▷여름을 중심으로 오키나와산이 소량 유통됩니다. 제철은 7~8월입니다.
❋ 잎 크기 대 ❋ 관상 기간 7~10일 💧 물올림 ○   ❋ 드라이 ✕

■ **꽃꽂이를 하기 전에**
부드러워 찢어지기 쉬우니 주의해서 다룹니다. 줄기를 자릅니다.

▼ **어드바이스**
존재감을 살려 남국의 꽃이나 독특한 형태의 꽃과 함께 배합하면 돋보입니다.

그린 기타

꽃양배추

잎색

클로즈업! / 뒷면

다른 타입

코이 스가타

페더레드

블랙엔젤 쓰야

과 십자화과
속 배추속
원산지 유럽

영어명 Decorative kale
일반명 꽃양배추·모란채

꽃처럼 생긴 잎은 작품의 주인공

꽃잎처럼 보이는 것은 모두 잎입니다. 식용으로 전해진 후 잎을 관상하는 식물로 주로 일본에서 개량이 진행되었습니다.

일반적인 것은 바깥쪽이 녹색이고 중심이 흰색과 붉은 자주색으로 물든 타입입니다. 잎이 둥근 종류, 가장자리가 오그라든 종류, 잎이 깊게 파인 종류와 주름이 있는 종류 등 다양한 품종이 탄생했습니다.

최근에는 바깥쪽으로 색의 농담이 변해가는 종류, 투명한 핑크와 보라, 새까만 잎도 등장했습니다. 크리스마스와 신년맞이 장식용으로도 쓰입니다.

화단이나 화분에서 키우는 큰 종류 외에 절엽으로 나오는 것은 소형으로 줄기가 깁니다.

한 줄기에 여러 송이가 달리는 엘레나 / 신기한 까만 잎 쓰야

※ 절엽 데이터

유통 시기 : 11~2월
▷봄맞이용 화재로 국내산이 유통됩니다. 12월 중순에서 연말까지 집중적으로 유통됩니다.

✽ 유통 길이 20~70cm
✽ 관상 기간 14일 이상
💧 물올림 ○   ✽ 드라이 ✕

▼ 꽃꽂이를 하기 전에

줄기가 곧고 잎의 색이 선명한 것으로 고릅니다. 줄기를 자르고 되도록이면 시원한 장소에 장식합니다.

*생기가 없을 때
열탕처리합니다. 꽃과 잎을 신문지로 감싼 후 줄기를 뜨거운 물에 5초 정도 담갔다가 건져 물에 넣습니다.

▼ 어드바이스

신년맞이 장식용으로 인기가 많습니다. 꽃이 적은 겨울에 색을 즐길 수 있는 귀중한 화재입니다. 색조가 모던한 타입은 꽃 대신 작품의 주역이 되기도 합니다. 줄기가 거칠고 잎과의 균형을 잡기가 어려워 줄기를 숨기듯이 배치합니다.

기타 그린

파피루스

방사상으로 퍼지는 수초

강가에 군생하는 수변 식물입니다. 고대 이집트에서는 이 줄기를 종이의 원료로 썼습니다. 쭉 뻗은 줄기 끝에 잎처럼 보이는 포엽이 있습니다. 모습이 상쾌해 여름에 시원한 느낌을 주는 그린으로 활용되고 있습니다. 관엽 식물로도 즐길 수 있습니다.

- 과 사초과
- 속 사초속
- 원산지 북아프리카·열대아프리카
- 영어명 Papyrus sedge
- 일반명 파피루스

잎색 ●

클로즈업!

❋ 절엽 데이터
유통 시기 : 5~9월 ▷초여름에서 여름에 걸쳐 국내산이 약간 나옵니다.
❋ 유통 길이 40~60cm　❋ 관상 기간 5~7일
💧 물올림 ○　❋ 드라이 ✕

▼ 꽃꽂이를 하기 전에
줄기를 자릅니다. 흡수가 좋은 화재이니 수분 보충을 충분하게 해주세요.

▼ 어드바이스
사방으로 퍼진 독특한 형태는 한 종류만 장식해도 그림이 됩니다.

엽란

다양한 무늬와 얼룩의 아름다움

유연하고 질기며 폭이 넓은 잎은 수명이 길고 접거나 찢는 등 다양한 방법으로 쓸 수 있습니다. 잎이 살균작용을 해 요리 밑에 깔기도 합니다. 진한 녹색 잎 외에 세로 줄무늬나 얼룩이 있는 것도 있습니다. 아름다운 모양은 작품의 악센트가 됩니다.

- 과 백합과
- 속 엽란속
- 원산지 일본·중국
- 영어명 Barroom plant
- 일반명 엽란

잎색 ●◎

❋ 절엽 데이터
유통 시기 : 연중
▷국내산이 나오며 나무 그늘에서 재배한 것이 유통됩니다.
❋ 잎 크기 대　❋ 관상 기간 14일 이상　💧 물올림 ○　❋ 드라이 ✕

▼ 꽃꽂이를 하기 전에
잎 끝부분과 줄기가 싱싱한 것으로 고릅니다. 줄기를 자릅니다.

▼ 어드바이스
다량 사용해도 과한 느낌이 없고 메인 꽃을 생생하게 강조해줍니다.

판다누스

스타일리시한 모양의 잎

열대 지역에 많이 자생하는 상록 교목입니다. 길고 좁은 잎은 단단하며 황록색 얼룩이 있는 것이 흔히 유통되고 있습니다. 신 잎은 잘라서 사용하기도 합니다. 굵게 발달한 뿌리가 문어 다리처럼 보여 '문어나무'라고도 불립니다.

- 과 판다나과
- 속 판다누스속
- 원산지 아시아·아프리카·오세아니아 등
- 영어명 Screw pine
- 일반명 판다누스

잎색 ●◎

❋ 절엽 데이터
유통 시기 : 연중　▷오키나와산도 있지만 주로 말레이시아산입니다.
❋ 잎 크기 대　❋ 관상 기간 14일 이상
💧 물올림 ◎　❋ 드라이 ✕

▼ 꽃꽂이를 하기 전에
잎 끝부분까지 힘이 있는 것으로 고릅니다. 아래쪽을 자릅니다.

▼ 어드바이스
잎 끝부분이 좁고 길며 곧게 뻗어 샤프하고 모던한 작품에 어울립니다.

213

그린 기타

호랑가시나무

잎색 ◎

나쁜 기운을 쫓는 뾰족한 개성파

테두리가 가시 같은 톱니 모양으로 된 잎은 진녹색이며 광택이 납니다.

예전부터 입춘 전날 악귀를 쫓기 위해 호랑가시나무 가지에 정어리 머리를 꿰어 대문에 장식하는 풍습도 있습니다. 빨간 열매가 열리는 서양호랑가시나무는 다른 종입니다.

과 감탕나무과
속 감탕나무속
원산지 일본·대만

영어명 False holly
일반명 호랑가시나무

클로즈업!

✽ 절엽 데이터
유통 시기 : 12~2월
▷크리스마스에서 2월까지 국내산이 유통됩니다.
❋ 유통 길이 30~80cm   ❋ 관상 기간 10~14일
💧 물올림 ○   ❋ 드라이 ○

▼ 꽃꽂이를 하기 전에
가지를 자르고 칼집을 냅니다. 건조하면 잎이 떨어지기 쉬우므로 주의합니다. 때때로 분무기 등으로 물을 뿌려줍니다.

▼ 어드바이스
몇 줄기 꽂아두면 크리스마스 분위기가 납니다. 겹치는 잎은 정리하고 개성적인 잎의 모습이 잘 드러나도록 배치합니다. 리스에 사용해도 근사합니다.

석송

잎색 ●

잘 시들지 않는 양치식물

산과 들에 자생하며 겨울에도 푸른 양치식물입니다.

잘 시들지 않아 장식용으로 쓰여 왔습니다. 땅바닥을 기듯이 뻗어가는데 중간 중간 15cm 정도 직립 줄기가 나옵니다. 삼나무를 닮은 바늘형 잎이 줄기에 빽빽이 달린 것이 특징입니다. 탄력과 부드러움을 함께 지녀 구부릴 수도 있습니다.

과 석송과
속 석송목
원산지 북반구의 온대지방

영어명 Ground pine
일반명 석송

클로즈업!

✽ 절엽 데이터
유통 시기 : 연중   ▷크리스마스와 신년 장식용으로 12월을 중심으로 국내산이 유통됩니다.
❋ 유통 길이 60~80cm   ❋ 관상 기간 14일 이상
💧 물올림 ◎   ❋ 드라이 ○

▼ 꽃꽂이를 하기 전에
줄기를 자릅니다. 싱싱하고 푸른 잎을 오래 즐기기 위해서는 말리지 않는 것이 포인트입니다. 분무기를 이용해 습도를 잘 유지해 줍니다.

▼ 어드바이스
잘라서 나누어 작품의 아래쪽을 감싸듯이 사용합니다. 플로랄폼을 덮어 감추기에도 알맞습니다. 물에 잠겨도 잘 상하지 않습니다.

기타 그린

편백나무

과 측백나무과
속 편백 속
원산지 일본

영어명 Hinoki cypress
일반명 편백나무

잎색 ●

열매

클로즈업!

열매째 출하되는 잎에는 릴랙스 효과의 향기가

'코니퍼'라 불리는 상록 침엽수의 한 종류입니다. 예전부터 건축재로도 친숙한 나무입니다.

잎은 바늘 모양의 아름다운 녹색이며 항균, 항부패 효과가 있습니다. 또한 청량감 있는 향기에는 릴랙스 효과가 있다고도 전해집니다. 겨울에는 갈색의 둥근 열매가 붙은 채 유통됩니다.

▼ 꽃꽂이를 하기 전에
잎을 정리하고 가지를 자릅니다. 단면에 칼집을 냅니다.

▼ 어드바이스
전나무와 화백나무 등 크리스마스 시즌에 나오는 그린만을 모아 리스나 스웨그를 만들어도 좋습니다. 작품의 악센트로도 효과적입니다.

✻ 절엽 데이터
유통 시기 : 10~12월
▷크리스마스 장식을 위해 집중적으로 유통됩니다.
✻ 유통 길이 80~100cm ✻ 관상 기간 14일 이상
💧 물올림 ○   ✻ 드라이 ○

화백나무

과 측백나무과
속 편백 속
원산지 일본

영어명 Japanese cypress
일반명 화백나무

잎색 ●
◎

클로즈업!

잎이 오밀조밀해 인기 있는 크리스마스 화재

편백나무와 마찬가지로 침엽수입니다. 절엽으로 흔히 유통되는 품종은 공작화백입니다. 가지와 잎이 공작의 날개를 닮아 이름이 붙여졌습니다. 밝은 녹색 외에 잎 끝부분이 노랗게 물드는 품종도 있습니다.

침엽수 특유의 상쾌한 향기가 나며 크리스마스 장식으로 인기가 많습니다.

▼ 꽃꽂이를 하기 전에
잎을 정리하고 가지를 자릅니다. 단면에 칼집을 냅니다.

▼ 어드바이스
크리스마스 분위기를 내고 싶을 때 좋습니다. 잎 끝부분을 돋보이게 하면 작품에 움직임이 생깁니다. 리스 화재로도 알맞습니다.

✻ 절엽 데이터
유통 시기 : 연중
▷크리스마스 시즌에 국내산이 유통됩니다.
✻ 유통 길이 80~100cm ✻ 관상 기간 14일 이상
💧 물올림 ○   ✻ 드라이 ○

그린 기타

피토스포룸

잎색 ◎

모든 꽃과 잘 어울리는 잎

가는 가지에 약간 구불거리는 작은 잎이 가득 붙어 있습니다.

유통되는 것은 녹색과 테두리에 흰색, 황록색 얼룩무늬가 있는 것 두 가지 타입입니다. 어떤 꽃과도 잘 어울려 한 가지만으로도 작품에 편리하게 쓰입니다.

과	도나무양과
속	도나무속
원산지	뉴질랜드
영어명	Kohuhu
일반명	피토스포룸

▼ **꽃꽂이를 하기 전에**
장식하기 전에 가지를 흔들어 오래된 잎을 제거합니다. 가지를 자릅니다.

▼ **어드바이스**
움직임을 느끼게 해주는 그린이므로 크고 풍성한 장미 등과 배합합니다.

절엽 데이터
유통 시기 : 연중 ▷이탈리아산 외에 국내산도 일부 유통됩니다.
❋ 유통 길이 30~60cm   ❋ 관상 기간 10일 전후
💧 물올림 ○   ❋ 드라이 ✕

비단삼나무

잎색 ●

리스의 기초로 좋은 단단함

편백나무나 화백나무처럼 침엽수의 한 종류입니다. 회색빛이 도는 녹색 잎은 바늘처럼 뾰족하지만 질감은 부드러우며 가지는 유연합니다. 잎이 단단히 붙어 있어 리스의 베이스로 삼으면 입체감 있는 완성품을 만들 수 있습니다.

클로즈업!

과	측백나무과
속	편백속
원산지	일본
영어명	Sawara cypress
일반명	비단삼나무

▼ **꽃꽂이를 하기 전에**
잎의 색이 깨끗한 것으로 고릅니다. 가지를 자르고 칼집을 냅니다.

▼ **어드바이스**
크리스마스 장식으로 추천합니다. 부드러운 색조의 꽃과도 잘 어울립니다.

절엽 데이터
유통 시기 : 연중 ▷크리스마스 시즌 무렵 국내산이 유통됩니다.
❋ 유통 길이 30~120cm   ❋ 관상 기간 14일 이상
💧 물올림 ○   ❋ 드라이 ○

페이조아

잎색 ●

앞뒷면 색으로 변화 주기

달걀형 잎이 유칼립투스와 닮았지만 질감은 부드럽습니다. 앞면은 녹색으로 광택이 있고 뒷면은 섬세한 솜털에 싸여 은색으로 보입니다. 절엽으로 유통되는 것 외에 달콤새콤한 과일과 꽃은 식용으로 이용됩니다.

과	도금양과
속	아카속
원산지	남아메리카
영어명	Feijoa
일반명	페이조아

▼ **꽃꽂이를 하기 전에**
잎이 떨어지기 쉬우므로 작업할 때 주의합니다. 가지를 자릅니다.

▼ **어드바이스**
앞뒷면의 색이 다른 이 잎을 추가함으로써 변화를 줄 수 있습니다.

절엽 데이터
유통 시기 : 연중 ▷초여름부터 여름을 제외하고 일정량이 유통됩니다.
❋ 유통 길이 40~100cm   ❋ 관상 기간 14일 이상
💧 물올림 ○   ❋ 드라이 ○

기타 그린

휴케라

다른 타입

캐러멜

실버 듀크

잎의 뒷면

잎색

꽃을 돋보이게 하는 세련된 색의 잎

튼튼하고 긴 수명에 다양한 색

다양한 색을 가진 그린 화재로 손바닥처럼 생긴 잎의 독특한 색조가 아름답습니다. 녹색, 노란색, 붉은 자주색 외에 엷은 갈색 등 중간색도 있고, 잎맥에 붉은 얼룩이 있는 것, 여기저기 반점이 있는 것 등 모양도 다채롭습니다.

본래 튼튼하고 음지에서도 잘 자라는 컬러풀한 잎이 인기인 가드닝 화재였습니다. 다채로운 매력으로 인해 절엽이 유통되기 시작해 작품 구성에 큰 인기인 그린으로 정착했습니다.

잎은 두껍지 않으며 광택이 없고 질감도 차분합니다. 단풍잎을 약간 둥글게 한 듯한 모습은 귀여운 느낌도 듭니다. 가볍게 사용할 수 있으며 매우 오래갑니다. 화분에서 키우면 잎과 함께 봄부터 초여름에 피는 작은 꽃도 즐길 수 있습니다.

과 범의귀과
속 휴케라속
원산지 북아메리카·멕시코

영어명 Coral bells
일반명 휴케라

▼ 꽃꽂이를 하기 전에
줄기를 자릅니다.
*생기가 없을 때
줄기를 자릅니다.

▼ 어드바이스
줄기가 짧아 작은 작품에 알맞습니다. 잎이 편평해서 플로랄폼을 가릴 수도 있습니다. 중간색 계열의 색조를 살려, 색이 다른 몇 종류로 잎 위주의 작품을 만들어도 근사합니다.

* 절엽 데이터
유통 시기 : 연중
▷ 극소량의 국내산 절엽이 유통됩니다.
* 잎 크기 소   * 관상 기간 5~7일
💧 물올림 ○   * 드라이 ×

그린 | 기타

큰고랭이

잎색 ─ ◎

조형미를 살릴 수 있는 줄기

습지 등에 자생하는 식물로 곧게 뻗은 선명한 녹색 라인이 시원한 느낌을 줍니다. 가는 줄기 끝에는 다갈색 꽃이삭이 붙어 있고 줄기 속은 비어 있습니다. 손쉽게 구부릴 수 있어 조형미를 살릴 수 있습니다. 가로 또는 세로로 줄무늬가 있는 것도 있습니다.

클로즈업!

과	사초과
속	고랭이속
원산지	일본
영어명	Softstem bulrush
일반명	큰고랭이

▼ **꽃꽂이를 하기 전에**
꽃이삭이 검은 빛을 띠지 않은 것으로 고릅니다. 줄기를 자릅니다.

▼ **어드바이스**
몇 줄기를 그대로 묶어도 재미있습니다. 줄무늬가 있는 것은 여름 작품에 잘 어울립니다.

❋ 절엽 데이터
유통 시기 : 연중 ▷국내의 온난한 지역에서 생산됩니다.
❋ 유통 길이 60~100cm   ❋ 관상 기간 10일 전후
💧 물올림 ○   ❋ 드라이 ✕

베어그라스

잎색 ─ ●

곡선을 그린다면 베어그라스

단단하면서도 유연한 가는 잎은 길이가 50~80cm입니다. 세우면 완만한 포물선을 그립니다. 몇 줄기를 묶음으로 만들어 끝 쪽으로 흐르는 듯한 라인을 그리면 아름답습니다. 튼튼하므로 꽃줄기에 묶거나 곡선과 고리를 만들 수도 있습니다.

클로즈업!

과	사초과
속	사초속
원산지	북아메리카
영어명	Bear grass
일반명	베어그라스

▼ **꽃꽂이를 하기 전에**
잎 끝부분이 갈색이면 오래된 것이므로 주의합니다. 밑동을 자르면 오래갑니다.

▼ **어드바이스**
길이가 길어서 디자인이 자유롭습니다. 작품에 확장성이 생깁니다.

❋ 절엽 데이터
유통 시기 : 연중 ▷북아메리카 수입산이 유통됩니다.
❋ 유통 길이 50~80cm   ❋ 관상 기간 14일 이상
💧 물올림 ○   ❋ 드라이 ○

자엽자두나무

잎색 ─ ●

잎의 색을 즐길 수 있는 귀중한 화재

봄부터 가을까지 나오며 잎의 색이 점점 진해지는 것이 특징입니다. 새 잎 때부터 붉은 기가 있는 잎은 점점 진해져 가을이면 진홍색이 됩니다. 잎의 색을 즐길 수 있는 귀중한 가지류의 화재이며 산벚나무와 꽃이 비슷합니다.

과	장미과
속	벚나무속
원산지	서남아시아·코카서스 지방
영어명	Purple cherry plum
일반명	자엽자두나무

▼ **꽃꽂이를 하기 전에**
가지를 자르고 단면에 칼집을 냅니다.

▼ **어드바이스**
채도가 낮은 어두운 계열의 꽃과 배합하면 성숙하고 세련된 분위기를 연출할 수 있습니다.

❋ 절엽 데이터
유통 시기 : 3~6월, 9~11월 ▷가을에는 잎이 메인이며 봄에는 꽃이 유통됩니다.
❋ 유통 길이 60~150cm   ❋ 관상 기간 10~14일
💧 물올림 △   ❋ 드라이 ✕

기타 그린

헬리크리섬

클로즈업!

부드럽고 상냥한 표정

플란넬 같은 감촉의 작은 잎으로 줄기도 흰 솜털로 덮여 있습니다.

잎은 은색이 들어간 녹색과 옅은 라임색 2종류가 있으며 줄기를 비롯해 전체적으로 부드러운 느낌입니다. 새순의 끝부분을 잘라서 사용하면 오래 즐길 수 있습니다.

잎색 ●

과 국화과
속 헬리크리섬속
원산지 남아프리카
영어명 Everlasting · Immortelle
일반명 헬리크리섬

＊절엽 데이터
유통 시기 : 연중 ▷국내산이 유통되며 제철은 4~5월, 10~12월입니다.
❋ 유통 길이 약 30cm   ❋ 관상 기간 5~10일
💧 물올림 ○   ❋ 드라이 ✕

▼ 꽃꽂이를 하기 전에
줄기를 자릅니다. 생기가 없을 때는 줄기를 뜨거운 물에 담가 열탕처리합니다.

▼ 어드바이스
파스텔컬러의 꽃을 이용한 작은 작품에 사용하면 부드러운 느낌으로 완성됩니다.

폴리셔스

풍성한 볼륨감

테두리가 뾰족뾰족한 윤기 있고 부드러운 잎이 가지 끝에 많이 붙어 있습니다. 공간을 메우거나 볼륨감을 높이고 싶을 때 요긴하게 쓰입니다. 상록 관목에서 교목까지 다양한 종류가 있지만 절엽에서는 주로 녹색만 유통됩니다.

잎색 ●

과 두릅나무과
속 폴리셔스속
원산지 아시아 · 아프리카 · 오스트레일리아 · 태평양 제도의 열대지역
영어명 Polyscias
일반명 폴리셔스 · 대만홍엽

＊절엽 데이터
유통 시기 : 연중 ▷태국산 등이 안정적으로 유통됩니다.
❋ 유통 길이 40~60cm   ❋ 관상 기간 5~7일
💧 물올림 ○   ❋ 드라이 ✕

▼ 꽃꽂이를 하기 전에
가지를 자른 다음 단면에 칼집을 내 깊은 물에 담급니다.

▼ 어드바이스
부드러운 잎이 늘어져 생기 없는 것처럼 보이기 쉬우니 몇 줄기 묶어 사용하면 좋습니다.

폴리포디움

닭볏 같은 독특한 모양

잎의 끝부분이 닭볏처럼 갈라져 있습니다. 유연하면서 매우 튼튼합니다. 황록색 잎은 함께 장식하는 꽃을 환하게 보이게 하며 관엽 식물로 인기입니다. 잎의 중심에는 굵은 잎맥이 있어 끝부분 이외에는 직선적입니다.

잎색 ●

과 고란초과
속 폴리포디움속
원산지 오세아니아 열대아프리카
영어명 Microsorum
일반명 폴리포디움

＊절엽 데이터
유통 시기 : 연중 ▷국내산과 수입산 모두 소량씩 유통됩니다.
❋ 유통 길이 30~50cm   ❋ 관상 기간 14일 이상
💧 물올림 ◎   ❋ 드라이 ✕

▼ 꽃꽂이를 하기 전에
잎의 밑동을 자릅니다. 잎에 상처가 생기면 눈에 잘 띄므로 주의해서 다룹니다.

▼ 어드바이스
질감도 형태도 독특하므로 꽃의 모양이 유니크한 난 등과 배합합니다.

219

그린 | 기타

사철나무

잎색 ●◎

서양풍에도 어울리는 얼룩무늬

윤기와 두께감이 있으며 테두리에 아주 약하게 톱니 모양이 있는 잎을 가진 상록수입니다. 생울타리로 많이 사용되며 녹색 외에 노란색이나 우윳빛 얼룩무늬가 있는 품종이 유통됩니다.

클로즈업!

과	노박덩굴과
속	노박덩굴속
원산지	일본
영어명	Japanese spindle
일반명	사철나무

▼ **꽃꽂이를 하기 전에**
가지를 자른 다음 굵은 가지는 칼집을 내거나 두드립니다.

▼ **어드바이스**
얼룩이나 반점이 있는 것은 밝아서 작품에 쓰기 좋습니다. 작게 나누어 꽃에 곁들입니다.

✱ **절엽 데이터**
유통 시기 : 연중 ▷사이타마현, 시즈오카현에서 소량 유통됩니다.
✻ 유통 길이 70~120cm   ✻ 관상 기간 14일 이상
💧 물올림 ○   ✻ 드라이 ○

소나무

잎색 ●

품격 있는 신성한 나무

사계절 푸른 잎은 생명력과 건강의 상징으로 행운을 주는 나무라고 할 수 있습니다. 정월에 신령이 내리는 신성한 나무라 하여 예전부터 새해에 문 앞을 장식하기도 합니다. 종류와 크기가 다양하므로 용도에 따라 선택해 사용합니다.

클로즈업!

과	소나무과
속	소나무속
원산지	북반구
영어명	Pine · Japanese black pine
일반명	소나무

▼ **꽃꽂이를 하기 전에**
가지를 자르고 칼집을 냅니다. 단면에서 나오는 송진은 물로 씻어냅니다.

▼ **어드바이스**
죽절초나 국화 등 길하다고 여기는 화재와 함께 사용해 축하 작품으로 쓸 수 있습니다.

✱ **절엽 데이터**
유통 시기 : 12월 ▷연말 대대적인 소나무 경매에서 신년용이 유통됩니다.
✻ 유통 길이 40~150cm   ✻ 관상 기간 14일 이상
💧 물올림 ○   ✻ 드라이 ✕

개운죽

잎색 ●

대나무를 닮은 행운의 나무

마디 있는 가지가 대나무를 닮아 '개운죽'이라는 이름이 붙여졌지만 드라세나의 일종입니다. '부귀죽'이라고도 불리며 금전운이 좋아지는 관엽 식물로 인기가 있습니다. 가지 끝부분이 휘어진 것(오른쪽)과 전체가 곧게 뻗은 것이 있습니다.

과	백합과
속	드라세나속
원산지	카메룬
영어명	Lucky bamboo
일반명	개운죽

▼ **꽃꽂이를 하기 전에**
잎을 제거하면 가지의 특성이 더욱 두드러집니다. 가지를 자릅니다.

▼ **어드바이스**
남국의 꽃과 배합하면 아시안풍, 일본풍 꽃과 배합하면 모던한 분위기가 연출됩니다.

✱ **절엽 데이터**
유통 시기 : 연중 ▷대만산을 중심으로 수입됩니다.
✻ 유통 길이 40~70cm   ✻ 관상 기간 14일 이상
💧 물올림 ○   ✻ 드라이 ✕

기타 그린

전나무

잎색 ●

크리스마스에 빠질 수 없는 나무

크리스마스트리로 쓰이는 나무로 소나무과입니다. 수수한 녹색의 가늘고 긴 잎이 가지에 빽빽이 붙어 있습니다.

신선한 것은 상쾌한 향기가 나는 것도 매력입니다. 잎 뒷면에 두 개의 흰 줄이 있는 우라지로 전나무도 있습니다.

- 과 소나무과
- 속 전나무속
- 원산지 일본·북아메리카
- 영어명 Momi fir
- 일반명 전나무

클로즈업!

✽ 절엽 데이터
유통 시기 : 11~12월 ▷ 국내산과 미국 오리건주의 트리와 절엽이 유통됩니다.
✽ 유통 길이 20~250cm ✽ 관상 기간 14일 이상
💧 물올림 ○ ✽ 드라이 ○

▼ **꽃꽂이를 하기 전에**
마른 것은 잎이 떨어지므로 피합니다. 가지를 자른 다음 칼집을 냅니다.

▼ **어드바이스**
크리스마스 작품에 최적입니다. 유연해서 리스에도 사용할 수 있습니다.

몬스테라

잎색 ◎ ●

디자인적인 잎의 갈라짐

깊게 갈라지고 두께가 있는 녹색 잎입니다. 오브제 같은 대담한 실루엣이 박력 만점입니다. 디스플레이에 사용하거나 볼륨감을 표현하거나 하면 개성적인 연출이 가능합니다.

크기와 잎의 갈라진 모양이 다양합니다.

- 과 천남성과
- 속 몬스테라속
- 원산지 열대아메리카
- 영어명 Windowleaf
- 일반명 몬스테라

✽ 절엽 데이터
유통 시기 : 연중 ▷ 열대지역 수입산이 유통됩니다. 크기가 다양합니다.
✽ 잎 크기 중·대 ✽ 관상 기간 10~14일
💧 물올림 ○ ✽ 드라이 ✕

▼ **꽃꽂이를 하기 전에**
잎에 광택이 있는 것으로 고릅니다. 줄기를 자릅니다.

▼ **어드바이스**
한 장으로도 꽃을 고정하는 역할을 할 수 있습니다. 화기의 입구를 감추기에도 좋습니다.

팔손이나무

잎색 ◎ ●

빼어난 존재감을 지닌 손바닥 모양

정원 등에서 자주 보이는 상록 관목으로 손바닥 모양의 잎이 존재감 있고 사람을 부르는 것처럼 보인다 하여 길흉을 섬길 때도 이용됩니다. 설엽은 잎이 작으며 갈라짐이 약한 아이비와의 교배종이 대부분입니다. 흰색, 노란색 얼룩, 열매가 있는 것도 유동됩니다.

- 과 두릅나무과
- 속 팔손이나무속
- 원산지 일본
- 영어명 Fatsia
- 일반명 팔손이나무

✽ 절엽 데이터
유통 시기 : 연중 ▷ 주로 겨울에 유통되며 대부분 국내산입니다.
✽ 잎 크기 중·대 ✽ 관상 기간 14일 이상
💧 물올림 ○ ✽ 드라이 ○

▼ **꽃꽂이를 하기 전에**
가지를 자릅니다. 열매가 있으면 떨어지기 쉬우니 주의해서 다룹니다.

▼ **어드바이스**
동서양을 가리지 않고 다른 화재와 조화가 잘되는 것이 매력입니다.

221

그린 기타

백부

잎색 ●

움직이는 것 같은 유연한 줄기

다도에 자주 장식되는 화재입니다.
밝은 녹색 잎은 세로 잎맥이 있고 시원한 느낌이며 곡선을 그리는 유연한 줄기는 끝부분이 덩굴 형태라서 동적인 느낌이 듭니다.
드물게 꽃봉오리째 유통되기도 합니다.

과 백부과
속 백부속
원산지 중국
영어명 Stemona
일반명 백부

클로즈업!

별명 스테모나 자포니카

▼ **꽃꽂이를 하기 전에**
줄기를 자릅니다. 잎을 정리해 줄기의 라인을 드러냅니다.

▼ **어드바이스**
대륜화에 경쾌함을 더하고 싶을 때 끝부분 덩굴의 곡선을 살려 곁들입니다.

✻ **절엽 데이터**
유통 시기 : 연중 ▷국내산 온실 재배품이 연중 유통됩니다.
✿ 유통 길이 20~150cm   ✿ 관상 기간 7~10일
💧 물올림 ○   ✿ 드라이 ✕

비로야자

잎색 ●

잎이 아름다운 야자

아주 아름다운 부채 모양으로 잎이 펼쳐집니다. 광택이 있는 밝은 녹색은 관엽 식물로도 인기가 많습니다. 절엽은 10cm 정도의 작은 것부터 1m 정도 되는 큰 것까지 다양합니다. 한 장만 넣어도 열대 분위기를 연출할 수 있습니다.

과 야자과
속 비로속
원산지 동남아시아
영어명 Livistona
일반명 비로야자

▼ **꽃꽂이를 하기 전에**
모양이 다듬어진 잎을 골라 줄기를 자릅니다. 건조한 환경에 약하니 주의합니다.

▼ **어드바이스**
인상적인 꽃 한 송이와 함께 꽃 하나, 잎 하나를 작품으로 하면 근사합니다.

✻ **절엽 데이터**
유통 시기 : 연중 ▷스리랑카산이 수입, 유통됩니다.
✿ 잎 크기 중·대   ✿ 관상 기간 5~14일
💧 물올림 ◎   ✿ 드라이 ✕

맥문동

잎색 ●
◎

컬을 만들 수 있는 가늘고 긴 잎

자연스러운 곡선을 그리는 가늘고 긴 잎은 손가락으로 훑거나 막대기에 감아 리본처럼 간단하게 컬을 만들 수 있습니다. 길이는 30~40cm, 폭은 1cm 정도입니다. 녹색 외에 테두리에 크림색 얼룩이 있는 것도 있습니다.

클로즈업!   다른 타입

과 백합과
속 맥문동속
원산지 일본·중국·대만
영어명 Liriope · Lily turf
일반명 맥문동

얼룩무늬 품종

별명 리리오페

▼ **꽃꽂이를 하기 전에**
잎 끝부분까지 힘이 있는 것으로 골라 밑동을 자릅니다.

▼ **어드바이스**
곡선적인 라인을 살리는 것 외에 U자를 만들거나 엮을 수도 있습니다.

✻ **절엽 데이터**
유통 시기 : 연중 ▷유통되는 것은 스리랑카 수입산입니다.
✿ 유통 길이 30~40cm   ✿ 관상 기간 14일 이상
💧 물올림 ◎   ✿ 드라이 ○

기타 그린

루스쿠스

잎색 ●

과	백합과
속	루스쿠스속
원산지	지중해 연안
영어명	Spineless butcher's broom
일반명	루스쿠스

클로즈업!

둥그스름하고 튼튼한 잎

매끄러운 광택에 오래 관상할 수 있는 그린입니다. 절엽은 둥글고 단단한 잎을 가진 품종인 히포필룸이 유통됩니다. 다른 종인 이탈리안 루스쿠스와 구별해 '둥근잎 루스쿠스'라고 불리기도 합니다. 잎으로 보이는 것은 사실 줄기가 변한 것입니다.

✱ 절엽 데이터
유통 시기 : 연중 ▷국내산과 수입산이 유통됩니다.
❋ 유통 길이 40~70cm   ❋ 관상 기간 14일 이상
💧 물올림 ○   ❋ 드라이 ○

▼ 꽃꽂이를 하기 전에
색이 선명한 녹색에 광택이 많이 나는 것으로 고른 다음 줄기를 자릅니다.

▼ 어드바이스
짙은 녹색 잎은 부드러운 느낌의 연한 색 꽃과 배합하면 대조적인 느낌을 줄 수 있습니다.

레더 펀

잎색 ●

과	넉줄고사리과
속	루모라속
원산지	남반구
영어명	Leather leaf fern
일반명	레더 펀

규칙적인 삼각형의 아름다움

줄기에서 좌우대칭에 가까운 잎이 나와 전체적인 실루엣이 삼각형이 됩니다. 짙은 녹색 잎은 가장자리에 들쭉날쭉한 톱니가 있어 야성미가 느껴집니다. 윤기와 두께감이 있어 레더(가죽)에 비유해 이름이 붙여졌습니다.

✱ 절엽 데이터
유통 시기 : 연중 ▷국내산은 이즈 하치죠섬에서 나오며 수입산도 유통.
❋ 유통 길이 30~60cm   ❋ 관상 기간 10~14일
💧 물올림 ○   ❋ 드라이 ✕

▼ 꽃꽂이를 하기 전에
줄기를 자릅니다. 잎의 끝부분은 꺾이기 쉬우니 주의해서 다룹니다.

▼ 어드바이스
이국적인 꽃과 배합하면 아시안풍으로 완성됩니다.

레몬잎

잎색 ●

과	진달래과
속	가울테리아속
원산지	북아메리카
영어명	Salal
일반명	레몬잎

튼튼하고 오래가는 레몬 모양 잎

레몬 모양의 잎이 지그재그로 뻗은 가지에 엇갈려 붙어 있습니다. 튼튼하고 오래가며 마치 그림처럼 아름답습니다. 가지째 사용해도 되고 용도에 따라 다양하게 쓸 수 있습니다. 플로랄폼을 감추는 용도로도 애용됩니다.

✱ 절엽 데이터
유통 시기 : 연중 ▷수입산이며 새순이 돋는 시기 이외에는 연중 유통됩니다.
❋ 유통 길이 30~40cm   ❋ 관상 기간 14일 전후
💧 물올림 ○   ❋ 드라이 ○

▼ 꽃꽂이를 하기 전에
가지에 잎이 많이 붙어 있는 것으로 고른 다음 가지를 자릅니다.

▼ 어드바이스
잎도 가지도 튼튼해서 격식 있는 작품에 어울립니다.

| Part 5 |

열매류

과실(열매)과 씨앗이 있는 화재입니다.

귀엽고 동그란 모양은 꽃다발이나 꽃꽂이 작품에

사랑스러움과 리듬감을 더해줍니다.

초여름에서 늦가을까지 계절감을 연출할 때도 한몫합니다.

Berry

이탈리안 베리

별명 스마일락스 베리

열매 색 🔴 🟢

과 백합과
속 밀나물속
원산지 유럽

영어명 Smilax aspera
일반명 이탈리안 베리

클로즈업!

열매가 물들어 가는 그러데이션의 아름다움

'스마이락스 베리'라고도 불립니다. 가는 덩굴에 윤기 나고 싱싱한 포도송이 모양의 열매를 맺으며 연한 녹색은 신선한 매력이 있어 인기입니다.

또한 녹색에서 연한 빨간색으로 그러데이션을 그리며 물드는 야성미가 있어 아름답습니다. 같은 속인 청미래덩굴처럼 덩굴이 굽어 꺾어지며 자랍니다.

* 열매 데이터
유통 시기 : 연중 ▷유통되는 것은 거의 수입산이며 5~6월에 푸른 열매가 유통됩니다.
* 열매 크기 소   * 유통 길이 약 60cm
* 관상 기간 7~14일   💧물올림 ○   * 드라이 ✕

▼ 꽃꽂이를 하기 전에
떨어지기 쉬운 열매와 덩굴의 가시에 주의합니다. 가지를 자른 다음 두드립니다.
* 생기가 없을 때
가지를 자른 다음 깊은 물에 담급니다.

▼ 어드바이스
가는 덩굴의 불규칙적인 라인과 윤기 나는 열매의 색상이 내추럴한 작품과 잘 어우러지며 세련된 악센트가 됩니다.

낙상홍

열매 색 🔴 🟡 ⚪

과 감탕나무과
속 감탕나무속
원산지 일본

영어명 Japanese winterberry
일반명 낙상홍

클로즈업!

새빨간 열매가 가득, 명랑한 축하 분위기

가을 작품, 또는 신년이나 축하 자리에 환영받는 가지류입니다. 가을에서 겨울에 걸쳐 선명한 빨간 열매가 풍성하게 열립니다.

일본 곳곳에 자생하는 낙엽 관목으로 정원수로도 이용되며 열매가 흰색이나 노란색인 품종도 있습니다. 빨간 열매가 열리는 노박덩굴은 다른 종류입니다.

* 열매 데이터
유통 시기 : 10~12월 ▷주산지는 야마가타현, 후쿠시마현, 사이타마현이며 제철은 10~11월입니다.
* 열매 크기 소   * 유통 길이 70~150cm
* 관상 기간 10일 전후   💧물올림 ○   * 드라이 ○

▼ 꽃꽂이를 하기 전에
가지를 자르고 칼집을 냅니다. 열매가 떨어지기 쉬우니 주의해서 다룹니다.
* 생기가 없을 때
가지를 자른 다음 칼집을 냅니다.

▼ 어드바이스
한 가지만 장식해도 붉은 열매가 환한 느낌을 줍니다. 흰 열매를 배합해 홍백으로 장식하면 축하 분위기가 감돕니다.

열매

수리딸기

열매 색 ●

클로즈업!

과 장미과
속 산딸기속
원산지 일본·중국·한국

영어명 Japanese wineberry
일반명 수리딸기

가시 돋친 꽃받침 안에 숨겨진 열매

산지에 자생하는 덩굴성 낙엽 관목으로 산딸기의 한 종류입니다. 붉은 자주색 솜털로 덮인 꽃받침과 줄기가 새우 껍데기와 비슷합니다.

열매는 뾰족뾰족한 꽃받침 안에서 익은 다음 나타납니다. 알맹이들이 모인 집합과로 투명감 있는 붉은색이 인상적이며 유통될 때는 열매가 꽃받침에 숨겨진 상태입니다.

▼ 꽃꽂이를 하기 전에
가지에 가시와 잔털이 붙어 있으니 다룰 때 주의하며 가지를 자릅니다.
*생기가 없을 때
가지를 자릅니다.

▼ 어드바이스
길이가 짧아 작은 작품이나 꽃다발에 어울립니다. 잎을 제거하는 편이 열매도 돋보이고 오래 관상할 수 있습니다. 소량만 사용해도 붉은색이 멋진 악센트가 됩니다.

*열매 데이터
유통 시기 : 7~9월
▷노지 재배로 소량 생산된 것이 유통됩니다.
❋ 열매 크기 소   ❋ 유통 길이 20~50cm
❋ 관상 기간 7일 전후   💧물올림 ○   ❋ 드라이 ○

호박

열매 색
●
●
○
●
●

과 박과
속 호박속
원산지 남북아메리카

영어명 Pumpkin
일반명 호박

분위기를 살리는 컬러풀한 색과 모양

핼러윈의 인기와 함께 호박을 취급하는 꽃집이 늘고 있습니다. 사용하기 쉬운 지름 10~15cm 크기의 호박을 중심으로 크고 작은 호박들이 나옵니다.

색은 노란색, 주황색, 흰색, 혼합색 등이 있고 모양은 일반적인 모양의 호박 외에 가늘고 긴 모양, 별 모양, 베레모형 등 다양합니다. 질감에도 차이가 있으므로 용도에 따라 골라서 사용합니다.

다른 타입

흰색 품종

▼ 꽃꽂이를 하기 전에
따로 준비할 것은 없습니다. 모양과 색이 좋은 것으로 고릅니다.

▼ 어드바이스
작품 주위에 놓아두기만 해도 핼러윈 분위기가 감돕니다. 호박 속을 파내 모양을 만드는 경우에는 오래가지 않으므로 주의해야 합니다.

*열매 데이터
유통 시기 : 8~10월   ▷국내산, 수입산이 있으며 품종도 다양합니다. 제철은 9~10월입니다.
❋ 열매 크기 대
❋ 관상 기간 14일 이상   💧물올림 불필요   ❋ 드라이 ✕

쥐참외

과	박과
속	쥐참외속
원산지	중국·일본
영어명	Japanese snake gourd
일반명	쥐참외

열매색 ●

자유자재로 쓰기 편한 덩굴

열매는 타원형이며 색은 광택이 나는 붉은 오렌지색입니다. 덩굴에 붙은 열매가 소재로 유통되며 덩굴은 유연해서 리스로 만들거나 작품에 감는 등 자유자재로 디자인이 가능합니다. 산과 들에 자생하고 덩굴손이 휘감기며 자랍니다.

▼ **꽃꽂이를 하기 전에**
이미 마른 상태이므로 수분 보충은 필요하지 않습니다.

▼ **어드바이스**
단풍 든 가지류에 감아 작품 위에 얹으면 결실의 계절을 표현하는 연출이 가능합니다.

✻ **열매 데이터**
유통 시기 : 8~11월 ▷국내산만 가을에 소량 유통됩니다.
✻ 열매 크기 중 ✻ 유통 길이 80cm ✻ 관상 기간 14일 이상
💧 물올림 불필요 ✻ 드라이 ○

금귤

과	운향과
속	귤속
원산지	중국
영어명	Kumquat
일반명	금귤

열매색

행운을 부르는 열매

식용으로 쓰이는 열매류로 윤기 나는 노란색 열매와 푸른 잎이 달린 가지가 유통됩니다. 원산지인 중국에서는 행운, 소원 성취, 자손 번영 등을 의미하는 상서로운 나무로 여겨지고 있습니다. 이것이 그대로 전해져 새해 맞이용 행운목이 되었습니다.

▼ **꽃꽂이를 하기 전에**
가지를 자른 다음 단면에 칼집을 냅니다.

▼ **어드바이스**
빨간 죽절초 열매와 푸른 잎을 배합하면 화려한 색채로 장식할 수 있습니다.

✻ **열매 데이터**
유통 시기 : 12~1월 ▷열매 달린 국내산 가지가 연말~연초까지 유통됩니다.
✻ 열매 크기 중 ✻ 유통 길이 60~130cm ✻ 관상 기간 7~10일
💧 물올림 ○ ✻ 드라이 ✕

목화

과	아욱과
속	목화속
원산지	열대아시아·아열대지역
영어명	Cotton
일반명	목화

열매색 ○

폭신폭신한 솜털

목화도 화재로 쓰이고 있습니다. 하이비스커스를 닮은 꽃이 둥그런 열매를 맺습니다. 열매가 부풀어 벌어지면 씨앗을 싸고 있는 솜털이 나옵니다. 이것이 절화나 드라이플라워로 사용되며 폭신폭신한 솜털을 가공한 것이 면제품입니다.

다른 타입

갈색 품종

▼ **꽃꽂이를 하기 전에**
거의 마른 상태이므로 가지를 자르거나 열매만 선별합니다.

▼ **어드바이스**
겨울 작품의 대표적인 화재로 독특한 질감이 온기와 변화를 보여줍니다.

✻ **열매 데이터**
유통 시기 : 10~12월 ▷주로 이스라엘산이며 국내산이 일부 유통됩니다.
✻ 열매 크기 대 ✻ 유통 길이 50~80cm ✻ 관상 기간 14일 이상
💧 물올림 불필요 ✻ 드라이 ○

열매

유럽호랑가시나무

열매 색 — ●

클로즈업! | 잎

과 감탕나무과
속 감탕나무속
원산지 서아시아·남유럽·북아프리카

영어명 European holly
일반명 유럽호랑가시나무

크리스마스를 상징하는 열매와 잎

늦가을에 빨갛게 물드는 열매는 크리스마스의 대표적인 화재로 쓰입니다. '크리스마스홀리'로 불리기도 하며 잎을 감상하는 호랑가시나무와는 다른 종입니다. 뾰족뾰족한 잎이 호랑가시나무와 비슷해 이 이름이 붙여졌습니다.

테두리의 날카로운 가시는 생장하면서 줄어들고, 네모난 잎의 모양도 둥글게 바뀝니다.

▼ 꽃꽂이를 하기 전에
잎이 날카로우므로 조심합니다. 가지를 자른 다음 칼집을 냅니다.
*생기가 없을 때
가지를 자른 다음 칼집을 냅니다.

▼ 어드바이스
열매가 붙은 부분을 잘라 잎과 함께 크리스마스 작품이나 리스에 배합합니다. 이것만 사용한 리스도 심플하고 멋집니다.

* 열매 데이터
유통 시기 : 11~12월 ▷크리스마스용으로 빨간 열매가 달린 가지가 유통되며 제철은 12월입니다.
❋ 열매 크기 소 ❋ 유통 길이 30~150cm
❋ 관상 기간 14일 이상 💧 물올림 ○ ❋ 드라이 ○

서양까막까치밥나무

열매 색 — ● ●

별명 블랙커런트

클로즈업!

과 까치밥나무과
속 까치밥나무속
원산지 유럽

영어명 Blackcurrant
일반명 서양까막까치밥나무

세련된 인상을 풍기는 윤기 나는 블랙 컬러

프랑스어인 '까시스(Cassis)'라고도 불리며 윤기 나는 검은 열매는 리큐르나 과자 등에 사용되고 있습니다. 까치밥나무와 같은 낙엽 관목입니다.

다 익은 검은 열매는 가지에서 떨어지기 쉬우며 으깨지면 물이 들어 화재로는 주로 익기 전의 열매가 유통됩니다. 유통 시기가 한정되어 있으며 독특한 색으로 인기가 많은 열매류입니다.

▼ 꽃꽂이를 하기 전에
잎을 제거하고 가지를 자릅니다.
*생기가 없을 때
가지를 자른 다음 칼집을 냅니다.

▼ 어드바이스
검은 열매는 작품의 배합을 안정감 있게 가다듬어 주는 효과가 있습니다. 밝은 색 잎을 가진 제라늄, 바질, 민트 등의 허브와 잘 어울립니다.

* 열매 데이터
유통 시기 : 5~6월 ▷아오모리산 등이 유통됩니다.
❋ 열매 크기 중 ❋ 유통 길이 60~120cm
❋ 관상 기간 7~10일 💧 물올림 ○ ❋ 드라이 ✕

청미래덩굴

열매 색 —
● ●

클로즈업! 빨갛게 익은 열매

과	백합과
속	청미래덩굴속
원산지	일본·한국·중국·대만 등
영어명	Chinaroot · Chinese smilax
일반명	청미래덩굴 · 망개나무

갈지자 모양 줄기에 달린 붉은 열매들

오른쪽으로, 또 왼쪽으로 구부러지며 뻗은 가지의 굽은 부분에 둥근 열매가 방사형으로 붙어 있습니다. 초여름에는 어린 녹색 열매가, 가을이 되면 새빨갛게 물든 열매가 유통됩니다.

익은 열매는 잘 수축되지 않고 오랫동안 즐길 수 있는 것도 매력 중 하나입니다.

* **열매 데이터**
  유통 시기 : 5~12월 ▷국내산과 수입산이 유통됩니다.
  ❋ 열매 크기 소 ❋ 유통 길이 30~80cm
  ❋ 관상 기간 14일 전후 ❋ 물올림 파랑-△ 빨강-불필요
  ❋ 드라이 ○

▼ **꽃꽂이를 하기 전에**
덩굴의 가시에 주의하며 가지를 자릅니다.
여름에는 탈수되기 쉬우니 주의합니다.
＊ **생기가 없을 때**
가지를 자르고 칼집을 내거나 두드립니다.

▼ **어드바이스**
열매뿐 아니라 개성적인 가지의 라인이 드러나게 장식하면 좋습니다. 녹색 열매는 수중화에, 빨간 열매는 크리스마스 리스로 추천합니다.

준베리

열매 색 —
●

과	장미과
속	채진목 속
원산지	북아메리카
영어명	Juneberry · Serviceberry
일반명	준베리 · 아메리카 채진목

가지째 큰 작품에 사용되는 소박한 붉은 열매

봄에 피는 작은 흰색 꽃과 가을 단풍이 아름다운 나무입니다. 늦은 봄부터 초여름에는 빨간 열매가 열리며 화재로 유통됩니다. 열매는 버찌를 작게 줄인 것 같은 모양입니다. 잎도 둥글고 귀여운 가지류입니다. 열매가 가지 전체에 드문드문 열려 대형 작품이나 디스플레이 등에 알맞습니다.

클로즈업!

* **열매 데이터**
  유통 시기 : 5월 ▷열매가 열린 시기에 소량 유통됩니다.
  ❋ 열매 크기 소 ❋ 유통 길이 70~150cm
  ❋ 관상 기간 7~10일 ❋ 물올림 ○ ❋ 드라이 ✕

▼ **꽃꽂이를 하기 전에**
열매가 많이 달린 것으로 고릅니다. 가지를 자른 다음 칼집을 냅니다.
＊ **생기가 없을 때**
가지를 자른 다음 칼집을 냅니다.

▼ **어드바이스**
다이내믹하고 내추럴한 조합을 만들고 싶을 때 사용합니다. 밝은 녹색 잎을 살리면서 악센트로 열매의 빨간색을 살짝 보이게 합니다.

심포리카르포스

열매 색: ●●○●

과 인동과
속 심포리카르포스속
원산지 북아메리카
영어명 Snowberry
일반명 심포리카르포스·스노베리

클로즈업!

진주 같은 하얀 열매가 가지 끝에 가득

볼록하고 반들반들한 흰 열매가 가는 가지 끝에 단단히 붙어 있습니다. 영어 이름 스노베리는 눈처럼 하얗고 사랑스러운 모습에서 붙여졌습니다.

열매가 핑크색, 옅은 녹색, 빨간색인 것도 유통되고 있으며 여름에는 은방울꽃을 닮은 귀여운 핑크색 꽃이 핍니다.

▼ **꽃꽂이를 하기 전에**
잎을 제거하고 가지를 자른 다음 단면에 칼집을 냅니다.
＊생기가 없을 때
가지를 자른 다음 칼집을 냅니다.

▼ **어드바이스**
사랑스러운 색과 모양을 살려 달콤한 분위기의 작품에 사용합니다. 열매가 갈색으로 변한 것은 제거해 흰색 분위기를 유지합니다.

＊**열매 데이터**
유통 시기 : 8~11월 ▷네덜란드산과 국내산이 유통되며 제철은 9~11월입니다.
❋ 열매 크기 소 ❋ 유통 길이 40~80cm
❋ 관상 기간 10일 전후 💧물올림 ○ ❋ 드라이 ✕

죽절초

열매 색: ●●

과 홀아비꽃대과
속 죽절초속
원산지 일본·동남아시아·대만
영어명 Japanese sarcandra
일반명 죽절초

클로즈업!

부귀를 가져온다는 행운의 화재

윤기 있는 붉은 열매와 진한 녹색이 선명한 대조를 이룹니다. 색채가 적은 겨울에 열매를 맺어 그 가치가 천금 같다고 하여 '천량'이라고도 합니다.

연말부터 신년에 걸쳐 유통되는 행운의 화재입니다. 금전운이 좋아진다고 하는 노란 열매 품종도 있습니다.

다른 타입

노란 열매 품종
(기미노센료)

▼ **꽃꽂이를 하기 전에**
잎을 정리합니다. 가지를 자른 다음 단면에 칼집을 냅니다.
＊생기가 없을 때
가지를 자른 다음 칼집을 냅니다.

▼ **어드바이스**
길이가 길어 사용하기 쉽고 다른 신년 화재와 조화가 잘됩니다. 국화와 소나무 외에 납매와 동백 등 계절감 있는 화재와 같이 장식합니다.

＊**열매 데이터**
유통 시기 : 12월 ▷국내산입니다. 12월 중순 시장의 죽절초 경매로 유통됩니다.
❋ 열매 크기 소 ❋ 유통 길이 40~120cm
❋ 관상 기간 1개월 전후 💧물올림 ○ ❋ 드라이 ✕

열매

노박덩굴

열매 색

클로즈업! 뒷면

과	노박덩굴과
속	노박덩굴속
원산지	일본·중국
영어명	Oriental bittersweet
일반명	노박덩굴

노란색 껍질과 빨간 열매의 선명한 대비

산야에서 볼 수 있는 덩굴성 낙엽 관목입니다. 초여름에 작은 꽃이 핀 다음 열매가 주렁주렁 열립니다. 노랗게 익은 열매는 껍질이 갈라져 안에서 빨간 씨앗이 나옵니다. 노란 껍질과 빨간 씨앗의 대비가 선명하며 벌어진 모양이 독특합니다.

＊ 열매 데이터

유통 시기 : 8~12월 ▷재배한 것은 일부이며 산 등에서 채취한 것이 유통됩니다. 제철은 10~11월입니다.

❋ 열매 크기 소   ❋ 유통 길이 50~150cm
❋ 관상 기간 14일 이상   ♦ 물올림 ○   ❋ 드라이 ○

▼ 꽃꽂이를 하기 전에
열매가 떨어지기 쉬우니 주의하며 가지를 자릅니다.
＊생기가 없을 때
가지를 자른 다음 칼집을 냅니다.

▼ 어드바이스
오렌지색과 빨간색 등 가을색이 나는 꽃과 함께 장식합니다. 가지가 유연하고 간단하게 드라이플라워가 되므로 둥글게 구부려 리스로 해도 좋습니다.

고추

열매 색

과	가지과
속	고추속
원산지	열대아메리카
영어명	Capsicum pepper · Chili pepper
일반명	고추

악센트를 살리는 풍부한 색채

식재료로도 사용하는 대중적인 열매류입니다. 줄기 끝에 고정된 가늘고 긴 열매가 위를 향해 열립니다.

열매류 중에서는 매우 컬러풀하며 빨간색, 오렌지색, 노란색, 녹색 외에 최근에는 검은색도 등장했습니다. 동그란 모양, 가늘고 긴 모양 등 형태도 다양합니다.

다른 타입

코니컬(원뿔형)

＊ 열매 데이터

유통 시기 : 9~12월 ▷국내산으로 주로 빨간 타카노쯔메(고추의 한 품종)가 유통됩니다.

❋ 열매 크기 소·중   ❋ 유통 길이 30~70cm
❋ 관상 기간 10일 전후   ♦ 물올림 ○   ❋ 드라이 ○

▼ 꽃꽂이를 하기 전에
열매에서 윤기가 흐르며 발색이 선명한 것으로 고릅니다. 가지를 자릅니다.
＊생기가 없을 때
가지를 자릅니다.

▼ 어드바이스
뚜렷한 색깔과 유니크한 모양을 살려 작품의 악센트로 이용하면 효과적입니다. 노란색이나 녹색 열매는 자연스러운 조합이 어울립니다.

열매

냉이

열매 색 ●

별명 서양냉이

과	십자화과
속	냉이속
원산지	유럽

영어명 Pennycress · Field penny cress
일반명 냉이

클로즈업!

잎처럼 경쾌한 녹색 씨앗

　유럽 원산의 서양냉이가 유통됩니다. 일본에서도 비슷한 품종이 오래전에 들어온 귀화식물이라고 알려져 있습니다.

　가늘고 유연한 줄기에 녹색의 작은 씨앗이 달려 자연스러운 분위기와 섬세함이 돋보입니다. 그린 화재처럼 사용할 수 있어 요긴하게 쓰이며 꽃이 없고 모두 씨앗인 것으로 고르면 오래갑니다.

▼ 꽃꽂이를 하기 전에
잎을 정리하고 줄기를 자릅니다.
＊생기가 없을 때
열매와 잎을 신문지로 감싼 후 줄기를 뜨거운 물에 5초 정도 담가 열탕처리합니다.

▼ 어드바이스
섬세한 초화들과의 궁합은 물론 가지가 갈라진 타입을 몇 개 더해주면 볼륨업에도 이용할 수 있습니다. 물이 부족하지 않게 잎을 숙아냅니다.

＊ 열매 데이터
유통 시기 : 연중　▷이스라엘 등에서 수입산이 유통되며 국내산도 많아지고 있습니다.
❋ 열매 크기 소　❋ 유통 길이 30~80cm
❋ 관상 기간 7일 전후　💧물올림 ○　❋ 드라이 ○

마가목

열매 색 ●●●

과	장미과
속	마가목속
원산지	일본·한국

영어명 Japanese rowan
일반명 마가목

클로즈업!

사계절을 느끼게 해주는 나무

　열매와 잎이 빠르게 물들어 가을 분위기를 전해주는 낙엽 교목으로 홋카이도에서부터 규슈의 산지에 분포하고 고랭지의 가로수로도 흔히 이용됩니다.

　봄의 새순, 초여름의 신록과 꽃, 여름의 푸른 열매, 가을의 단풍, 빨간 열매로 각각 사계절을 느끼게 해줍니다.

▼ 꽃꽂이를 하기 전에
잎은 적당히 정리하고, 장식할 길이로 잘라 칼집을 냅니다.
＊생기가 없을 때
가지를 자른 다음 칼집을 냅니다.

▼ 어드바이스
계절마다 변화하는 모습을 살립니다. 열매가 붙은 단풍은 안정적인 분위기로도, 화사하게도 연출할 수 있습니다. 단풍이 든 잎은 떨어지기 쉬우니 주의합니다.

＊ 열매 데이터
유통 시기 : 9~11월　▷단풍과 열매는 9~10월이 제철입니다. 새순과 꽃, 푸른 열매도 유통됩니다.
❋ 열매 크기 소　❋ 유통 길이 50~150cm
❋ 관상 기간 14일 전후　💧물올림 ○　❋ 드라이 ○

남천

열매 색
● 오렌지
● 노랑
○ 흰색

열매도 잎도 아름다운 나무

길조를 상징하는 나무로 예전부터 정원수로 이용되어 왔습니다.

빨간 열매와 섬세한 잎이 아름다워 대표적인 신년 화재로 쓰이고 있습니다. 잎에 단풍이 든 것, 열매가 흰색 또는 노란색인 것도 유통되고 있습니다.

클로즈업!

과 매자나무과
속 남천속
원산지 일본·중국·동남아시아
영어명 Nandina / Heavenly bamboo
일반명 남천

▼ **꽃꽂이를 하기 전에**
가지를 자른 다음 단면에 칼집을 냅니다. 열매가 떨어지기 쉬우니 주의합니다.

▼ **어드바이스**
홍백의 열매를 함께 장식해도 좋습니다. 수선화 등 계절 꽃과도 잘 어울립니다.

✻ **열매 데이터**
유통 시기 : 11~12월 ▷열매 달린 가지와 열매가 유통되며 제철은 12월.
✻ 열매 크기 소   ✻ 유통 길이 20~150cm   ✻ 관상 기간 14일 이상
💧 물올림 ○   ✻ 드라이 ○

미니파인애플

열매 색
● 분홍
● 갈색

클로즈업!

여름 기분을 느끼게 해주는 과실

귀여운 미니 사이즈 파인애플입니다. 줄기째 유통되어 꽂기만 하는 것으로도 간단히 사용할 수 있습니다. '핑크 아나나스'로 불리는 핑크색 계열과 갈색 계열도 인기입니다. 관상 기간이 길고 특색 있는 모양에 여름의 열대풍 작품으로도 좋으며 식용은 아닙니다.

과 파인애플과
속 아나나스속
원산지 열대아프리카
영어명 Ornamental ananas
일반명 미니파인애플

▼ **꽃꽂이를 하기 전에**
물올림은 필요하지 않습니다. 잎 가장자리에 날카로운 가시가 있으니 주의합니다.

▼ **어드바이스**
안스리움이나 난, 여름 분위기의 해바라기 등과 조합하여 계절감을 연출합니다.

✻ **열매 데이터**
유통 시기 : 연중 ▷7~8월의 제철을 중심으로 오키나와산이 유통됩니다.
✻ 열매 크기 대   ✻ 유통 길이 30~50cm   ✻ 관상 기간 14일 이상
💧 물올림 불필요   ✻ 드라이 ○

꽃가지

열매 색
● 오렌지
● 주황
● 노랑
○ 흰색
● 초록

색의 변화로 연출하는 가을

토마토와 가지를 작게 줄인 듯한 모양입니다. 녹색에서 흰색, 노란색, 오렌지색, 빨간색으로 색이 변해 한 가지에서도 서로 다른 색의 열매를 즐길 수 있습니다. 가지과지만 식용이 아닌 관상용으로 열매는 단단합니다. 녹색 세로줄무늬가 있는 섯도 있습니다.

클로즈업!

과 가지과
속 가지속
원산지 열대아프리카
영어명 Garden egg
일반명 꽃가지·솔라눔

▼ **꽃꽂이를 하기 전에**
열매의 색이 다채로운 것을 고른 다음 줄기를 자릅니다.

▼ **어드바이스**
꽃가지만 길게 장식해도 화려합니다. 꽃과 배합할 때는 조연으로 사용합니다.

✻ **열매 데이터**
유통 시기 : 9~10월 ▷국내의 따뜻한 지역에서 재배, 일정량이 유통됩니다.
✻ 열매 크기 소   ✻ 유통 길이 50~100cm   ✻ 관상 기간 14일 전후
💧 물올림 ○   ✻ 드라이 ○

열매

장미 열매

열매 색 ●●●

과 장미과
속 장미속
원산지 북반구

영어명 Rose hip
일반명 장미 열매·로즈힙

다른 타입

글라우카 장미   센세이셔널 판타지

클로즈업!

꽃과 잘 조화되는 작은 열매

잎을 제거한 가지가 유통됩니다. 어린 녹색 열매는 여름부터, 다 익은 붉은 열매는 겨울까지 꽃시장과 꽃집에 오랫동안 유통되는 열매류입니다. 가늘고 유연한 가지도 특징입니다. 열매가 작고 가지의 모양이 좋은 찔레꽃(왼쪽), 아몬드형 열매의 글라우카 장미, 열매가 큰 센세이셔널 판타지가 인기입니다.

▼ **꽃꽂이를 하기 전에**
가지를 자른 다음 단면에 칼집을 냅니다. 가시가 있는 것은 주의해서 다룹니다.
＊**생기가 없을 때**
가지를 자른 다음 칼집을 냅니다.

▼ **어드바이스**
서양풍으로도 일본풍으로도 장식할 수 있습니다. 녹색 열매는 산뜻하고 붉은 열매는 작아도 화려한 느낌입니다. 색이 바래 드라이플라워로 해도 좋습니다.

＊**열매 데이터**
유통 시기 : 8~12월 ▷녹색 열매는 찔레꽃 열매입니다. 가을 이후 오렌지색과 붉은색으로 물들어 유통됩니다.
❋ 열매 크기 소 ❋ 유통 길이 40~180cm
❋ 관상 기간 14일 이상 💧 물올림 ○ ❋ 드라이 ○

범부채

열매 색 ●●

과 붓꽃과
속 범부채속
원산지 일본·한국·중국·인도

영어명 Blackberry lily
일반명 범부채

꽃, 열매, 씨앗을 즐길 수 있습니다

줄기 끝에 달린 열매는 밝은 녹색으로 세로로 길고 부풀어 있으며 매우 독특한 요철이 있습니다.
열매가 갈색으로 마르면서 벌어지면 윤기 나는 검은 씨앗이 뭉쳐 있는 것이 보입니다. 이 상태로도 유통되므로 꽃, 녹색 열매, 검은 씨앗 등 서로 다른 모습을 즐길 수 있는 화재입니다. 오렌지색의 소박한 꽃도 절화로 유통됩니다.

씨앗   클로즈업!

▼ **꽃꽂이를 하기 전에**
줄기를 자릅니다. 단면에서 나오는 하얀 유액은 염증을 일으킬 수 있으니 주의합니다.
＊**생기가 없을 때**
줄기를 자른 다음 깊은 물에 담급니다.

▼ **어드바이스**
녹색 열매는 개성적인 모양을 살려 작품의 신선한 악센트로 이용합니다. 씨앗 상태가 된 것은 드라이플라워이므로 수분 보충은 필요하지 않습니다.

＊**열매 데이터**
유통 시기 : 9~11월 ▷국내산이며 재배한 것과 채취한 것이 유통됩니다.
❋ 열매 크기 소 ❋ 유통 길이 60~90cm
❋ 관상 기간 14일 이상 💧 물올림 ○ ❋ 드라이 ○

열매

백당나무

열매 색

우아하고 아름다운 광택의 열매

백당나무는 가막살나무속의 총칭입니다. 같은 속의 꽃과 열매가 화재로 인기를 얻고 있습니다. 열매는 주로 청보라색과 빨간색의 두 품종이 유통되고 있습니다.

비부르눔 티누스(오른쪽)는 메탈릭하게 빛나는 진한 청보라색의 작은 열매가 위를 향해 열립니다. 다른 열매에서는 찾기 힘든 아름다운 광택은 우아하고 내추럴하게 사용할 수 있어 인기가 많으며 꽃도 유통되고 있습니다.

한편, 오렌지색과 빨간색 열매로 유통되는 것은 비부르눔 콤팩타(왼쪽)입니다. 갈라진 가지 끝에 가지가 휠 정도로 많은 녹색 열매를 맺는데, 익으면 색이 변합니다. 비부르눔이라는 이름으로 유통되는 꽃은 비부르눔 오프루스입니다.

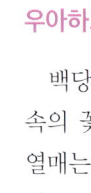 클로즈업! 꽃

과 인동과
속 가막살나무속
원산지 남유럽·일본·북아프리카·중앙아시아
영어명 Laurustinus · European Cranberrybush
일반명 백당나무

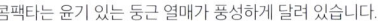
콤팩타는 윤기 있는 둥근 열매가 풍성하게 달려 있습니다.

* 열매 데이터
유통 시기 : 6~7월(티누스), 8~11월(콤팩타)
▷ 국내산과 수입산이 유통됩니다.
❊ 열매 크기 소
❊ 유통 길이 30~120cm
❊ 관상 기간 14일 전후
💧 물올림 ○   ❊ 드라이 ○

▼ 꽃꽂이를 하기 전에
열매가 선명하고 윤기 있는 것으로 고릅니다. 콤팩타 품종은 녹색 열매를 고릅니다. 가지를 자른 다음 칼집을 냅니다.
* 생기가 없을 때
가지를 자른 다음 단면에 칼집을 냅니다.

▼ 어드바이스
티누스 품종은 고급스럽고 성숙한 분위기가 매력입니다. 짧게 잘라 흰 장미 사이에 끼워 넣으면 호화로운 작품이 됩니다. 콤팩타는 열매 색에 변화가 있는 가지를 골라 빨간 꽃과 배합하면 작품에 깊이감을 살릴 수 있습니다.

망종화

여름에는 노란 꽃이 피고 작은 열매가 열립니다.

클로즈업!

다른 타입

트루 로망스

매지컬 빅토리

매지컬 미드나잇 글로

열매 색

옷깃 장식 같은 꽃받침이 포인트

녹색의 커다란 꽃받침이 있는 도토리 같은 열매류입니다. 일본에서는 오래전부터 약초로 이용되어 온 식물로 외국의 원종, 교배종을 포함해 모두 '히페리쿰'으로 불립니다.

열매는 수없이 분기된 줄기 끝에 위를 향해 열립니다. 원종은 다 익을 때까지 녹색에서 노란색, 오렌지색, 빨간색으로 변합니다. 한편, 원예 품종은 핑크색, 흰색, 녹색, 갈색 등 색상이 다양합니다. 알이 큰 것, 세로로 긴 것, 평평한 것 등 크기와 모양이 다른 품종이 다양하게 나와 구하기 쉬운 열매류의 대명사가 되었습니다.

여름에는 노란색의 귀여운 꽃이 피고 가을에는 잎이 단풍 든 것도 출하됩니다.

과 물레나물과
속 물레나물속
원산지 유럽·중앙아시아

영어명 Tutsan
일반명 망종화·히페리쿰

▼ 꽃꽂이를 하기 전에
가지를 자릅니다. 무르면 잎과 열매가 검어지므로 잎이 많으면 정리한 다음에 장식합니다.

*생기가 없을 때
가지를 자른 다음 칼집을 내거나 단면을 불로 태워도 좋습니다.

▼ 어드바이스
열매류에는 흔치 않게 잎이 붙은 채 유통돼 그린의 역할을 겸할 수도 있습니다. 열매가 풍성한 경우에는 나누어 사용합니다. 꽃받침에 존재감이 있어 캐주얼한 작품에 어울립니다. 이 열매만을 색깔별로 모아도 근사합니다.

✱ 열매 데이터
유통 시기 : 연중
▷에콰도르, 케냐, 에티오피아 수입산이 유통됩니다. 잎이 아름답고 열매가 작은 편인 국내산은 7~9월이 제철입니다.

✽ 열매 크기 소 ✽ 유통 길이 50~90cm
✽ 관상 기간 14일 이상 💧물올림 ○ ✽ 드라이 ○

237

열매

아주까리

열매색 ●●

뾰족뾰족 독특한 열매

가시가 돋친 듯 뾰족뾰족한 모양의 독특한 열매입니다. 손바닥 같은 커다란 잎도 인상적입니다. 유통되는 것은 열매도 줄기도 붉은 적아주까리입니다. 열매 안에 들어 있는 씨앗에서 나오는 피마자유는 설사약, 도료 등에 사용됩니다.

과	대극과
속	아주까리속
원산지	동아프리카
영어명	Castor bean
일반명	아주까리·피마자

▼ **꽃꽂이를 하기 전에**
색이 예쁘고 모양이 좋은 것으로 고릅니다. 줄기를 자릅니다.

▼ **어드바이스**
줄기와 잎맥이 붉은색이므로 붉은색 계열의 그러데이션 작품에 장식합니다.

✽ **열매 데이터**
유통 시기 : 9~10월 ▷유통량은 극히 소량이지만 초가을에 국내산이 나옵니다.
❋ 열매 크기 중 ❋ 유통 길이 60~150cm ❋ 관상 기간 14일 전후
💧 물올림 ○ ❋ 드라이 ✕

큰풍선초

열매색 ●

풍선처럼 볼록한 녹색 열매

흰 꽃을 피운 다음 풍선처럼 볼록하게 부푼 녹색 열매가 열립니다. 열매 표면에는 부드러운 가시가 있습니다. 안에는 솜털에 싸인 씨앗이 가득 들어 있어 열매가 익으면 벌어집니다. 씨앗이 드러난 상태로도 유통됩니다.

클로즈업!

과	박주가리과
속	큰풍선초속
원산지	남아프리카
영어명	Milkweed
일반명	큰풍선초

▼ **꽃꽂이를 하기 전에**
줄기를 자릅니다. 줄기에서 나오는 하얀 유액은 잘 씻어냅니다.

▼ **어드바이스**
커다란 가지류와 꽃을 함께 장식하거나 꽃과 함께 단단히 묶어도 좋습니다.

✽ **열매 데이터**
유통 시기 : 8~10월 ▷국내산이 가을 동안 유통됩니다. 제철은 9~10월.
❋ 열매 크기 대 ❋ 유통 길이 50~100cm ❋ 관상 기간 7~10일
💧 물올림 ○ ❋ 드라이 ✕

폭스페이스

열매색 ●

여우 얼굴을 닮은 열매

꽃가지의 일종입니다. 굵은 가지에 커다란 노란 열매가 달려 있습니다. 열매에는 크고 작은 여러 개의 돌기가 있는데 그 모습이 여우 얼굴로 보여 이 이름이 붙여졌습니다. 중국에서는 정월 장식으로, 일본에서는 핼러윈 장식으로 쓰입니다. 열매의 색은 바래지 않습니다.

클로즈업!

과	가지과
속	가지속
원산지	열대아메리카
영어명	Nipplefruit
일반명	폭스페이스·노랑쥐가지

▼ **꽃꽂이를 하기 전에**
열매의 색이 선명하고 상처가 없는 것으로 고릅니다. 줄기를 자릅니다.

▼ **어드바이스**
열매가 무거워 단단히 고정하거나 안정적인 화기를 사용합니다. 열매만 장식합니다.

✽ **열매 데이터**
유통 시기 : 10~12월 ▷제철은 9~10월이고 국내산이 유통됩니다.
❋ 열매 크기 대 ❋ 유통 길이 60~150cm ❋ 관상 기간 14일 이상
💧 물올림 ○ ❋ 드라이 ✕

열매

레드커런트

열매색

과 까치밥나무과
속 까치밥나무속
원산지 유럽

영어명 Redcurrant
일반명 레드커런트

포도송이처럼 열리는 투명감 있는 작은 열매

신선하고 투명감 있는 빨간 열매가 포도처럼 송이송이 열립니다.

유통되고 있는 것은 레드커런트로 일본에도 넓은잎까치밥나무 등 몇 종류가 자생하고 있습니다. 작은 열매는 식용이기도 하며 산미가 있습니다.

클로즈업!

▼ **꽃꽂이를 하기 전에**
노랗게 변하기 쉬운 잎을 정리합니다. 가지를 자르고 칼집을 냅니다.
＊생기가 없을 때
가지를 자르고 칼집을 냅니다.

▼ **어드바이스**
야성적인 느낌이라 내추럴한 작품과 잘 어울립니다. 다 익지 않은 황록색 열매를 섞으면 분위기가 보다 자연스러워집니다.

＊ **열매 데이터**
유통 시기 : 5~7월 ▷국내산이 유통되고 푸른 열매부터 빨갛게 익은 열매까지 유통됩니다.
❋ 열매 크기 소   ❋ 유통 길이 50~100cm
❋ 관상 기간 7일 전후   💧물올림 ○   ❋ 드라이 ✕

블랙베리

열매색

과 장미과
속 산딸기속
원산지 아메리카

영어명 Blackberry
일반명 블랙베리

계절 따라 변화하는 내추럴한 느낌의 열매

반덩굴성의 유연한 줄기에 열매가 열리는 내추럴한 느낌의 열매류입니다. 베리류 중에서도 특히 인기가 높습니다.

초여름에 출하될 때는 산뜻한 녹색이며, 계절이 바뀜에 따라 빨갛게 물들고 다 익으면 멋진 검은 열매로 변화합니다.

어린 녹색이나 막 붉게 변하기 시작한 열매를 고르면 오래 즐길 수 있습니다.

클로즈업!

▼ **꽃꽂이를 하기 전에**
줄기에 가시가 있으니 주의합니다. 필요 없는 잎은 정리한 다음 사용합니다. 줄기를 자릅니다.

▼ **어드바이스**
녹색 열매를 구입해 변해가는 색을 감상해도 좋습니다. 다른 열매를 덧붙여도 귀엽습니다.

＊ **열매 데이터**
유통 시기 : 5~9월 ▷국내산으로 산지는 다양합니다. 시기에 따라 변합니다.
❋ 열매 크기 중   ❋ 유통 길이 20~40cm
❋ 관상 기간 5~7일   💧물올림 ○   ❋ 드라이 ✕

블루베리

열매 색 —
● (보라)
● (녹색)

화재로는 녹색이 인기

인기 있는 과실이 화재로 유통됩니다. 유통되는 것은 농익은 보랏빛 열매가 아니라 녹색의 어린 열매나 살짝 물들기 시작한 열매가 일반적입니다. 열매가 떨어진 후 가지는 잎 재료로도 이용할 수 있습니다. 늦여름부터 단풍 든 것이 출하됩니다.

과 진달래과
속 산앵도나무속
원산지 북아메리카
영어명 Blueberry
일반명 블루베리

▼ **꽃꽂이를 하기 전에**
열매가 눈에 띄도록 잎을 정리합니다. 가지를 자른 다음 단면에 칼집을 냅니다.

▼ **어드바이스**
밝은 녹색 열매와 잎이 산뜻해 참신한 작품에 이용합니다.

✱ **열매 데이터**
유통 시기 : 5~7월 ▷국내산이 유통되며 단풍 든 가지는 9~11월에 나옵니다.
❋ 열매 크기 소 ❋ 유통 길이 30~120cm ❋ 관상 기간 10일 전후
💧 물올림 ○ ❋ 드라이 ✕

페퍼베리

열매 색 —
● (핑크)

작은 알갱이들이 주렁주렁

스모키한 핑크색의 작은 열매가 쏟아질 듯이 포도송이처럼 열립니다.

드라이 상태로 유통되며 그린, 실버, 골드 등으로 착색된 것도 있습니다. 색깔 고운 향신료인 핑크 페퍼로도 인기가 많습니다.

과 옻나무과
속 유향나무속
원산지 남아프리카
영어명 Pepper tree
일반명 페퍼베리·크리스마스베리

▼ **꽃꽂이를 하기 전에**
열매가 많이 붙은 것을 고릅니다. 수분 보충은 필요하지 않으며 그대로 가지를 자릅니다.

▼ **어드바이스**
열매가 많으므로 나누어 사용합니다. 부러지기 쉬운 가지는 와이어를 감아 사용합니다.

✱ **열매 데이터**
유통 시기 : 연중 ▷남아프리카, 이탈리아 등에서 수입. 제철은 10~12월.
❋ 열매 크기 소 ❋ 유통 길이 15~25cm ❋ 관상 기간 14일 이상
💧 물올림 불필요 ❋ 드라이 ○

헤데라베리

열매 색 —
● (녹색)
● (검정)

무광택의 세련된 열매

아이비의 일종입니다. 줄기 끝에 무광택의 검은 열매가 둥글게 열립니다. 열매의 색은 초여름에는 녹색이지만 점점 물들어 나중에는 검게 됩니다. '헤데라'는 속명인 송악의 라틴어입니다. 그린과 구별해서 이렇게 부릅니다.

과 두릅나무과
속 송악속
원산지 북아프리카·유럽·아시아
영어명 Hedera hibernica
일반명 헤데라베리·아이비베리

▼ **꽃꽂이를 하기 전에**
열매가 탄탄하고 색깔이 선명한 것으로 고릅니다. 줄기를 자릅니다.

▼ **어드바이스**
열매의 무게 때문에 휘어지는 줄기의 움직임을 살려 세련된 느낌으로 만듭니다.

✱ **열매 데이터**
유통 시기 : 10~3월 ▷대부분 수입. 국내산은 1~3월 출하, 제철은 12~3월.
❋ 열매 크기 소 ❋ 유통 길이 20~100cm ❋ 관상 기간 14일 이상
💧 물올림 ○ ❋ 드라이 ✕

꽈리

열매색 ●●

여름을 장식하는 커다란 열매

오렌지색 열매는 명절 장식으로 빠지지 않습니다.

각지에서 여름의 풍물시인 꽈리시장이 열려 파릇파릇한 잎에 열매가 선명한 분재와 줄기 가득 열매가 달린 것들이 선을 보입니다. 녹색 열매는 물들어가는 모습을 즐길 수 있습니다.

클로즈업!

과 : 가지과
속 : 꽈리속
원산지 : 일본·중국
영어명 : Chinese lantern plant
일반명 : 꽈리

* **열매 데이터**
유통 시기 : 7~8월 ▷규슈, 시즈오카현, 나가노현을 중심으로 출하됩니다.
* 열매 크기 중·대   * 유통 길이 40~120cm   * 관상 기간 14일 전후
* 물올림 ○   * 드라이 ○

▼ 꽃꽂이를 하기 전에
용도에 따라 물든 정도를 선별합니다. 줄기를 자릅니다.

▼ 어드바이스
녹색 열매가 더 초화에 곁들이는 등 폭넓은 이미지로 장식할 수 있습니다.

솔방울

열매색 ●

겨울 작품을 돋보이게 하는 열매

소나무의 구과라고 불리는 열매입니다. 공원 등에 떨어져 있어 구하기가 수월합니다. 크리스마스와 신년 꽃 장식, 겨울 작품에 애용됩니다. 모양과 크기가 다양하므로 용도에 맞춰 선별합니다.

과 : 소나무과
속 : 소나무속
원산지 : 북반구 한랭지역에서 아열대지역
영어명 : Conifer cone·Pinecone
일반명 : 솔방울

* **열매 데이터**
유통 시기 : 11~12월 ▷국내산, 북아메리카산, 중국산이 유통됩니다.
* 열매 크기 중·대   * 관상 기간 14일 이상
* 물올림 불필요   * 드라이 ○

▼ 꽃꽂이를 하기 전에
결손된 부분이나 오염을 확인해 모양이 좋은 것으로 고릅니다. 급수는 필요하지 않습니다.

▼ 어드바이스
크리스마스 장식, 리스 등에 많이 사용합니다. 착색을 해도 괜찮습니다.

사과

열매색 ●●

사랑스러운 색과 모양

화재로서 유통되는 것은 지름 3cm 전후로 사용이 편리한 크기의 원예 품종인 꽃사과입니다. 여름에서 가을에는 녹색이, 가을에서 겨울에는 붉은색이 많이 유통됩니다. 사랑스러운 색과 모양으로 한 개 더해주기만 해도 작품의 표정이 풍부해집니다. 관상용이며 식용은 아닙니다.

과 : 장미과
속 : 사과속
원산지 : 일본·중국
영어명 : Apple
일반명 : 사과

* **열매 데이터**
유통 시기 : 연중 ▷국내산이고 나가노산과 아오모리산이 중심입니다.
* 열매 크기 중   * 관상 기간 14일 이상
* 물올림 불필요   * 드라이 ✕

▼ 꽃꽂이를 하기 전에
에틸렌 가스가 나오므로 스위트피 등 에틸렌에 약한 식물은 피해야 합니다.

▼ 어드바이스
꼬치 등에 꿰어 작품이나 리스에 사용합니다. 놔두기만 해도 운치가 있습니다.

| 열매

작살나무

열매 색 — ●○

과 마편초과
속 작살나무속
원산지 일본·중국·한국

영어명 Japanese beautyberry
일반명 작살나무

클로즈업!

가을에 빛나는 윤기 나는 보라색

자수정 같은 색깔의 열매류입니다. 작은 열매가 곡선을 그리는 가지에 촘촘하게 달려 있습니다.

일본 각지의 잡목림에 자생하는 낙엽 관목입니다. 정원수로도 많이 이용되며 예전부터 꽃꽂이에 이용되어 왔습니다. 화재는 잎을 제거한 열매가 유통됩니다. 열매가 흰색인 흰작살나무도 있습니다.

✽ 열매 데이터
유통 시기 : 9~11월 ▷주로 나가노, 지바, 후쿠시마산이 유통되고 제철은 11월입니다.
❋ 열매 크기 소 ❋ 유통 길이 50~100cm
❋ 관상 기간 7일 전후 ♦ 물올림 ○ ❋ 드라이 ○

▼ 꽃꽂이를 하기 전에
가지를 자른 다음 단면에 칼집을 냅니다.
✽ 생기가 없을 때
가지를 자른 다음 단면에 칼집을 냅니다.

▼ 어드바이스
가지는 길게 사용하고 작은 열매가 겹치는 모양을 살립니다. 가을의 부드러운 초화와 잘 어울리며 윤기 있는 자주색 열매는 단풍과 어울려 빛납니다.

겨우살이

열매 색 — 주황/노랑/초록

과 겨우살이과
속 겨우살이속
원산지 일본·중국·한국·유럽

영어명 Mistletoe
일반명 겨우살이

클로즈업!

행복을 부르는 크리스마스 나무

느티나무나 너도밤나무 등의 낙엽수에 동그란 구슬 같은 모양으로 기생하는 상록 식물입니다. 새들이 씨앗을 옮겨 번식합니다. 반투명한 열매는 노란색이 많이 유통됩니다. 그 밖에 녹색과 오렌지색도 있습니다. 유럽에서는 신성한 나무로 여겨 예전부터 크리스마스 장식에 사용되어 왔습니다.

✽ 열매 데이터
유통 시기 : 11~12월 ▷국내산이 유통되고 짧은 가지와 구형, 2가지 타입으로 유통됩니다.
❋ 열매 크기 소 ❋ 유통 길이 15~200cm
❋ 관상 기간 7일 전후 ♦ 물올림 ○ ❋ 드라이 ✕

▼ 꽃꽂이를 하기 전에
큰 덩어리나 커트된 것 중 선택합니다. 가지를 자릅니다.
✽ 생기가 없을 때
가지를 자른 다음 칼집을 냅니다.

▼ 어드바이스
가지 끝부분의 팔랑개비 같은 잎도 보는 재미가 있으니 열매와 함께 장식합니다. 빨간색과 흰색 꽃을 배치해 크리스마스 분위기를 연출합니다.

Basic Knowledge — 4

물올림 *2

물 흡수가 비교적 좋지 않은 꽃들에 대한 물올림 방법과 일상적인 관리 방법을 정리했습니다.

줄기 두드리기

줄기나 가지가 단단해서 물올림이 좋지 않은 화재에 효과적입니다. 줄기나 가지의 단면을 두드림으로써 안쪽 섬유질이 짓이겨져 도관이 드러나게 되고 단면도 넓어져 물 흡수가 좋아집니다. 열탕처리 등과 함께 병행하면 한층 더 효과적입니다.

\ 방법 /
망치로 힘차게 두드립니다

❶ 충격을 줄이기 위해 꽃은 신문지 등으로 단단히 싸둡니다. 딱딱한 받침대를 준비해 화재를 올려놓고 해머나 나무망치로 힘차게 두드립니다.
❷ 절단 면 주변의 줄기나 가지의 섬유질이 풀어진 것을 확인합니다. 섬유질이 풀어졌다면 1시간 이상 깊은 물에 담가둡니다.
❸ 물이 공급되었으면 두드려서 갈색이 된 부분을 잘라내고 장식합니다.

탄화처리

줄기를 숯이 되도록 태워 줄기 속에 들어 있는 공기를 급격히 내보내는 방법입니다. 태운 다음에는 깊은 물에 담가 흡수력을 높입니다. 열탕처리보다 효과적입니다. 수분이 적은 단단한 줄기는 태우는 시간도 길지 않아 효과적인 물올림 방법입니다.

\ 방법 /
단면을 새까맣게 태웁니다

1

2

❶ 열탕처리와 마찬가지로 신문지로 감싼 다음 줄기를 똑바로 자릅니다.
❷ 가스레인지 등으로 줄기가 탄화될 때까지 태웁니다. 태우는 길이는 3cm 정도입니다.
❸ ❷ 다음에는 바로 깊은 물에 담급니다.

열탕처리

줄기를 60~80°C의 뜨거운 물에 담갔다가 차가운 물에 넣어 흡수시킵니다. 온도차로 줄기 속 공기압을 바꿔 흡수력을 높입니다. 깊은 물에서도 물올림이 좋지 않거나 저온으로 물올림이 좋지 않을 때 효과적입니다. 줄기가 굵고 수분이 많은 화재는 알맞지 않습니다.

\ 방법 /
뜨거운 물을 사용합니다

❶ 줄기를 비스듬히 자릅니다. 열 때문에 꽃이나 잎이 상하지 않도록 꽃의 끝부분까지 신문지로 감싸고 줄기 끝만 나오게 합니다. 종이는 틈새 없이 단단히 감싸주세요. 신문지 밖으로 잎이 나오면 뜨거운 물에 상합니다.
❷ 줄기 끝 3~4cm를 60~80°C의 뜨거운 물에 5~10초 정도 담급니다. 이렇게 함으로써 물을 빨아들이는 도관에서 공기가 배출됩니다. 담그는 시간은 숨을 한 번 내쉬고 들이마실 정도입니다.
❸ 줄기가 변색되면 깊은 물에 넣습니다. 재빨리 옮기는 것이 포인트입니다.

깊은 물에 담그기

문자 그대로 화재를 깊은 물에 담그는 것입니다. 물속 꺾기, 물속 자르기를 해도 생기가 없는 화재에 시행하는 2차적인 방법입니다. 깊은 용기에 물을 담으면 수압이 높아져 줄기나 잎으로도 물을 흡수합니다. 구석구석까지 물을 공급할 수 있습니다.

\ 방법 /
신문지로 감싸 깊은 물에 담그기

❶ 화재를 신문지로 싸서 테이프로 고정합니다. 단면에서 10cm 정도 줄기를 남기고 꽃이 가려지도록 감쌉니다. 감싸기 전에 불필요한 잎과 줄기는 제거합니다.
❷ 줄기를 물속에서 자르고, 되도록 깊은 용기에 옮겨 1시간 이상 담가둡니다. 화재 길이의 반 이상이 물에 잠기는 용기가 가장 좋습니다.

페트병과 우유팩이 편리합니다
용기 대신 윗부분을 잘라낸 페트병과 우유팩에 해도 됩니다.

날마다 케어

얕은 물
화재를 꽂는 물의 양을 적게 하는 것. 물에 담가두면 줄기가 상하기 쉬운 종류에 실시하는 대처법입니다. 물의 양은 화재 길이의 1/5~1/4 정도가 좋습니다.

꽃 찌꺼기 제거
다 핀 꽃을 제거하는 작업입니다. 꽃찌꺼기란, 시든 꽃이나 다 핀 꽃을 말합니다. 이런 꽃 찌꺼기가 화기 안에 떨어지면 물이 더러워지는 원인이 됩니다. 가위 끝을 사용해 조심스럽게 제거합니다.

재절단
꽃꽂이를 한 다음 줄기나 가지의 단면을 다시 자르는 작업입니다. 물을 갈아줄 때 미끌거리는 줄기를 닦고 나서 하는 것이 좋습니다. 그대로 두면 줄기와 가지의 색이 변합니다.

물 갈아주기
꽃꽂이를 한 다음 용기의 물을 갈아주는 것입니다. 2~3일에 한 번은 깨끗한 물로 바꾸어 꽃의 수명을 단축시키는 박테리아의 번식을 방지합니다. 여름에는 매일 갈아주는 것이 좋습니다.

이 책에 나오는 꽃의 출하·유통 캘린더

언제, 어떤 꽃이 출하되는지 시기별로 알 수 있도록
202종의 출하·유통 시기를 정리했습니다.

캘린더 사용법
각각의 화재가 절화로서 시장에서 유통되는(꽃집에서 판매되는) 시기를 색깔로 표시했습니다.
출하되는 시기 =　　　　출하의 최성수기 = 유통량이 많아 구입하기 쉬운 시기 =
단, 기후와 지역에 따라 차이가 있습니다.
*유통량이 비교적 일정하고 최성수기가 없는 것도 있습니다.

꽃 이름	1월	2월	3월	4월	5월	6월	7월	8월	9월	10월	11월	12월
개나리 ▶ p181			■									
개연꽃 ▶ p145						■	■	■				
갯버들 ▶ p160	■	■										■
거베라 ▶ p33	■	■	■	■	■	■	■	■	■	■	■	■
고광나무 ▶ p99					■							
공작초 ▶ p141									■	■		
공조팝나무 ▶ p145			■	■								
구즈마니아 ▶ p141	■	■	■	■	■	■	■	■	■	■	■	■
국화 ▶ p20	■	■	■	■	■	■	■	■	■	■	■	■
글라디올러스 ▶ p142							■					
글로리오사 ▶ p144	■	■	■	■	■	■	■	■	■	■	■	■
금낭화 ▶ p144					■							
금어초 ▶ p140	■	■	■	■							■	■
금잔화 ▶ p139	■	■	■	■								■
길리아 ▶ p140		■	■									
꽃범의꼬리 ▶ p137									■			
꽃창포 ▶ p68				■	■	■						
꿩의비름 ▶ p155							■					
납매 ▶ p90	■											■
납작보리사초 ▶ p114				■	■	■	■	■	■			
네리네 ▶ p80	■	■							■	■	■	■
니겔라 ▶ p159			■	■	■							
다알리아 ▶ p16	■	■	■	■	■	■	■	■	■	■	■	■
달맞이장구채 ▶ p149		■	■	■								
대상화 ▶ p82									■	■		
덴파레 ▶ p47	■	■	■	■	■	■	■	■	■	■	■	■

	1월	2월	3월	4월	5월	6월	7월	8월	9월	10월	11월	12월
델피니움 ▶ p104												
도라지 ▶ p76												
동백나무 ▶ p92												
드라이안도라 ▶ p119												
등골나물 ▶ p84												
라그라스 ▶ p120												
라넌큘러스 ▶ p55												
라벤더 ▶ p100												
라이스 플라워 ▶ p111												
라일락 ▶ p69												
라케날리아 ▶ p178												
락스퍼 ▶ p177												
레우카덴드론 ▶ p109												
레우코코리네 ▶ p179												
레이스 플라워 ▶ p180												
루피너스 ▶ p179												
리시안셔스 ▶ p24												
리코리스 ▶ p178												
마거리트 ▶ p173												
마다가스카르 재스민 ▶ p102												
마리골드 ▶ p111												
마타리 ▶ p83												
마트리카리아 ▶ p172												
매발톱꽃 ▶ p137												
매화 ▶ p93												
맨드라미 ▶ p81												
모나르다 ▶ p174												
모루셀라 ▶ p175												
모카라 ▶ p46												
무스카리 ▶ p174												
물망초 ▶ p181												
미모사 ▶ p64												
미야코와스레 ▶ p173												
반다 ▶ p45												
방크시아 ▶ p119												

	1월	2월	3월	4월	5월	6월	7월	8월	9월	10월	11월	12월
백합 ▶ p36					■	■	■					
버질리아 ▶ p160										■	■	■
벚꽃 ▶ p66		■	■									
베로니카 ▶ p169							■	■				
벨라도나 릴리 ▶ p101									■			
벨로페로네 ▶ p171								■	■			
보리 ▶ p114			■	■								
복사꽃 ▶ p61			■	■								
부들 ▶ p115							■	■				
부바르디아 ▶ p164						■	■					
부풀리움 ▶ p165						■	■	■				
브루니아 ▶ p168										■	■	■
블루레이스 플라워 ▶ p166						■	■					
블루스타 ▶ p167												
비부르눔 오플러스 ▶ p163												
뻐꾹나리 ▶ p171								■	■			
산계초 ▶ p121		■	■									
산당화 ▶ p89	■	■										■
산데르소니아 ▶ p147							■	■				
삼지닥나무 ▶ p99			■	■								
설악초 ▶ p162							■	■	■			
세루리아 ▶ p116						■	■					
세린세 ▶ p155					■							
세아노서스 ▶ p154												
소형화 ▶ p156						■						
솔리다스터 ▶ p156												
수국 ▶ p27												
수레국화 ▶ p175		■	■									■
수련 ▶ p150								■	■			
수선화 ▶ p91	■	■	■							■	■	■
스노플레이크 ▶ p153		■	■									
스모크그라스 ▶ p154												
스모크트리 ▶ p113						■						
스위트피 ▶ p58		■	■									
스카비오사 ▶ p151			■	■								

246

	1월	2월	3월	4월	5월	6월	7월	8월	9월	10월	11월	12월
스키미아 ▶ p152	■	■	■						■	■	■	■
스타티스 ▶ p103	■	■	■	■	■	■	■	■	■	■	■	■
스토크 ▶ p98	■	■	■							■	■	■
스트렐리치아 ▶ p152	■	■	■	■	■	■	■	■	■	■	■	■
스트로베리 캔들 ▶ p153		■	■	■	■							
시네라리아 ▶ p146	■	■	■	■	■							
시클라멘 ▶ p88	■										■	■
신카르파 ▶ p118	■	■	■	■	■	■	■	■	■	■	■	■
심비디움 ▶ p44	■	■	■								■	■
아가판서스 ▶ p123					■	■	■					
아게라툼 ▶ p124					■	■	■	■				
아네모네 ▶ p59	■	■	■	■							■	■
아란다 ▶ p48	■	■	■	■	■	■	■	■	■	■	■	■
아란세라 ▶ p48	■	■	■	■	■	■	■	■	■	■	■	■
아마란서스 ▶ p113									■	■		
아마릴리스 ▶ p87	■			■							■	■
아스클레피아스 ▶ p125									■	■		
아스터 ▶ p126								■	■			
아스트란티아 ▶ p127					■	■	■					
아스틸베 ▶ p125					■	■	■					
아이리스 ▶ p122	■	■	■	■							■	■
아킬레아 ▶ p123					■	■	■					
아티초크 ▶ p121					■	■	■	■	■			
안개꽃 ▶ p110	■	■	■	■	■	■	■	■	■	■	■	■
안스리움 ▶ p130	■	■	■	■	■	■	■	■	■	■	■	■
알리움 ▶ p128					■	■	■					■
알스트로메리아 ▶ p129	■	■	■	■	■	■	■	■	■	■	■	■
알케밀라 몰리스 ▶ p127					■	■	■					
애크메아 ▶ p132	■	■	■	■	■	■	■	■	■	■	■	■
양귀비 ▶ p63	■	■	■	■							■	■
억새 ▶ p85									■	■		
엉겅퀴 ▶ p124					■	■	■		■	■		
에레무르스 ▶ p134						■	■					
에리카 ▶ p133									■	■	■	
에린기움 ▶ p105					■	■	■					

	1월	2월	3월	4월	5월	6월	7월	8월	9월	10월	11월	12월
에키네시아 ▶ p106					░	░	▓					
에키놉스 ▶ p116							░	░				
에피덴드룸 ▶ p133	▓	▓	▓									░
연꽃 ▶ p162							░					
오니소갈룸 ▶ p135	░	░	░	▓	▓					░	░	
오이풀 ▶ p85									▓	▓		
온시디움 ▶ p136	░	░	░	░	░	░	░	░	▓	▓	░	░
왁스 플라워 ▶ p182	░	░							▓	▓		
완두 ▶ p134	▓	▓	▓									
왓소니아 ▶ p182				░	░	░						
용담 ▶ p77							▓	▓	▓	▓	░	
유채 ▶ p62		▓	▓									
유카리스 ▶ p102	░	░	░	░	░	▓	▓	░	░	░	░	░
은방울꽃 ▶ p67					▓	▓						
이베리스 ▶ p132	░	░	░	░	░							░
이브닝스타 ▶ p131									░	░		
이테아 버지니카 ▶ p146						░	░					
익소라 ▶ p147	░	░	░	░	░	░	░	▓	▓	░	░	░
익시아 ▶ p131			▓	▓								
일행물나무 ▶ p164		░	░									
작약 ▶ p70					▓	▓						
장미 ▶ p12	░	░	░	░	░	░	░	░	░	░	░	░
조 ▶ p115						▓	▓					
조팝나무 ▶ p177		▓	▓									
지니아 ▶ p148						▓	▓		▓			
진저 ▶ p150	░	░	░	░	░	░	▓	▓	░	░	░	░
천일홍 ▶ p110									▓	▓	▓	
초콜릿 코스모스 ▶ p100	░	▓	▓	░	░	░	░	░	░	░	░	░
치자나무 ▶ p74					▓	▓						
카네이션 ▶ p30	░	░	░	░	▓	▓	░	░	░	░	░	░
카틀레야 ▶ p42	░	░	░	░	░	░	░	░	░	░	░	░
칼라 ▶ p39				░	░	▓	░	░	▓	░		
칼랑코에 ▶ p138	░	░	░	░	░	░	░	░	░	░	░	░
칼미아 ▶ p138					░	░						
캄파눌라 ▶ p139					▓	▓						

	1월	2월	3월	4월	5월	6월	7월	8월	9월	10월	11월	12월
캥거루포 ▶ p117	░	░	░	▓	▓	▓	▓	▓	▓	▓		
코스모스 ▶ p78								░	▓	░		
쿠르쿠마 ▶ p75							▓	▓				
크라스페디아 ▶ p117	░	░	░	░	░	▓	▓	░	░	░	░	░
크리스마스부시 ▶ p142											▓	▓
클레마티스 ▶ p143	░	░	░	░	▓	░						
키르탄서스 ▶ p98	░	▓	░	░								
투구꽃 ▶ p157									░	░		
툴바기아 ▶ p157	░	▓	▓	░	░							
튜베로즈 ▶ p101							▓	▓	▓	▓		
튤립 ▶ p52	░	▓	░									
트라켈리움 ▶ p176					▓	▓	▓					
트리텔레이아 ▶ p158					░	░						
파인애플 릴리 ▶ p161						░	▓	▓	░			
파피오페딜럼 ▶ p163	░	▓	▓	▓	▓	░						
팜파스그라스 ▶ p120									░	░		
패랭이꽃 ▶ p158					▓	▓	▓					
패모 ▶ p161			░	░								
팬지·비올라 ▶ p65	░	▓	░									
페노코마 ▶ p118	░	░								░	░	
포인세티아 ▶ p86											░	▓
프로테아 ▶ p107	░	░	░	░					░	░	░	░
프리지어 ▶ p60	░	▓	░	░								
프리틸라리아 ▶ p166	░	▓	░									
플란넬 플라워 ▶ p165												
플록스 ▶ p168						▓	▓	▓				
핀쿠션 ▶ p108	░	░							▓	░		
하늘바라기 ▶ p112							▓	▓	░			
해바라기 ▶ p72						░	░	░	░			
헬레보루스 ▶ p170	░	▓	░									
헬리코니아 ▶ p169									▓	░		
호접란 ▶ p43					░							
홍화 ▶ p112					▓	▓						
황매화 ▶ p176			░	▓								
히아신스 ▶ p94	▓	▓									░	▓

화재명(꽃·그린·열매) 찾아보기

❋ 꽃 ❋

개나리 …………… 181	다알리아 …………… 16	마타리 …………… 83
개연꽃 …………… 145	달맞이장구채 …… 149	마트리카리아 …… 172
갯버들 …………… 160	대상화 …………… 82	매발톱꽃 ………… 137
거베라 …………… 33	덴파레 …………… 47	매화 …………… 93
고광나무 ………… 99	델피니움 ………… 104	맨드라미 ………… 81
공작초 …………… 141	도라지 …………… 76	모나르다 ………… 174
공조팝나무 ……… 145	동백나무 ………… 92	모루셀라 ………… 175
구즈마니아 ……… 141	드라이안도라 …… 119	모카라 …………… 46
국화 …………… 20	등골나물 ………… 84	무스카리 ………… 174
글라디올러스 …… 142	라그라스 ………… 120	물망초 …………… 181
글로리오사 ……… 144	라넌큘러스 ……… 55	미모사 …………… 64
금낭화 …………… 144	라벤더 …………… 100	미야코와스레 …… 173
금어초 …………… 140	라이스 플라워 …… 111	반다 …………… 45
금잔화 …………… 139	라일락 …………… 69	방크시아 ………… 119
길리아 …………… 140	라케날리아 ……… 178	백합 …………… 36
꽃범의꼬리 ……… 137	락스퍼 …………… 177	버질리아 ………… 160
꽃창포 …………… 68	레우카덴드론 …… 109	벚꽃 …………… 66
꿩의비름 ………… 155	레우코코리네 …… 179	베로니카 ………… 169
난초 …………… 40	레이스 플라워 …… 180	벨라도나 릴리 …… 101
납매 …………… 90	루피너스 ………… 179	벨로페로네 ……… 171
납작보리사초 …… 114	리시안셔스 ……… 24	보리 …………… 114
네리네 …………… 80	리코리스 ………… 178	복사꽃 …………… 61
니겔라 …………… 159	마거리트 ………… 173	부들 …………… 115
	마다가스카르 재스민 … 102	부바르디아 ……… 164
	마리골드 ………… 111	부풀리움 ………… 165

250

브루니아	168	스타티스	103	알스트로메리아	129
블루레이스 플라워	166	스토크	98	알케밀라 몰리스	127
블루스타	167	스트렐리치아	152	애크메아	132
비부르눔 오플러스	163	스트로베리 캔들	153	양귀비	63
뻐꾹나리	171	시네라리아	146	억새	85
산계초	121	시클라멘	88	엉겅퀴	124
산당화	89	신카르파	118	에레무르스	134
산데르소니아	147	심비디움	44	에리카	133
삼지닥나무	99	아가판서스	123	에린기움	105
설악초	162	아게라툼	124	에키네시아	106
세루리아	116	아네모네	59	에키놉스	116
세린세	155	아란다	48	에피덴드룸	133
세아노서스	154	아란세라	48	연꽃	162
소형화	156	아마란서스	113	오니소갈룸	135
솔리다스터	156	아마릴리스	87	오이풀	85
수국	27	아스클레피아스	125	온시디움	136
수레국화	175	아스터	126	왁스 플라워	182
수련	150	아스트란티아	127	완두	134
수선화	91	아스틸베	125	왓소니아	182
스노플레이크	153	이이리스	122	용담	77
스모크그라스	154	아킬레아	123	유채	62
스모크트리	113	아티초크	121	유카리스	102
스위트피	58	안개꽃	110	은방울꽃	67
스카비오사	151	안스리움	130	이베리스	132
스키미아	152	알리움	128	이브닝스타	131

이테아 버지니카 … 146	키르탄서스 … 98	호접란 … 43
익소라 … 147	투구꽃 … 157	홍화 … 112
익시아 … 131	툴바기아 … 157	황매화 … 176
일행물나무 … 164	튜베로즈 … 101	히아신스 … 94
작약 … 70	튤립 … 52	
장미 … 12	트라켈리움 … 176	
조 … 115	트리텔레이아 … 158	
조팝나무 … 177	파인애플 릴리 … 161	
지니아 … 148	파피오페딜럼 … 163	
진저 … 150	팜파스그라스 … 120	
천일홍 … 110	패랭이꽃 … 158	
초콜릿 코스모스 … 100	패모 … 161	
치자나무 … 74	팬지·비올라 … 65	
카네이션 … 30	페노코마 … 118	
카틀레야 … 42	포인세티아 … 86	
칼라 … 39	프로테아 … 107	
칼랑코에 … 138	프리지어 … 60	
칼미아 … 138	프리틸라리아 … 166	
캄파눌라 … 139	플란넬 플라워 … 165	
캥거루포 … 117	플록스 … 168	
코스모스 … 78	핀쿠션 … 108	
쿠르쿠마 … 75	하늘바라기 … 112	
크라스페디아 … 117	해바라기 … 72	
크리스마스부시 … 142	헬레보루스 … 170	
클레마티스 … 143	헬리코니아 … 169	

◆ 그린 ◆

개운죽	220
게이락스	204
그레빌레아	203
그린 네클리스	194
꽃양배추	212
나무딸기	201
다발리아 펀	207
단풍철쭉	210
더스티 밀러	188
드라세나	209
래더 펀	207
램스 이어	189
러브체인	195
러시안 올리브	188
레더 펀	223
레몬잎	223
로즈메리	191
루스쿠스	223
마취목	196
맥문동	222
몬스테라	221
민트	192
바질	191
백부	222
베어그라스	218
보리수나무	203
비단삼나무	216
비로야자	222
사이프러스	199
사철나무	220
산국수나무	209
석송	214
선모	203
센티드 제라늄	190
소나무	220
속새	209
스마일락스	194
스틸그라스	206
시스타 펀	206
신서란	211
실버레이스	189
아디안텀	196
아레카야자	198
아스파라거스	197
아이비	193
아카시아	196
안스리움	198
알로카시아	198
엄브렐라 펀	199
에뮤 펀	200
엽란	213
오레가노	191
오크롤레우카	200
옥잠화	202
올리브	201
와이어 플랜츠	195
울리부시	200
유칼립투스	186
은매화	202
이탈리안 루스쿠스	199
자엽자두나무	218
전나무	221
정향풀	208
진황정	211
케일	204
코르딜리네	205
코알라 펀	206
코키아	189
쿠커버러	202
크로톤	204
큰고랭이	218
틸란드시아	208
파초	211

파초일엽 …………… 207		아주까리 …………… 238
파피루스 …………… 213		유럽호랑가시나무 …… 229
판다누스 …………… 213	● 열매류 ●	이탈리안 베리 ……… 226
팔손이나무 ………… 221	겨우살이 …………… 242	작살나무 …………… 242
페이조아 …………… 216	고추 ………………… 232	장미 열매 …………… 235
편백나무 …………… 215	금귤 ………………… 228	죽절초 ……………… 231
폴리셔스 …………… 219	꽃가지 ……………… 234	준베리 ……………… 230
폴리포디움 ………… 219	꽈리 ………………… 241	쥐참외 ……………… 228
피토스포룸 ………… 216	낙상홍 ……………… 226	청미래덩굴 ………… 230
학재스민 …………… 193	남천 ………………… 234	큰풍선초 …………… 238
헬리크리섬 ………… 219	냉이 ………………… 233	페퍼베리 …………… 240
호랑가시나무 ……… 214	노박덩굴 …………… 232	폭스 페이스 ………… 238
화백나무 …………… 215	레드커런트 ………… 239	헤데라베리 ………… 240
회양목 ……………… 208	마가목 ……………… 233	호박 ………………… 227
휴케라 ……………… 217	망종화 ……………… 237	
	목화 ………………… 228	
	미니파인애플 ……… 234	
	백당나무 …………… 236	
	범부채 ……………… 235	
	블랙베리 …………… 239	
	블루베리 …………… 240	
	사과 ………………… 241	
	서양까막까치밥나무 … 229	
	솔방울 ……………… 241	
	수리딸기 …………… 227	
	심포리카르포스 …… 231	

Special Thanks to (존칭 생략)

아이리스 / ハナノ・ドウヤ

아카시아 / 國司グリーン

수국 / 青木園芸、吉忠

아스트란티아, 클레마티스, 다알리아, 델피늄, 리시안셔스, 백부 / JAみなみ信州

아마릴리스, 방크시아, 반다, 라일락 외 / 大谷商会

알스트로메리아 / タキイ種苗、福花園種苗、横浜植木

알스트로메리아, 백합 / JA上伊那

매화 / 丸福清花園

카네이션 / JA松本ハイランド

거베라 / JAあいち経済連、JA静岡経済連、JA全農ふくれん、日本ガーベラ生産者機構、JA和歌山県農

안개꽃, 델피늄, 백합 / JA北いしかり

코르딜리네, 망종화, 핀쿠션, 프로테아 외 / クラシック

작약 / JA中野市

스타티스 / ＴＳメリクロン

스모크트리 / JAありだ、JAえひめ中央

센티드 제라늄, 니겔라, 민트, 레이스 플라워 / 折原園芸

죽절초 / 遠藤小左エ門

네리네(다이아몬드 릴리) / 横山園芸

튤립 / JA全農にいがた、JA高岡営農センター

단풍철쭉 / はなどんやアソシエ

리시안셔스 / JAながの須高、静岡市農協

리시안셔스, 장미 / JA静岡市

꽃양배추 / JA紀の里、JA豊橋、ブフィエブラックレーベル、前橋園芸

장미 / JA遠州中央、JA遠州夢咲、JA掛川市、JA静岡経済連、JAしみず、静岡県花き消費拡大推進協議会

해바라기 / JA安房花卉部西岬共撰部会

프리지어 / 石川県農林水産部生産流通課

소나무 / 塩入勝峰

미모사 / 長作園

백합 / JA越後中央、JAにいがた岩船荒川、JAふかや、JFN、千歳園

에키놉스 / JAながのちくま

감수·꽃 작품 제작 후카노 도시유키(深野俊幸)

플라워 디자이너이며 '컨트리 하베스트'를 주재하고 있다.
대학 졸업 후 제일원예주식회사를 거쳐 1994년 도쿄 미나미 아오야마에 플라워숍 '컨트리 하베스트'를 오픈했다. '시골에서 수확한 꽃들'을 테마로 늘 200종류 정도의 꽃들이 구비되어 있다.
다종다양한 꽃을 조합하는 방식에 호평을 받아 잡지 및 광고 등 많은 매체에서 활약 중이다.
홈페이지 https://www.countryharvest.co.jp
인스타그램 https://www.instagram.com/country_harvest_ch

감수 오타화훼(大田花き)

취급 물량과 금액 면에서 일본 최대의 화훼시장이며 세계에서도 세 번째로 큰 도쿄 오타시장 화훼부를 운영하고 있는 유통기업. 화훼 생산자와 소매점, 양판점 등을 이어주는 역할을 하고 있다. 4,000군데 이상의 생산자 및 수입사와 거래를 하고 있으며 매일 다양한 식물을 취급하고 있다.
홈페이지 https://otakaki.co.jp

옮김 조태동

현재 강릉원주대 환경조경학과 교수.
우리나라에서 최초로 허브를 지역 활성화 요인으로 도입하였고, 허브 관련 다수의 저서를 최초로 집필.
사)한국 환경과학회장 역임.
2018 평창동계올림픽 조직위원회 환경위원 역임.
아시아 원림협회 부회장.
아시아태평양 공간설계조직위원회 한국위원회 회장.

일본 제작 스태프

촬영	다나베 미키
취재·구성	다키시타 마사요
아트 디렉터	가마우치 유키에(GRiD)
디자인	이시가미 나츠코, 이가라시 나오코(GRiD)
교정	바쿠슈 아트센터
협력	시시도 준(오타화훼), 야자와 히데나루 스즈키 키요코, 다카나시 나나
편집	야나기 미도리(花時間/KADOKAWA)
촬영협력	AWABEES / UTUWA http://www.awabees.com 컨트리 하베스트

참고문헌

『アレンジ花図鑑』(世界文化社)
『いちばん探しやすいフローリスト花図鑑』(世界文化社)
『A-Z園芸植物百科事典』(誠文堂新光社)
『園芸植物大事典』(小学館)
『飾る・贈る・楽しむ 花屋さんの花事典』(ナツメ社)
『最新版 花屋さんの「花」図鑑』(KADOKAWA)

사람들에게 가장 사랑받는 꽃과 식물
사계절 꽃도감

펴낸날	2020년 12월 15일 초판 1쇄 발행
감수자	후카노 도시유키·오타화훼
옮긴이	조태동
펴낸이	김병준
펴낸곳	(주)우등지
주 소	서울특별시 강남구 논현로 71길 12
전 화	02)501-1241(대표)	02)557-6352(팩스)
등 록	제16-3089호(2003. 8. 1)
편집책임	한은선 디자인 이수연
ISBN	978-89-6754-102-6 13630

HANAYASAN NI NARABU
SHOKUBUTSU GA YOKU WAKARU
「HANA」 NO BENRICHO
ⓒ Fukano Toshiyuki 2020 / ⓒ Ota Kaki 2020
First published in Japan in 2020 by KADOKAWA CORPORATION, Tokyo.
Korean translation rights arranged with KADOKAWA CORPORATION, Tokyo
through ENTERS KOREA CO., LTD.

이 책의 한국어판 저작권은 (주)엔터스코리아를 통해 저작권자와 독점 계약한 (주)우등지에 있습니다.
저작권법에 의하여 한국 내에서 보호를 받는 저작물이므로 무단 전재와 무단복제를 금합니다.

• 잘못 만들어진 책은 구입하신 곳에서 바꾸어 드립니다.
• 책값은 뒤표지에 있습니다.